高等学校实验实训规划教材

有机化学实验绿色化教程

刘　峥　丁国华　杨世军　主编

U0319112

北　京

冶 金 工 业 出 版 社

2023

内 容 提 要

　　本实验教材是根据化学工程与工艺、应用化学、高分子材料与工程、材料化学、环境工程、生物工程专业教学大纲中有机化学实验要求而编写的。全书选编了60个实验。内容有：有机化学实验绿色化原理和方法、有机化学实验的基本知识、有机化学基本操作实验、有机化合物的绿色合成实验、有机化合物的性质实验、绿色化合成新技术实验、设计实验七大部分。每个实验后均附有注释和思考题。

　　本实验教材可作为高等院校化学、化工、材料、生物、环境等专业本科生的有机化学实验课教材，也可作为从事相应专业科研人员的参考用书。

图书在版编目（CIP）数据

　　有机化学实验绿色化教程/刘峥，丁国华，杨世军主编 . —北京：冶金工业出版社，2010.1（2023.1 重印）

　　高等学校实验实训规划教材

　　ISBN 978-7-5024-5089-2

　　Ⅰ. ①有…　Ⅱ. ①刘…　②丁…　③杨…　Ⅲ. ①有机化学—化学实验—无污染技术—高等学校—教材　Ⅳ. ①O62-33

　　中国版本图书馆 CIP 数据核字（2010）第 007984 号

有机化学实验绿色化教程

出版发行	冶金工业出版社	电　话	（010）64027926
地　　址	北京市东城区嵩祝院北巷 39 号	邮　编	100009
网　　址	www.mip1953.com	电子信箱	service@ mip1953.com

责任编辑　曾　媛　美术编辑　彭子赫　版式设计　孙跃红
责任校对　禹　蕊　责任印制　窦　唯
北京虎彩文化传播有限公司印刷
2010 年 1 月第 1 版，2023 年 1 月第 8 次印刷
787mm×1092mm　1/16；12.75 印张；338 千字；194 页
定价 28.00 元

投稿电话　（010）64027932　投稿信箱　tougao@cnmip. com. cn
营销中心电话　（010）64044283
冶金工业出版社天猫旗舰店　yjgycbs. tmall. com
（本书如有印装质量问题，本社营销中心负责退换）

前　言

　　本实验教材是桂林理工大学化学实验绿色化教学研究成果的结晶。长期以来，人们在让学生掌握有机化学实验基本知识、基本理论、基本技能的同时，如何尽量减少废物排放量，使实验室环境对学生更安全等问题上做了大量艰苦细致的工作，尽管这些工作给学生提供了较安全的工作环境，但存在的问题仍显而易见，例如以微型实验为代表的实验技术和实验手段，不能很好地培养学生适应大规模的工业化或实验的研究能力。运用绿色化学方法加上有机化学实验常用仪器和设备，利用通用的、经典的有机化学实验内容，向学生教授有机化学实验的基本知识、基本理论、基本技能一直是我们努力要解决的问题，而这一指导思想也体现在本实验教材的编写过程中。全书选编了60个实验，内容涵盖化学、化工、材料、生物、环境等专业教学大纲中对有机化学实验的基本要求。全书分为有机化学实验绿色化原理和方法、有机化学实验的基本知识、有机化学基本操作实验、有机化合物的绿色合成实验、有机化合物的性质实验、绿色化合成新技术实验、设计实验七大部分。每个实验后均附有注释和思考题。本实验教材最大的特点是：选入的实验，一部分来自于通用的、经典的有机化学实验，但均运用绿色化学原理和方法，从原料、溶剂、反应过程、反应装置等多方面进行了绿色化改造；另一部分实验来自于绿色化学领域中的最新研究成果，进行适当修改后，成为能在3~4小时完成的教学实验，这样确保了在完成有机化学实验教学的同时，帮助学生建立绿色化学的理念。

　　本实验教材可作为高等院校化学、化工、材料、生物、环境等专业本科生的有机化学实验课教材，也可作为从事相应专业科研人员的参考用书。

　　本实验教材是桂林理工大学"十一五"规划教材，由桂林理工大学教材建设基金资助出版。在编写过程中，参阅了一些兄弟院校、科研院所的绿色化学实验研究成果及已出版的有机化学实验教材、绿色化学书籍，桂林理工大学化学工程与工艺06-3班、高分子材料与工程07-2班同学参加了部分实验的试做工作，在此一并致谢。

　　虽然编者对本书的出版做了大量的工作，但由于水平所限，书中难免有不妥之处，敬请读者不吝指教。

编　者

2009 年 8 月

目　　录

第一章　有机化学实验绿色化原理和方法 ················· 1

　一、绿色化学简介 ····························· 1

　二、当前大学化学实验绿色化面临的问题 ············· 3

　三、构建大学化学绿色化实验新体系的主要方法与途径 ····· 4

第二章　有机化学实验的基本知识 ·················· 8

　一、实验室守则 ······························ 8

　二、实验室安全与防护 ························· 8

　三、常用仪器设备与使用 ······················ 10

　四、常用反应装置 ··························· 17

　五、常用仪器的洗涤和保养 ····················· 22

　六、加热、冷却和干燥 ························· 23

　七、实验预习、记录和报告的基本要求 ·············· 29

第三章　有机化学基本操作实验 ·················· 35

　实验1　有机化学实验基本操作（多媒体仿真实验）（2学时） ····· 35

　实验2　塞子的打孔和简单的玻璃工操作（3学时） ········ 38

　实验3　熔点的测定和温度计的校正（3学时） ·········· 41

　实验4　蒸馏和分馏（3学时） ··················· 45

　实验5　重结晶提纯法（3学时） ················· 49

　实验6　萃取（2学时） ······················ 54

　实验7　旋光度和折光率的测定（3学时） ············· 57

　实验8　水蒸气蒸馏（3学时） ··················· 63

　实验9　减压蒸馏（3学时） ···················· 65

　实验10　色谱法（6学时） ····················· 70

第四章　有机化合物的绿色合成实验 ················ 83

　Ⅰ　烯烃的制备 ·························· 83

　实验11　环己烯的制备（4学时） ················· 83

　Ⅱ　卤代烃的制备 ························ 84

　实验12　溴乙烷的制备（4学时） ················· 84

　实验13　正溴丁烷的制备（5学时） ················ 86

Ⅲ　醛酮的制备 ·· 88
　实验 14　环己酮的制备（4 学时）······················· 88
　实验 15　苯乙酮的制备（5 学时）······················· 90
Ⅳ　醇的制备 ·· 91
　实验 16　2-甲基-2-丁醇的制备（7 学时）··············· 91
　实验 17　1-苯乙醇的制备（4 学时）···················· 93
Ⅴ　羧酸及其衍生物的制备 ····································· 95
　实验 18　苯甲酸和苯甲醇的制备（7 学时）············· 95
　实验 19　己二酸的制备（4 学时）······················· 97
　实验 20　苯氧乙酸的制备（4 学时）···················· 98
　实验 21　2,4-二氯苯氧乙酸的制备（5 学时）··········· 99
　实验 22　乙酸乙酯的制备（4 学时）···················· 100
　实验 23　乙酸异戊酯的制备（4 学时）·················· 102
　实验 24　肉桂酸的制备（5 学时）······················· 104
　实验 25　乙酰乙酸乙酯的制备（5 学时）················ 105
　实验 26　己内酰胺的制备（8 学时）···················· 108
　实验 27　乙酰水杨酸的制备（5 学时）·················· 109
Ⅵ　胺类化合物的制备 ·· 111
　实验 28　对甲苯胺的制备（6 学时）···················· 111
　实验 29　对氨基苯磺酸的制备（4 学时）················ 112
Ⅶ　偶氮化合物的制备 ·· 114
　实验 30　甲基橙的制备（4 学时）······················· 114
　实验 31　甲基红的制备（5 学时）······················· 115
Ⅷ　杂环化合物的制备 ·· 116
　实验 32　呋喃甲醇和呋喃甲酸的制备（5 学时）········ 116
　实验 33　8-羟基喹啉的制备（6 学时）·················· 118
Ⅸ　其他有机化合物的制备 ····································· 120
　实验 34　室温固相研磨法合成 4-甲氧基苯甲醛缩邻氨基苯甲酸席夫碱(4学时)　120
　实验 35　一锅法合成苯甲醛缩氨基脲（8 学时）········· 121
　实验 36　二甲酸钾的绿色合成（3 学时）················ 122
　实验 37　相转移催化剂：三乙基苄基氯化铵的合成（3 学时）··· 123
　实验 38　安息香的绿色合成（4 学时）·················· 124
　实验 39　狄尔斯-阿尔德反应（4 学时）················· 126

第五章　有机化合物的性质实验 ································ 128
　实验 40　烷、烯、炔的性质（2 学时）·················· 128
　实验 41　芳烃的性质（2 学时）························· 130
　实验 42　卤代烃的性质（2 学时）······················· 132
　实验 43　醇、酚、醚的性质（2 学时）·················· 133

实验 44　醛酮的性质（2 学时）……………………………………………… 135

实验 45　羧酸及其衍生物的性质（2 学时）…………………………………… 138

实验 46　胺的性质（2 学时）…………………………………………………… 140

第六章　绿色化合成新技术实验…………………………………………… 143

实验 47　电化学还原马来酸合成丁二酸（3 学时）………………………… 143

实验 48　电化学法制备对氨基苯甲酸（3 学时）…………………………… 144

实验 49　微波法合成正丁醚（2 学时）……………………………………… 145

实验 50　微波法合成二苯甲酮（2 学时）…………………………………… 147

实验 51　超临界二氧化碳流体萃取南瓜籽油（3 学时）…………………… 148

实验 52　超声波法制备苯亚甲基苯乙酮（2 学时）………………………… 150

实验 53　相转移催化制备 2,4-二硝基苯酚（3 学时）……………………… 151

实验 54　相转移催化法制备苯甲醇（3 学时）……………………………… 152

实验 55　纳米二氧化钛薄膜光催化氧化降解苯胺（4 学时）……………… 153

实验 56　光化学合成苯片呐醇（3 学时）…………………………………… 155

第七章　设计实验…………………………………………………………… 157

实验 57　利用绿色化原则，设计由苯及其衍生物合成苯甲酸（4 学时）…… 157

实验 58　乙酰苯胺的绿色合成方法设计（4 学时）………………………… 159

实验 59　肉桂酸的绿色合成方法设计（4 学时）…………………………… 160

实验 60　α-呋喃甲酸的绿色合成方法设计（4 学时）……………………… 161

附　录………………………………………………………………………… 162

附录 1　常用元素相对原子质量表……………………………………………… 162

附录 2　常用液体干燥剂………………………………………………………… 163

附录 3　一些常用试剂的配制…………………………………………………… 164

附录 4　化学试剂纯度与分级标准……………………………………………… 165

附录 5　常用有机溶剂的纯化…………………………………………………… 169

附录 6　常见常用试剂的性质…………………………………………………… 173

附录 7　实验室常用溶剂物理性质简表………………………………………… 176

附录 8　一般化学试剂的特性…………………………………………………… 180

附录 9　化学药品、试剂毒性分类和易燃、易爆物品参考举例……………… 187

附录 10　一些溶剂与水形成的二元共沸物…………………………………… 188

附录 11　有机化学实验常用工具书和相关网址……………………………… 189

参考文献……………………………………………………………………… 193

第一章　有机化学实验绿色化原理和方法

一、绿色化学简介

绿色化学是当今国际化学科学研究的前沿。绿色化学（green chemistry）又称环境无害化学（environmentally benign chemistry）、环境友好化学（environmentally friendly chemistry）、清洁化学（clean chemistry）。20 世纪 90 年代初，化学家提出与传统的"治理污染"观念不同的"绿色化学"的观念，它要求任何一个与化学有关的活动（包括化学原料的使用、化学和化学工程以及最终产品）对人类的健康和环境都应该是友好的。绿色化学的理想在于不再使用有毒、有害的物质，不再产生废物。从科学观点看，绿色化学是化学科学基础内容的更新；从环境观点看，它强调从源头上消除污染；从经济观点看，它提倡合理利用资源和能源，降低生产成本，这是符合可持续发展要求的。

绿色化学的基本原则：

（1）不让废物产生而不是让其生成再处理；

（2）最有效地设计化学反应和过程，最大限度地提高原子经济性；

（3）尽可能不使用、不产生对人类健康和环境有毒有害的物质；

（4）尽可能有效地设计功效卓著而又无毒无害的化学品；

（5）应尽可能不使用辅助物质，如需使用也应是无毒无害的；

（6）在考虑环境和经济效益的同时，尽可能使能耗最低；

（7）技术和经济上可行时应以可再生资源为原料；

（8）应尽可能地避免衍生反应；

（9）尽可能使用性能优异的催化剂；

（10）化工产品在完成其使命后，应能降解为无害的物质，而不应残留在环境中；

（11）应发展实时分析方法，使有害物质在生成前能够进行即时在线跟踪和控制；

（12）在化学转换过程中，所选用的物质和物质的形态尽可能地降低发生化学事故的可能性（包括泄漏、爆炸、火灾等）。

上述 12 项绿色化学的原则，反映了近年来在绿色化学领域中所开展的多方面的研究工作内容，也指明了未来发展绿色化学的方向，目前逐渐为国际化学界所接受。

化学反应的"原子经济性"（atom economy）概念是绿色化学的核心内容之一，最早由美国斯坦福大学的 B. M. Trost 教授提出，他针对传统上一般仅用经济性来衡量化学工艺是否可行的做法，明确指出应该用一种新的标准来评估化学工艺过程，即选择性和原子经济性。原子经济性考虑的是在化学反应中究竟有多少原料的原子进入到了产品之中，这一标准既要求尽可能地节约不可再生资源，又要求最大限度地减少废弃物排放。理想的原子经济反应是原料分子中的原子百分之百地转变成产物，不产生副产物或废物，实现废物的"零排放"（zero emission）。"原子经济性"的概念目前也被普遍承认。B. M. Trost 获得 1998 年美国"总统绿色化学挑战奖"的学术奖。

绿色化学对化学反应的基本要求是：

（1）淘汰有毒原材料，尽量使用可再生材料，从源头上杜绝污染，逐渐摆脱对石油、煤等矿产资源的依赖。

（2）尽可能使参加反应的原子都进入终端产物，这不但防止了污染，而且也提高了经济效益和原子利用率。

原子利用率 =（预期产物的摩尔质量／反应物的总摩尔质量）× 100%

（3）合成中尽量不使用和产生有毒有害物质。

（4）寻找最佳转换反应和良性循环，使用高选择性催化剂，实现"零排放"，降低副产物，使整个过程只有原料和能量的输出，而产出只有产品。

（5）设计对人类健康无害，对环境无污染的产品。

目前世界上化学家主要从化学反应原料、催化剂、溶剂三个方面对绿色化学进行研究。

（一）原料

以生物质为原料的有机合成的今天，95% 以上的有机化学品来自石油，但是，地球上的煤和石油是有限的和不可再生的。因此，如何利用生物质为原料生产人类需要的化学品就成为绿色有机合成的战略任务。反应原料的绿色化包括两方面：（1）采用无毒、无害原料；我国已研制出由甲醇氧化碳化法合成碳酸二甲酯以代替剧毒光气为原料的合成法；Noyo 等在超临界 CO_2 中，从 CO_2 和 H_2 合成了甲酸被认为是最理想的反应之一。我国科学家利用自行设计的催化剂，在过氧化氢的作用下，直接从丙烯制备环氧丙烷被认为"具有环境最友好的体系"。（2）用可再生资源为原料。利用可再生的生物资源代替当前广泛使用的石油原料是化学工业可持续发展的方向之一。中国科技大学关于木质素结构和以木质纤维为原料的绿色合成研究已取得阶段性成果。

（二）溶剂

现在实验室及化工厂使用的大多数有机溶剂易燃易爆并有一定的毒性。绿色化学中人们用超临界流体、离子液体、水等绿色溶剂代替有机溶剂来充当化学反应的介质。

1. 超临界流体

超临界流体是温度和压力处于临界条件以上的流体，它的密度接近液体而黏度却接近气体，扩散系数比液体大 100 倍左右。超临界流体在萃取，色谱，重结晶以及有机反应中表现出特有的优越性。特别是二氧化碳等小分子化合物，因为它们的临界温度和压力都不是很高，并且来源广，价廉无毒，所以在有机合成和分析等方面应用极广。例如，杜邦公司已经将超临界二氧化碳用于聚四氟乙烯工业生产，超临界二氧化碳还可以用来净化半导体芯片，提取咖啡中的咖啡因，可以用于制备超细微粒。

2. 离子液体

离子液体是指没有电中心分子，且完全由阳离子和阴离子组成的液态物质，它的熔点通常低于 100 ~ 150℃，它的热稳定性和化学稳定性相对很高，蒸气压、黏度很低，导电性很好，离子迁移和扩散速率均很高，极性极强，配位能力低以及溶解有机无机材料的能力强等。同时离子液体与非极性有机溶剂互不相溶，因而可以为两相体系提供一种非水的极性替代物，一些离子液体也不溶于水，也可用作难溶于水的极性相。此外，与超临界流体不同，离子液体对温度和压力没有要求，可以在低温、常压下进行。所以现在关于离子液体制备和应用的研究成为人们研究的热点之一。例如，中科院兰州化物所通过对比实验，发现使用 Pd-$(phen)_2(PF_6)_2$ 为催化剂，离子液体 MeBulmBF$_4$ 为反应介质，制备苯氨基甲酸甲酯，产量很高，与不使用离子液体相比产量提高了 57 倍，与使用氯苯为溶剂的实验结果相比，产量提高了 2 倍；最近还有人用脉冲微波将高分子化合物纤维素直接溶于离子液体中，然后进行反应，得到性能良好的新型纤维素。

3. 水溶剂

水中特有的疏水效应对一些有机反应是有益的，有时还可以提高反应速率和选择性。因为超临界水的温度对很多反应来说太高了，所以在低温下的水溶液中进行有机反应是近年来研究的热点。有人用亲水性试剂比如二甲苯磺酸钠，环糊精等使有机物质的水溶液稳定，有些人则用表面活性剂使有机物在水中形成乳浊液，在水中一些 Knoevena Sel 反应不用催化剂就可反应。

4. 固定化溶剂

固定化溶剂是另一种很有前景的绿色溶剂，它也就是用聚合物充当溶剂，这类聚合物与常规用于化学合成、分离和清除等过程中的溶剂有类似的溶剂化性能。由于是高分子化合物，因此这种溶剂既可以保持溶解性，又不挥发，避免了溶剂的挥发性对人和环境的影响。例如，有人将溶剂分子束缚在固定载体上，或者直接将溶剂分子键在聚合物链上作固体化溶剂。

（三）催化剂

追求高效能的催化剂无疑将是绿色化学发展的重要环节。当今化学家研究的主要方向有生物催化剂和固体酸碱催化剂。

1. 生物催化剂

运用生物酶催化反应来生成有机产品成为现在研究较多的催化方式之一。酶催化反应具有高度的化学、区域和对映体选择性，这一特性适用于医药食品和农业等化学品的制备。现在酶在手性化合物制备中的应用，酶在非水溶剂中的催化性能的研究受到生物化学家、化学家们的关注。据研究分析，不仅酶的催化反应，微生物、植物细胞、动物细胞等也有类似的作用。与酶的催化作用相比，由于它们具有不需要酶的分离纯化和辅酶的再生等优点，因此目前微生物生产的方法已经广泛地用于一些有机酸、氨基酸、核苷酸、抗生素和甾体激素等化合物的工业化生产。

2. 固体酸碱催化剂

固体酸碱催化剂可以有效地减少甚至避免对环境的污染，同时也容易回收，可以多次使用。异戊酸异戊酯的生产就是一个很好的例子。传统的生产方法是在浓硫酸催化下由异戊酸和异戊醇直接酯化合成的。但是这个反应的副反应很多，同时由于浓硫酸的碳化作用使产品的色泽很深。后来又有人采用异戊醇一步法合成，它的收率同样不是很理想，仅为 58% ~ 70%，最近我国有人用 SO_4^{2-}/TiO_2 固体超强酸为催化剂合成，使收率达到 83%，并且产品质量完全达到了要求。

另外，绿色化学的实现是建立在各个学科的综合交叉上的，运用生物技术、物理技术、计算机技术等都将对绿色化学的进展具有深远的影响。总之化学反应将会沿着无害原料，绿色反应条件，环境友好产品的方向发展。光化学、电化学、非有机溶剂反应等将受到人们的关注。此外，生物技术与新型溶剂以及微波、超声波等技术联用将是推动绿色化学发展的重要手段。

二、当前大学化学实验绿色化面临的问题

（一）微型化学实验技术存在的局限性

虽然在过去很长的一段时间里，微型化学一直是实验绿色化的主要手段之一，不容置疑微型化学实验技术在缩短实验时间、节约试剂、降低污染、减少能耗等方面是有优势的，但仍存在一定的局限性：（1）微型化学实验合成的目标产物收率相对偏低，有时实验现象不明显，影响实验效果，尤其对初学的学生来说，还一定程度上影响其学习质量；（2）微型化学实验技术"微型"是其特色，实际上使用的实验原理、实验装置和实验步骤仍沿用传统的实验方法，因此，离"绿色化学"的12条原则的要求还有相当的差距；（3）一些与生产实际结合紧密的专业实验，如"精细化工实验"、"天然有机化学实验"、"化学工程专业实验"等，不能使用微型化学实验技术。更为重要的是，微型化学实验技术不能为学生提供足够的适应大规模的工业化或实验研究的工作能力，较少考虑实验中有关的安全因素等。因此，能否运用绿色化学的方法和常规化学实验玻璃仪器，教授学生化学实验技术和化学实验基本知识，是我们化学教育工作者需要解决的重大问题。

（二）大学化学实验绿色化研究缺乏系统性

"个案"研究多，而"系统性"缺乏是目前教学实验绿色化的普遍现象。大学化学实验绿色化研究缺乏系统性的根本原因是高水平的绿色化学实验教材的缺乏。要使大学生在学习化学的同时，牢固树立起绿色化学的概念和环保意识，高质量绿色化实验教材的编写至关重要，尤其是要走与文字教材为核心、多种媒体教材相结合的多样化、立体化教材体系建设之路。由于我国的绿色化学研究起步较晚，导致运用绿色化学理念改造各种类型的化学实验的高水平实验教材不多，立体化实验教材出版物更未见有报道。另外，虽有研究者提出了各种各样的实施绿色化学措施和做法，但系统性和理论性不强，且与大学化学实验课堂教学结合不紧密。因此，将绿色化学基本原理和理念应用于化学实验中，编写一套大学化学基础实验立体化教材，是当前大学化学实验教学改革的一项紧迫任务。

（三）大学化学实验绿色化与绿色化学科研成果结合不够紧密

绿色化学科研成果所产生的经济和环境效益是对大学生进行绿色化学教育的最好素材，同时也为改造现有大学化学实验，提高其绿色化程度奠定了良好的理论与实践基础。实际上，科学研究已产生了许多绿色化学新技术、新方法和新途径，如电化学合成技术与方法、微波合成技术与方法、超声波合成技术与方法、光化学合成技术与方法、超临界合成技术与方法、一锅合成技术与方法、固相合成技术与方法以及开发"原子经济"反应、选用"绿色化"的起始原料、试剂和溶剂，开发无毒、无害的高效催化剂等途径，均可以引入到大学化学实验教学中，丰富实验教学的内容。因而，重新组合实验内容，充实与环境友好的化学实验技术，建立新的实验体系和实验项目是我们的当务之急。

三、构建大学化学绿色化实验新体系的主要方法与途径

在实践中，几乎没有现成的绿色实验能适合大学化学实验教学，现实要求只能寻找能被修改成教学实验的新型绿色实验，在此基础上，构建大学化学绿色化实验新体系。具体做法如下。

（一）提高化学实验的绿色化程度

高等院校所开设的各门化学实验课实验项目通常分为基本操作实验、制备实验、性质实验、设计性实验和提高性实验，也可分为必做实验和选做或开放实验。所谓通用化学实验是指在各高校采用的现行实验教材中一般首选采用的实验。这些实验以"经典性"为其特点，它们或包含了典型的化学实验基本操作技术，或包含了典型的化学反应的基本原理、基本规律和基本概念，而且实验完成的时间适合教学要求，试剂用量一般为常量。近几年来，对有机化学中通用化学实验进行了绿色化改造，其成果列入表1-1。

表 1-1 有机化学通用实验绿色化改造成果

实验项目	"传统教学实验"的缺陷	"绿色化"改造方法	备 注
熔点的测定实验（毛细管法）	常采用浓硫酸作为导热油，硫酸具有腐蚀性、易炭化，实验后产生大量不易处理的废硫酸	根据待测物质熔点的不同，采用液体石蜡、甘油、硅油等作为导热油	可采用常规化学仪器
蒸馏与分馏实验	实验内容通常有：（1）测定四氯化碳沸点；（2）分离四氯化碳-甲苯混合物。四氯化碳、甲苯污染环境，影响师生身体健康	测定沸点用乙醇代替四氯化碳；分离乙醇-水或丙酮-水混合物代替四氯化碳-甲苯混合物，在获得相同实验效果的同时，大大提高了实验绿色化程度	可采用常规化学仪器
重结晶提纯法实验	采用自制不纯样品（向纯试剂中人为加入杂质）进行重结晶	重结晶样品来自上一年级制备实验中保存下来的目标产物（如甲基橙等固体产物）	可采用常规化学仪器
萃取实验	萃取实验一般设计为用乙醚萃取醋酸水溶液中的醋酸。该方法存在以下问题：（1）乙醚的沸点低，室温下极易挥发和燃烧，安全性差，不适合人员集中的场所使用；（2）乙醚的渗透性很强，操作中很容易出现渗液和漏液现象，造成实验数据的误差较大；（3）乙醚用作萃取剂，用量大，成本高，易污染环境	以水为萃取剂，从水与乙酸乙酯混合溶液中萃取醋酸。实验中使用的乙酸乙酯毒性低、污染小，实验时分层快、易操作，一次、多次萃取率相差明显。萃取后的乙酸乙酯用 Na_2CO_3 溶液洗涤后可回收再利用	可采用常规化学仪器
水蒸气蒸馏实验	教材中涉及较为繁琐的仪器装置，且药品用量大，耗时长，用的能源多，一般难以在 2 个课时内完成	对常用水蒸气蒸馏装置进行修改，减少了一项热源，而且降低了药品的用量，缩短了实验时间，使实验在正常的实验课时内完成	可采用常规化学仪器
乙酸乙酯的制备实验	（1）浓硫酸作催化剂腐蚀性强，用量大，使用不安全；（2）反应温度难控制、副反应多、反应速率慢、乙醇利用率低、分离提纯困难；（3）产生的废液对环境不好	采用无机固体酸作酯化催化剂，其特点是产率高，操作方便，后处理容易，对环境友好	可采用常规化学仪器
环己烯的制备实验	（1）采用浓硫酸或浓磷酸液相脱水来制备环己烯，收率不高，一般只有 46%～56%，同时硫酸腐蚀性强，炭化严重，操作不便；磷酸虽较硫酸好，但成本较高；（2）用浓硫酸或浓磷酸作催化剂制备环己烯，在实验中生成很多副产物（例如：用浓硫酸作催化剂容易生成炭渣和有毒气体二氧化硫等）对实验造成很大影响，而且实验后残渣和残液对环境污染大	（1）采用六水合三氯化铁作催化剂，使环己醇进行气相脱水制备环己烯，可避免用浓硫酸或浓磷酸催化造成的环境污染，而且产率高；（2）催化剂可重复使用，降低了实验成本	可采用常规化学仪器
环己酮的制备实验	目前国内有机化学实验教材中环己酮的制备是用浓硫酸催化的重铬酸盐氧化法，该法存在的主要缺点是：（1）严重污染环境（Cr^{6+} 是致癌物），药品较贵，操作繁琐；（2）催化剂浓硫酸用量较大，废酸难处理，反应时间长，反应后的后处理工作较为复杂困难	采用半微量法，进行环己酮制备，反应条件温和，容易控制，废弃物产生较少，反应时间较短，适宜有机实验教学	可采用常规化学仪器

实验项目	"传统教学实验"的缺陷	"绿色化"改造方法	备　注
甲基橙制备实验	现行高等院校化学实验教材中,甲基橙系由对氨基苯磺酸、亚硝酸钠和盐酸,经低温(0~5℃)重氮化反应生成重氮盐,再与N,N-二甲基苯胺偶合而成。实验时间长,消耗时间长,反应条件不易控制	采用"一锅法"常温下合成甲基橙。此方法不仅降低了试剂损耗,且条件易于控制,操作简便,实验时间缩短	可采用常规化学仪器
溴乙烷制备实验	按现行实验教材中的加料方式,乙醇水溶液中加入浓硫酸的水合热没有利用;其次,往酸性混合溶液中一次性加入溴化钠是在敞开的体系中进行的,迅速产生的大量溴化氢气体来不及与乙醇反应而逃逸空气中,不仅造成环境污染和化学原料的不必要浪费,而且降低了亲核试剂的浓度,影响反应速率和产率	改进了加料方式,从恒压漏斗中缓缓滴入浓硫酸,用电热套小心加热反应体系,保持反应平稳地发生即可。这样,不仅浓硫酸与水、醇反应的热量直接用于反应,且随浓硫酸的不断滴入,亲核试剂溴化氢不断在反应体系中产生,不断地与乙醇反应	可采用常规化学仪器

（二）开展半微量化学实验或化学仿真实验

微型实验存在着收率相对偏低,有时实验现象不明显等不足,而半微量实验既有微型实验的优势,又有实验现象明显、产率较高的常量实验特点,特别是目前没有很好的办法进行绿色化改造的实验,如"环己酮制备实验"、"呋喃甲醇和呋喃甲酸制备实验"、"2-甲基-2-丁醇制备实验"、"对甲苯胺制备实验"和"乙酰乙酸乙酯制备实验"等开展半微量实验进行教学,收到了较好的教学效果。

在一些基本操作实验和性质实验的教学中可进行化学仿真实验。大一学生往往存在实验基本操作比较薄弱这一环节,一是实验装置搭建不标准、不规范;二是对搭建的实验装置不知其所以然。化学工业出版社出版发行的"有机化学实验单元操作"多媒体课件,利用化工仿真技术,让学生"亲自动手",在电脑旁通过移动鼠标进行实验装置的"搭建",这种虚拟有机化学实验能非常逼真地再现实验过程,并具有较强的智能化,强烈的现场感,可以让学生亲临其境,激发出浓厚的兴趣,快速掌握每一个基本实验技能。这样通过把实验教学内容寓于游戏式的教学软件中,既可以有助于学生理解和掌握理论知识,又有利于学生真正从事现实实验时,达到事半功倍的效果,避免了不必要的试剂、时间的浪费。

性质实验是无机化学实验、有机化学实验重要的实验内容之一。传统的性质实验不可避免地消耗许多药品和水资源,部分药品毒性大、价格贵,使用时有不安全的因素,在整个实验中排放较多的有毒物质及有害废水,对环境造成较大破坏。但性质实验能加深学生对理论知识的掌握,提高学生对化合物的鉴别能力,培养学生的创新能力,因此性质实验必不可少。在有机化学实验中,可采用性质实验和制备实验相结合的形式进行教学,如"环己烯的制备"、"溴乙烷的制备"、"环己酮的制备"等制备实验中,在产品制备出来后,以环己烯为代表进行烯烃的性质实验、以溴乙烷为代表进行卤代烷的性质实验、以环己酮为代表进行醛酮的性质实验等,这样的性质实验由于应用目的比较强,容易激发学生的实验兴趣,将性质实验和制备实验相结合,既可从总体上节约时间,又有利于培养学生综合实验素质。此外,对性质实验也有选择地保留一部分典型且污染程度相对较小的内容,由学生完成。对于污染较严重、毒性较大、尚无法通过改进而减少污染实现绿色化的性质实验,可借助多媒体技术,制作仿真实验,供在实验教学中使用，同时主讲教师还可拍摄实验教学录像带，教学录像中演示人员操作规范，实验原理讲解清晰，实验现象明显，学生在观看时既能学习规范操作，深入了解实验原理，又能加深对性质实验的认识。实践表明将多媒体辅助教学贯穿到实验教学中既减少了以往性质实验带来的环境污染，也激发了学生的学习兴趣，锻炼了学生的思维能力。

（三）绿色化学科研成果转化为教学实验

实践表明，并不是所有的经典教学实验都具备绿色化条件，对于这些实验除拍摄录像、制作仿真实验，还可以借助现代化绿色化学科研成果，按照化学实验教学的基本原则和规律，实现教学实验的绿色化改革。我们在有机化学实验中进行了这方面的尝试，按照教学实验应具备代表性、典型性、目的性及实验现象明显、能在规定的课时内完成等特征，从众多的科学研究实验和生产工艺实践中精心挑选绿色实验，进行重新设计，结果见表1-2。

表 1-2　新型绿色化教学实验

实验项目	传统实验原理	绿色实验原理	绿色实验成效
丁二酸的制备实验	加压催化氢化，由马来酸制备丁二酸	电化学还原马来酸制备丁二酸	（1）反应由原来的10h减少到2h；（2）由数十个大气压降低至常压；（3）不再使用贵金属催化剂；（4）电化学还原法反应介质完全循环，条件温和，产物收率高，能耗低
正丁醚的制备实验	在常规加热条件下完成相同的反应至少约需120min	微波合成法	利用微波常压法合成正丁醚，可大大缩短反应时间，而且也可使正丁醚的产量有所提高
己二酸的制备实验	用浓 HNO_3 或 $KMnO_4$ 氧化法制备己二酸，这些方法均释放出有毒有害的废弃物，在不同程度上存在反应时间长或后处理复杂的缺点	采用绿色氧化剂 H_2O_2 代替浓 HNO_3 或 $KMnO_4$，采用易与产物分离、能重复使用的 Na_2WO_4/H_3PO_4 作催化剂	采用30% H_2O_2 作为氧化剂，在回流温度下，采用 Na_2WO_4/H_3PO_4 催化剂催化氧化环己烯制备己二酸。反应条件温和，易控制，反应过程中无毒害物质产生，反应时间较短，适宜实验教学，而且反应后的产物极易分离，催化剂能重复使用。

大学化学实验绿色化新体系有如下特点：

（1）新的教学体系由基本操作实验、制备实验、性质实验、设计性实验和提高性实验部分组成，对传统的大学化学实验通常开设的基本操作实验、制备实验，通过各种方法和手段进行了绿色化改造，确保了基础大学化学绿色化的提高。

（2）对目前无法进行绿色化改造的性质实验，采取与制备实验相结合、仿真实验、教学录像等手段进行教学。

（3）在提高性实验部分引入最新的绿色化学科学研究成果，按照化学实验教学的基本原则和规律，编写适合于教学的绿色实验。

（4）设计性实验部分要求学生根据绿色化学的基本原理，对现有教材中通用化学实验进行绿色化改造，极大地提高学生利用绿色化学基本原理解决实际问题的能力。

第二章 有机化学实验的基本知识

有机化学是以实验为基础的学科，重视和学好这门课程，对于培养人才起着十分重要的作用，为了保证实验安全顺利进行，培养学生良好实验习惯和严谨的科学态度，在学生进入实验室之前，一定要认真学习和掌握有机化学实验的基本知识。

一、实验室守则

（1）实验前应做好一切准备工作。实验前必须认真预习实验内容，明确实验意义和所需解决的问题，写好预习报告。

（2）实验中应保持安静和遵守秩序，听从教师指导。实验进行时，要严格按照实验教材规定的药品规格、用量和步骤进行实验，将观察到的实验现象及测得的各种数据如实地记录在记录本上。未经教师许可，不得擅自离开实验室。实验结束后记录本需经教师签字，方可离开实验室。

（3）严格遵守实验室安全规则。严格按操作规程和实验步骤进行实验，发生意外事故应当立即进行自救处理或报请教师处理。

（4）保持实验室整洁，养成良好的实验习惯。实验时做到桌面、地面、水槽、仪器"四净"，实验完毕后，应把实验台整理干净，关闭水、电、煤气。

（5）爱护公物。公用仪器及药品应在指定地点使用并保持整洁，节约水、电、煤气及消耗性药品，严格药品用量，玻璃器皿损坏后应报告教师并进行登记，非自然损坏者应照章赔偿。

（6）学生轮流值日。值日生职责为整理公用仪器，打扫实验室并清倒废物缸，检查水、电、煤气，关好门窗，由教师检查后方可离去。

二、实验室安全与防护

（一）实验室安全守则

（1）实验开始前应检查仪器是否完好无损，装置是否正确稳妥，所取试剂是否正确无误。征得教师同意后，方可进行实验。

（2）实验进行时，要经常注意实验进行的情况和装置有无漏气、破损等现象。凡可能发生危险的实验，应采取必要的防护措施，如戴防护眼镜等。

（3）实验中所用药品，不得随意散失和遗失。对反应中产生有害气体的实验应按规定处理，以免污染环境，造成中毒。

（4）操作处理易挥发、易燃溶剂如乙醚、乙醇、丙酮、苯等，应远离火源，用完后立即塞紧瓶塞。使用有毒试剂如铬盐、钡盐、砷化物、汞及其化合物、氰化物等，要严格防止进入口内和伤口内，废液严禁排入下水道。

（5）充分熟悉安全用具（如灭火器、沙箱和急救箱）的放置地点和使用方法，并妥加保管。安全用具及急救药品不准移作他用。

（6）不能用湿手触摸电器，所用电器设备的金属外壳应接地线。实验完毕后应切断电源。

（7）实验结束后要细心洗手，严禁在实验室内吸烟或吃、饮食物。

（二）事故的处理和急救

1. 着火

着火燃烧以致造成火灾事故的原因多数由于对火源的使用和管理不当，或在使用易燃的溶剂时违反操作规程造成的。

一旦发生着火事故，应保持沉着和镇静，不应惊慌失措（惊慌只会造成更大的损失），并立即采取以下各种相应的措施：首先，应立即关闭煤气开关，熄灭现场及附近的火源，切断电源，迅速移走周围的易燃物。然后用灭火器灭火或向火源倒沙子，小火可以用湿布盖熄。有机物着火时，大多数情况下，严禁用水灭火。

电器设备起火时，应先切断电源，再用四氯化碳或二氧化碳灭火器扑灭，不能使用泡沫灭火器。

2. 爆炸

在有机化学实验中，发生爆炸事故的原因大致如下：

（1）某些有机物容易爆炸。例如，有机过氧化物、芳香族多硝基化合物、硝酸酯等，受热或敲击，均会爆炸，使用前应查阅有关使用指南或警告。

（2）仪器装置不正确或操作错误，如反应过猛、仪器堵塞、违章操作使用易爆物都可能引起爆炸。若在常压下进行蒸馏和加热回流，仪器装置必须与大气相通。

（3）空气中混杂易燃有机溶剂的蒸气，或易燃气体含量达到某一限度时，遇到火星即发生爆炸。因此，处理易燃溶剂最好在通风橱中进行。蒸馏易燃溶剂时，接收器支管导出的尾气应用胶管导往室外或水槽。使用氢气和乙炔时，要保持室内空气流通，禁用明火。

3. 中毒

使用或反应过程中产生氯、溴、氧化氮、卤化氢等有毒气体或液体的实验，都应在通风橱内进行，有时也可用气体吸收装置吸收产生的有毒气体。

对因吸入气体中毒者，应尽快将中毒者移往室外，解开衣领纽扣和做深呼吸或人工呼吸。吸入少量 Cl_2、Br_2 或 HCl 气体时，可吸入少量酒精和乙醚的混合蒸气，使之解毒。

毒物进入口内，可将 $5\sim10mL$ 稀硫酸铜溶液加入一杯温开水中，内服，然后用手指伸入咽喉部，促使呕吐，再立即送医院治疗。

4. 割伤

最常见的割伤是在安装仪器过程中为了将蒸馏瓶支管、玻璃管或温度计插入塞子时，往往因操作用力不当造成玻璃管折断而刺伤。瓶口有裂痕的烧瓶或抽滤瓶在使用时也容易因突然破裂而刺伤皮肉。

若被玻璃割伤，应先把伤口处的碎玻璃取出，清洗干净后涂上万花油、碘酒或红汞再用纱布包扎。创伤较重时应送医院治疗。

5. 烧伤

高温（热的物体、火焰或蒸气）或低温（干冰、液态空气和液态氮等）以及具有腐蚀性的化学药品均可使皮肤烧伤。若属化学药品烧伤，不管轻重均应立即用大量水冲洗。对轻伤者涂以万花油或烫伤油膏，再用纱布包扎，重者应送医院治疗。

6. 试剂溅入眼睛

不管飞溅物是何种试剂及伤势轻重，均应立即用大量水冲洗，然后迅速送医院治疗。

7. 触电

若触电，应首先迅速拉开电闸切断电源，或尽快地用绝缘物（干燥的木棒、竹竿等）将触电者与电源隔开，必要时再进行人工呼吸。

（三）实验室三废处理

1. 固态废弃物

有机化学实验出现的固体废弃物不能随便乱放或丢弃，以免发生事故。如能放出有毒气体或自燃的固体废弃物不能丢进废物箱内和排进下水道；不溶于水的固体废弃物禁止排进下水道，对无毒的固体废弃物应放入指定地点，对毒性较大的固体废弃物应用化学方法处理成无害物后，埋于地下指定地点。

2. 液态废弃物

只有那些无毒的、中性的、无味道的废液才可以倒入水槽排入下水道。对于废酸液，可先用耐酸塑料网纱或玻璃纤维过滤，然后加碱中和，调 pH 值至 6～8 后可排放，少量废渣埋于地下；对于剧毒废液，必须采取相应的措施，消除毒害作用后再按常规方法进行处理；有机溶剂回收后，可采用蒸馏、精馏等分离办法提纯再用；重金属离子废液经沉淀法分离后，残渣可埋于地下；对于废铬酸洗液，量大的废洗液可以采用高锰酸钾氧化法使其再生，可再用，少量的废洗液可加入废碱液或石灰使其生成 $Cr(OH)_3$ 沉淀，并将沉淀埋于地下。

3. 气态废弃物

有机化学实验室出现的气态废弃物主要是反应产生的有毒、有味气体，可将气体通入到吸收液中吸收处理。

三、常用仪器设备与使用

（一）玻璃仪器

图 2-1 列出的是普通玻璃仪器，其使用范围见表 2-1。

表 2-1　普通玻璃仪器使用范围

仪器名称	使用范围	备注
减压蒸馏瓶	用于减压蒸馏	又称克氏蒸馏烧瓶
蒸馏瓶	用于蒸馏	
圆底烧瓶	用于反应、回流、加热和蒸馏	
三口烧瓶	用于反应，可分别安装温度计、机械搅拌等	
梨形分液漏斗	用于分离、萃取、洗涤	
筒形分液漏斗	用于分离、萃取、洗涤	
布氏漏斗	用于减压抽滤	
短颈漏斗	用于热过滤	
玻璃漏斗	用于普通过滤或热滤	又称长颈漏斗
直形冷凝管	用于蒸馏或回流	
球形冷凝管	用于回流	
空气冷凝管	用于蒸馏或回流	
Y 形管	用于反应	常与圆底烧瓶配合使用
有支试管	用于反应、检验气体	适用于反应物少量的反应
蒸发皿	用于蒸发、浓缩液体	
干燥管	盛装干燥剂	
量筒	用于量度一定体积的液体	
锥形瓶	用于储存液体、混合溶液及小量液体的加热	在分析实验中，用于滴定操作
吸滤瓶	用于减压抽滤	
烧杯	用于反应、配制溶液，可作为简易水浴的盛水器	
接引管	用于蒸馏、减压蒸馏	又称尾接管

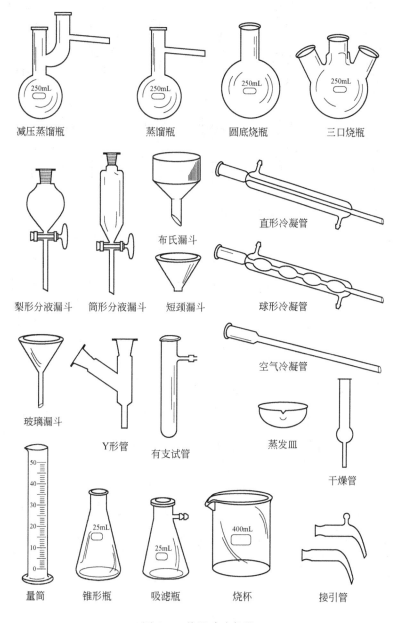

减压蒸馏瓶　　　　　蒸馏瓶　　　　　　圆底烧瓶　　　　　三口烧瓶

梨形分液漏斗　　筒形分液漏斗　　短颈漏斗　　　直形冷凝管／球形冷凝管

玻璃漏斗　　Y形管　　有支试管　　空气冷凝管　　蒸发皿　　干燥管

量筒　　锥形瓶　　吸滤瓶　　烧杯　　接引管

图 2-1　普通玻璃仪器

　　图 2-2 列出标准口玻璃仪器。标准口玻璃仪器又称磨口玻璃仪器，按其容量大小及用途，分别制成各种不同编号的标准磨口。通常使用的标准磨口有 10、14、19、24、29、34、40、50。这些数字编号是指磨口最大的直径（mm）。使用的时候，相同编号的可以互相连接，不同编号的则可以借助相应的号码变径接头进行连接。使用标准口玻璃仪器既可免去配塞子及钻孔等手续，又可避免反应物料被胶塞或木塞所污染，但是价格相应较高。

　　使用标准口玻璃仪器时应该注意：

　　（1）磨口表面必须保持清洁，否则，磨口对接不紧，导致漏气，同时，损坏磨口。

　　（2）使用磨口仪器时一般不需涂凡士林以免沾污产物，但在反应中若有强碱性物质时，

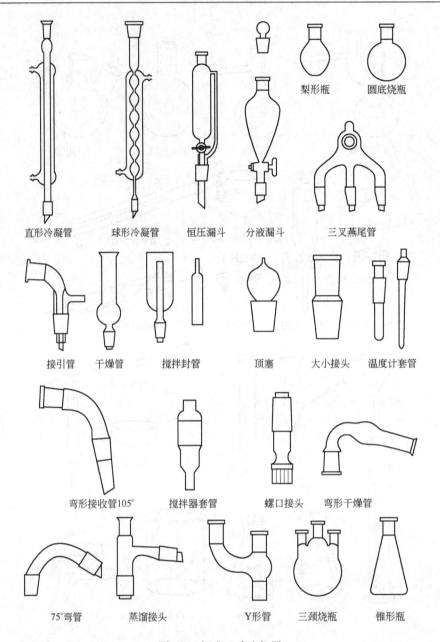

直形冷凝管　　　球形冷凝管　　恒压漏斗　　分液漏斗　　　三叉燕尾管

接引管　　干燥管　　　搅拌封管　　　　顶塞　　　大小接头　　温度计套管

弯形接收管105°　　搅拌器套管　　　螺口接头　　弯形干燥管

75°弯管　　　蒸馏接头　　　　Y形管　　　三颈烧瓶　　　锥形瓶

图 2-2　标准口玻璃仪器

则要涂凡士林以防黏结，减压蒸馏时也要涂一些真空脂类的润滑油。

（3）磨口仪器使用完毕后，应立即拆开洗净，以防磨口长期黏结而难以拆开。

（4）分液漏斗及滴液漏斗用毕洗净后，必须在活塞处放入小纸片以防黏结。

（5）安装仪器时要正确，磨口连接处要呈一直线，不能歪斜以免应力集中而造成仪器的破损。

（二）常用设备

1. 加热设备

有机化学实验室常用的加热设备是电热套。它是由玻璃纤维包裹着电热丝织成帽状的加热器（见图2-3）。加热和蒸馏易燃有机物时，由于它不是明火，因此具有不易引起着火的优点，热效率也高。普通电热套加热温度可用调压器（见图2-4）控制，恒温电热套，可以自动控温。电热套的容积一般与烧瓶的容积相匹配，从50mL起，各种规格均有。需要强调的是，当一些易燃液体（如酒精、乙醚等）洒在电热套上，仍有引起火灾的危险。

(a)　　　　　　　　　　　　　　　　(b)

图 2-3　普通电热套和恒温电热套

(a)—普通电热套；(b)—恒温电热套

图 2-4　调压器

2. 搅拌设备

搅拌器是有机化学实验必不可少的设备之一，它可使反应混合物混合得更加均匀，反应体系的温度更加均匀，从而有利于化学反应特别是非均相反应的进行。搅拌的方法有三种：人工搅拌、磁力搅拌、机械搅拌。

（1）电动搅拌器。电动搅拌器主要包括三部分：电动机、搅拌棒、搅拌密封装置（见图

2-5）。电动机是动力部分，固定在支架上，由调速器调节其转动快慢。搅拌棒与电动机相连，当接通电源后，电动机就带动搅拌棒转动而进行搅拌。搅拌密封装置是搅拌棒与反应器连接的装置，它可以使反应在密封体系中进行。电动搅拌器一般用于固液反应中，但不适用过黏的胶状液体，若超负荷使用，电动机容易发热而烧毁。

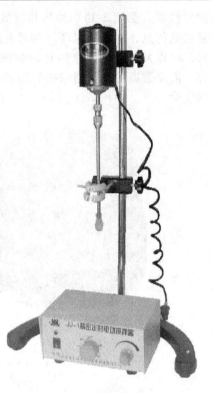

（2）磁力搅拌器。磁力搅拌器是由磁子和一个可以旋转的磁铁组成。将磁子投入盛有欲搅拌的反应容器中，将容器置于内有旋转磁场的搅拌器托盘上，接通电源，由于内部磁场不断旋转变化，容器内的磁子也随之旋转，达到搅拌的目的。一般的磁力搅拌器都有控制磁铁转速的旋钮及可控制的加热装置，见图2-6。磁力搅拌器特点是容易安装，当反应物量比较少或反应在密闭条件下进行时，磁力搅拌器的使用更为方便。但缺点是对于一些黏稠液或是有大量固体参加或生成的反应，磁力搅拌因动力较小无法顺利使用。

3. 干燥设备

（1）恒温鼓风干燥箱。恒温鼓风干燥箱（见图2-7）主要用于干燥玻璃仪器或无腐蚀性、热稳定好的药品。挥发性和易燃的物质，或者刚用酒精、丙酮淋洗过的玻璃仪

图 2-5　电动搅拌器

器，切勿放入烘箱，以免发生意外事故。使用时应先调好温度（烘玻璃仪器一般控制在 100 ～ 110℃）。刚洗好的仪器应将水倒尽后再放入烘箱中。烘仪器时，将烘热干燥的仪器放在上边，湿仪器放在下边，以防湿仪器上的水滴到热仪器上造成仪器炸裂。热仪器取出后，不要马上碰冷的物体如冷水、金属用具等。带旋塞或具塞的仪器，应取下塞子后再放入烘箱中烘干。

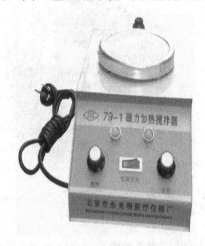

图 2-6　磁力加热搅拌器

图 2-7　恒温鼓风干燥箱

（2）红外快速干燥箱。红外快速干燥箱（见图2-8）采用红外线灯泡为加热源，广泛用于实验室玻璃仪器、试样药品的干燥、烘焙，具有快速、方便、无污染等优点。

（3）气流烘干器。气流烘干器是一种用于快速烘干仪器的设备，见图2-9。使用时，将仪器洗干净后，甩掉多余的水分，然后将仪器套在烘干器的多孔金属管上。注意随时调节热空气的温度。气流烘干器不宜长时间加热，以免烧坏电机和电热套。

图2-8 红外快速干燥箱

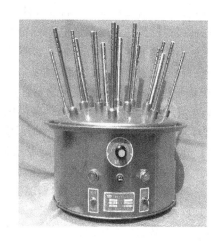

图2-9 气流烘干器

（4）真空恒温干燥箱。真空恒温干燥箱（见图2-10）专为干燥热敏性、易分解和易氧化物质而设计，能够向内部充入惰性气体，特别是对一些成分复杂的物品也能进行快速干燥。使用真空恒温干燥箱方法如下：

1）将需干燥处理的物品放入真空干燥箱内，将箱门关上，并关闭放气阀，开启真空阀。

图2-10 真空恒温干燥箱

2）将真空干燥箱后面的导气管用真空橡胶管与真空泵连接，接通真空泵电源开始抽气。当真空表指示值达到0.1MPa时，关闭真空阀，再关闭真空泵电源开关，否则真空泵油要倒灌至箱内。

3）根据不同物品不同潮湿程度，选择不同的干燥时间，如干燥时间过长，真空度下降，需再次抽气恢复真空度，应先开启真空泵电机开关，再开启真空阀。

4）干燥结束后，应先关闭电源，旋动放气阀，解除箱内真空状态，再打开箱门取出物品。

4. 称量设备

（1）托盘天平。托盘天平又称台秤，在有机化学实验室中，常用于称量物体的仪器（见图 2-11）。托盘天平的称量范围是 100g，能称准到 0.1g。称量物体之前，首先调整台秤的零点。称量时，左盘放称量物，右盘放砝码。砝码用镊子夹取，10g 或 5g 以下质量的砝码，可移动游砝标尺上的游砝。当添加砝码到台秤的指针停在刻度盘的中间位置时，台秤处于平衡状态。此时指针所停的位置称为停点。零点与停点相符时（零点与停点之间允许偏差 1 小格以内），砝码的质量就是称量物的质量。

托盘天平应保持清洁，称量物不宜直接放在盘上，而应放在容器或称量纸上进行称量。

（2）电子天平。电子天平也是有机化学实验室常用的称量设备，见图 2-12，尤其在微量、半微量实验中经常使用。电子天平的使用方法如下：

1）开机，天平进行自检，最后显示为"0.00g"。

2）置容器或称量纸于秤盘上，显示出容器或称量纸的质量。

3）轻按净零、去皮键，随即出现全零状态容器或称量纸质量显示值已去除，即去皮重。

4）放置称量物于容器或称量纸上，此时显示值即为称量物的质量。

电子天平必须小心使用，应保持机壳和称量台的清洁，可用蘸有柔性洗涤剂的湿布擦洗。根据天平的使用程度，应做周期性的检查校准。

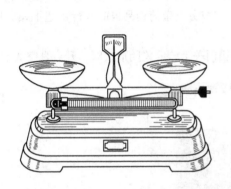

图 2-11　托盘天平

图 2-12　电子天平

5. 减压设备

（1）旋片式真空泵。旋片式真空泵是有机化学实验室常用的减压设备（见图 2-13）。该泵具有体积小、质量轻、噪声低、启动方便等优点。若实验要求有较低的压力，常用到旋片式真空泵，好的设备能抽到 133.3Pa（1mmHg）以下。旋片式真空泵的好坏取决于它的机械结构和油的质量，使用时必须把它保护好。使用旋片式真空泵的注意事项如下：

1）泵在环境温度 5～40℃ 范围内，进气口压强小于 1.3MPa 的条件下允许长期连续运转，被抽气体相对湿度大于 90% 时，应开气镇阀。

2）泵进气口连续接通大气时运转不得超过 1min。

3）泵不适用于对金属有腐蚀性的、对泵油起化学

图 2-13　旋片式真空泵

反应的、含有颗粒尘埃的气体以及含氧过高的、有爆炸性的、有毒的气体。因此真空泵使用时需要净化干燥等保护装置，以除去进入泵中低沸点溶剂、酸碱性气体和固体微粒。

4）停止油泵运转前，应使泵与大气相通，以免泵油冲入系统。

5）在泵工作过程中，实验室突然断电或停电，此时应迅速打开缓冲瓶的放空活塞，以免真空油被压入缓冲瓶及造成系统污染并影响泵的正常工作。

6）应定期更换泵油，必要时使用石油醚清洗泵体，晾干后再加入新的泵油。

（2）循环水式多用真空泵。循环水式多用真空泵是以循环水为流体，利用射流产生负压的原理而设计的一种新型多用真空泵，广泛用于蒸发、蒸馏、结晶、过滤、减压、升华等操作中。由于水可以循环使用，避免了直排水的现象，节水效果明显。因此，是实验室理想的减压设备。水泵一般用于对真空度要求不高的减压体系中。图2-14为台式循环水式多用真空泵示意图。使用循环水式多用真空泵的注意事项如下：

图 2-14 循环水式多用真空泵

1）真空泵抽气口最好接一个缓冲瓶，以免停泵时，水被倒吸入反应瓶中，使反应失败。

2）开泵前，首先应检查是否与体系接好，然后，再打开缓冲瓶上的旋塞。开泵后，用旋塞调至所需的真空泵。关泵时，先打开缓冲瓶上的旋塞，拆掉与体系的接口，再关泵。切忌相反操作。

3）应经常补充和更换水泵中的水，以保持水泵的清洁和真空度。

6. 压缩气体钢瓶

在有机化学实验中，有时会用到气体来作为反应物，如氢气、氧气等，也会用到气体作为保护气，例如氮气、氩气等，有的气体用来作为燃料，例如煤气、液化气等。所有这些气体都需要装在特制的容器中。一般常用压缩气体钢瓶。由于钢瓶里装的是高压的压缩气体，因此在使用时必须注意安全，否则将会十分危险。使用压缩气体钢瓶的注意事项有：

（1）整个钢瓶的瓶体非常坚实，但最易损坏的是安装在钢瓶出口的排气阀，一旦排气阀被损坏，后果不堪设想。因此为安全起见，都要在排气阀上装一个罩子。

（2）压缩气体钢瓶应远离火源和有腐蚀性的物质，如酸、碱等。

（3）气瓶必须存放在阴凉、干燥、严禁明火、远离热源的房间，并且要严禁明火，防曝晒。氧气瓶、可燃性气瓶与明火距离应不小于10m，不能达到时，应有可靠的隔热防护措施，并不得小于5m。

（4）气瓶应按规定定期做技术检验、耐压试验。

（5）应正确识别钢瓶所装的气体种类。如氧气钢瓶为天蓝色、黑字；氮气钢瓶为黑色、白字；氯气钢瓶为草绿色、白字；氢气钢瓶为深绿色、红字；氨气钢瓶为黄色、黑字；石油液化气钢瓶为灰色、红字；乙炔钢瓶为白色、红字等。

四、常用反应装置

（一）回流、滴加、搅拌装置

当需要长时间加热反应物或重结晶溶解样品，为了防止反应物或溶剂蒸发损失，常采用回流装置。回流装置将冷凝管与加热瓶连接，通过冷凝外套循环的冷水冷却，使蒸气冷凝，滴回加热瓶中，这个过程也就是常说的回流。这时反应的温度基本接近溶剂的沸点。回流的速率应控制在液体蒸气浸润不超过两个球为宜。简单回流装置见图 2-15，图 2-15(b)为可防潮的回流装置，图 2-15(c)为可吸收反应中生成气体的回流装置。如果实验要求边回流边滴加反应物，则需用到回流滴加装置，见图 2-16，图 2-16(c)为可同时滴加液体和测量反应温度的回流滴加装置。非均相反应常要求在实验时边回流边搅拌，此时需用到回流搅拌装置，见图2-17，图2-17(a)为可同时搅拌和测量反应液温度的回流搅拌装置，图 2-17(b)为可同时搅拌和滴加的回流搅拌装置，图 2-17(c)为可同时搅拌、滴加、测量反应液温度的回流搅拌装置。某些有机化

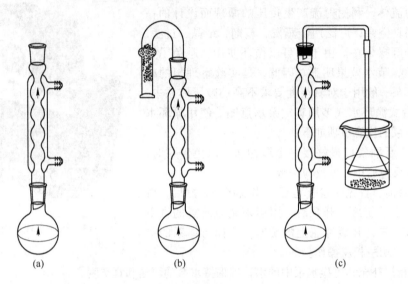

图 2-15　简单回流装置

(a)—普通回流装置；(b)—可防潮的回流装置；(c)—可吸收气体的回流装置

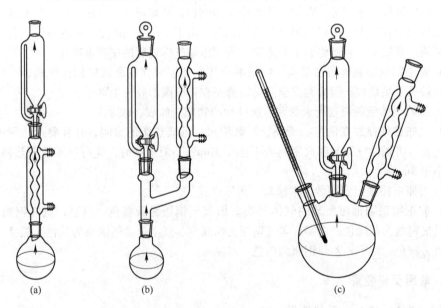

图 2-16　回流滴加装置

(a),(b)—普通回流滴加装置；(c)—可测量温度的回流滴加装置

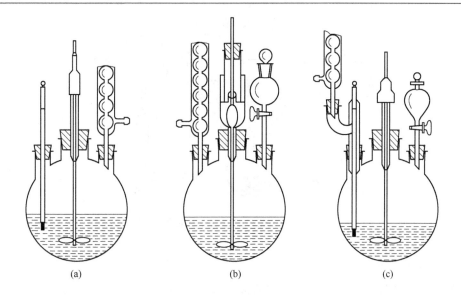

图 2-17　回流搅拌装置

(a)—可测量温度的回流搅拌装置；(b)—回流滴加搅拌装置；

(c)—可测量温度的回流滴加搅拌装置

学反应中，会有水生成，例如酯化反应、醚化反应等。为使反应进行完全，必须使平衡向正反应方向移动，因而可以将生成的副产物水从平衡体系中移走。常用的方法是利用水能与许多有机溶剂组成共沸物的特性将水从反应体系中移走，此时需要用到带分水器的回流装置，见图 2-18，图 2-18(a)和图 2-18(c)为同时测量反应液温度的分水回流装置。有些有机反应的原料或试剂对空气或湿气较敏感，这时反应就必须在惰性气体中进行反应，要用到惰性气体条件下的回流装置，见图 2-19。

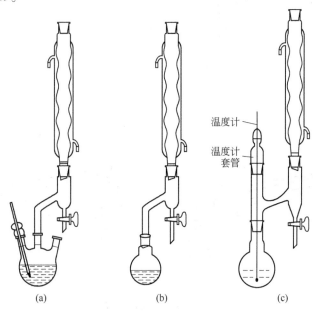

图 2-18　带分水器的回流装置

(a),(c)—可测量温度的分水回流装置；(b)—普通分水回流装置

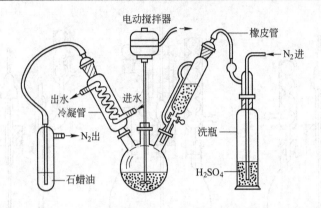

图 2-19　惰性气体条件下的回流装置

（二）蒸馏、分馏装置

1. 常用蒸馏装置

蒸馏是分离两种以上沸点相差较大的液体和除去有机溶剂的常用方法。图 2-20 所示

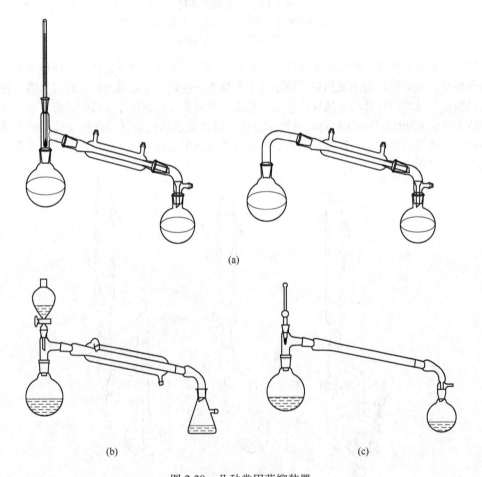

图 2-20　几种常用蒸馏装置

（a）—低沸点液体的水冷凝普通蒸馏装置；（b）—适合大量液体连续蒸馏的装置；
（c）—高沸点液体的空气冷凝蒸馏装置

为几种常用的蒸馏装置，可用于不同要求的
场合。

2. 分馏装置

若液体混合物中各组分的沸点相差较小，用
普通蒸馏法难以精确分离，则需应用分馏的方法
进行分离。图 2-21 所示为简单分馏装置。

3. 减压蒸馏装置

若液体混合物在常压蒸馏时易分解、氧化、
聚合，则需要用到减压蒸馏装置，见图 2-22。图
2-22(b)是在有惰性气体保护下的减压蒸馏装置。

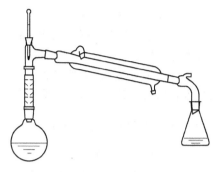

图 2-21 简单分馏装置

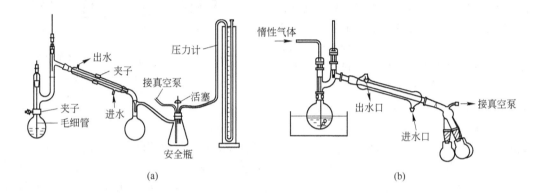

(a)

(b)

图 2-22 减压蒸馏装置

(a)—普通减压蒸馏装置；(b)—惰性气体保护下的减压蒸馏装置

4. 水蒸气蒸馏装置

水蒸气蒸馏是将水蒸气通入不溶或难溶于水但有一定挥发性的有机物质中，使该物质在低
于100℃温度下，随水蒸气一起蒸馏出来，见图 2-23。水蒸气蒸馏是分离和纯化有机化合物的
常用方法之一。

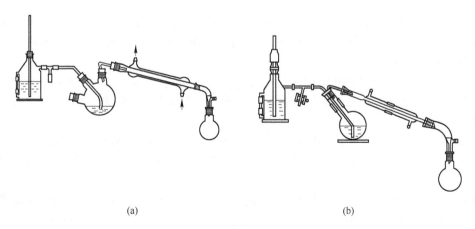

(a)

(b)

图 2-23 水蒸气蒸馏装置

(a)—水蒸气蒸馏装置（被蒸馏液体盛装在三口烧瓶中）；
(b)—水蒸气蒸馏装置(被蒸馏液体盛装在圆底烧瓶中)

（三）通入气体的装置

在有机化学实验中，有时也会遇到这样的反应，即反应原料之一是气体。此时这种气体就必须用一根伸入液面以下的玻璃导管，能将气体引入反应混合物的溶剂或液体中，见图 2-24。

五、常用仪器的洗涤和保养

（一）常用仪器的洗涤

清洁的实验仪器是实验成功的重要条件，也是化学工作者应有的良好习惯，清洗的目的是为了避免杂质进入反应体系，确保实验顺利进行。

洗涤的一般方法是用水、洗衣粉、去污粉刷洗。刷子是特制的，如烧瓶刷、烧杯刷、冷凝管刷等，但用腐蚀性洗液时则不用刷子。若遇难于洗净的仪器时，则可根据污垢的性质选用适当的洗液进行洗涤。下面介绍几种常用洗液：

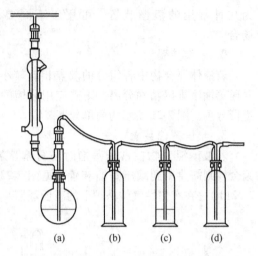

图 2-24　向反应体系中通入气体的装置
（a）—反应瓶；（b）—安全瓶；
（c）—洗气瓶；（d）—安全瓶

（1）铬酸洗液。这种洗液氧化性很强，对有机污垢破坏力也很强。倾去器皿内的水，慢慢倒入洗液，转动器皿，使洗液充分浸润不干净的器壁，数分钟后把洗液倒回洗液瓶中，用自来水冲洗。若壁上粘有少量炭化残渣，可加入少量洗液，浸泡一段时间后在小火上加热，直至冒出气泡，炭化残渣可被除去。但当洗液颜色变绿，表示失效，应该弃去，不能倒回洗液瓶中。

铬酸洗液的配制方法：在一个 250mL 烧杯中，先将 5g $K_2Cr_2O_7$ 溶于 5mL 水中，然后搅拌，慢慢加入浓硫酸 100mL，这时，混合液温度逐渐升高到 70～80℃，待混合液冷却至约 40℃时，倒入干燥的磨口严密的细口试剂瓶（洗液瓶）中保存。

（2）盐酸。用浓盐酸可以洗去附着在器壁上的二氧化锰或碳酸钙等残渣。

（3）碱液和合成洗涤剂。将碱液和合成洗涤剂配成浓溶液即可。用以洗涤油脂和一些有机物（如有机酸）。

（4）有机溶剂洗涤液。当胶状或焦油状的有机污垢如用上述方法不能洗去时，可选用丙酮、乙醚、苯浸泡，并加盖，以免溶剂挥发，或用 NaOH 的乙醇溶液亦可。用有机溶剂作洗涤剂，使用后可回收重复使用。

（5）超声波。有机实验中常用超声波清洗器来洗涤玻璃仪器，其优点是省时又方便。只要把用过的仪器放在配有洗涤剂的溶液中，接通电源，利用声波的振动和能量，即可达到清洗仪器的目的。

若用于精制或有机分析用的器皿，除用上述方法处理外，还须用蒸馏水冲洗。

器皿是否清洁的标志是：加水倒置，水顺着器壁流下，内壁被水均匀润湿有一层既薄又均的水膜，不挂水珠。

由于有机化学实验经常都要使用干燥的玻璃仪器，故要养成在每次实验后马上把玻璃仪器洗净并倒置，使之干燥的习惯，以便下次实验时使用。干燥玻璃仪器的方法有：（1）自然风干；（2）干燥箱、气流烘干器烘干；（3）电吹风吹干。

（二）常用仪器的保养方法

有机化学实验的各种玻璃仪器的性质是不同的，必须掌握它们的性能及保养和洗涤方法，才能正确使用，提高实验效果，避免不必要的损失。下面介绍几种常用玻璃仪器的保养和清洗方法。

1. 温度计

温度计汞球部位的玻璃很薄，易碎，使用时要特别小心。使用时应注意：

（1）不能把温度计当搅拌棒使用。

（2）不能测定超过温度计的最高刻度的温度。

（3）不能把温度计长时间放在高温的溶剂中，否则，会使汞球变形，导致测定温度不准。

（4）温度计使用后要慢慢冷却。特别在测量高温之后，切不可立即用水冲洗，否则会破裂或汞柱断裂开。

（5）使用后应悬挂在铁座架上，待冷却后再洗净晾干，放回温度计盒内。

2. 冷凝管

由于冷凝管通水后较重，所以装冷凝管时应将夹子夹紧在冷凝管重心的地方，以免翻倒。通水时，切忌水开得太大、太猛。140℃以上不宜用直形冷凝管，而用空气冷凝管。

洗刷冷凝管时要用长毛刷，如用洗涤液或有机溶剂洗涤时，清洗后的冷凝管应放在干燥架上晾干，以备使用。

3. 分液漏斗

分液漏斗的活塞和顶塞都是磨砂口的，若非原配，就可能不严密，所以，在使用时要注意保护，各个分液漏斗之间也不要互相调换，使用后一定要在活塞和顶塞的磨口间垫上纸片，以免长时间放置后难以打开。

4. 蒸馏烧瓶

蒸馏烧瓶的支管容易被折断，故无论在使用或放置时都要特别注意保护蒸馏烧瓶的支管，支管的熔接处不能直接加热。

5. 锥形瓶和平底烧瓶

锥形瓶和平底烧瓶不耐压，坚决杜绝用于减压操作中，厚壁容器不耐热，千万不要用明火加热。

六、加热、冷却和干燥

（一）加热

某些化学反应在室温下难以进行或进行得很慢。为了加快反应速度，要采用加热的方法。温度升高反应速率加快，一般温度每升高10℃，反应速率增加1倍。

有机实验常用的热源有酒精灯、煤气灯、酒精喷灯、电炉、电热套等。

1. 空气浴

空气浴就是让热源把局部空气加热，空气再把热能传导给反应容器。沸点在80℃以上的液体均可采用空气浴加热。直接利用热源隔着石棉网对容器加热，这是最简单的空气浴，但受热不均匀，因此不适合低沸点易燃液体或减压蒸馏。电热套是比较好的空气浴，能从室温加热到200℃左右。安装电热套时，要使反应瓶外壁与电热套内壁保持2cm左右的距离，以防止局部过热。为了便于控制温度，可连接调压的变压器。

2. 水浴

当所加热温度在100℃以下时，可将容器浸入水浴中，使用水浴加热。使用水浴时，热浴液面应略高于容器中的液面，勿使容器底触及水浴锅底。控制温度稳定在所需要范围内。若长时间加热，水浴中的水会汽化蒸发，适当时要添加热水，或者在水面上加几片石蜡，石蜡受热熔化铺在水面上，可减少水的蒸发。

水浴锅一般为铜制或铝制。当加热少量的低沸点物质时，也可用烧杯代替水浴锅。专门的水浴锅的盖子是由一组直径递减的同心圆环组成的，它可以有效地减少水分的蒸发。电热多孔恒温水浴锅，使用起来较为方便。

如果加热温度稍高于100℃，则可选用适当无机盐类的饱和溶液作为热浴液。例如：

盐类	饱和水溶液的沸点/℃
NaCl	109
$MgSO_4$	108
KNO_3	116
$CaCl_2$	180

3. 油浴

加热温度在100～250℃之间可用油浴。油浴所能达到的最高温度取决于所用油的种类。一般情况下，反应物的温度应低于油浴液的温度20℃左右。常用的油浴液有：

（1）甘油。甘油可以加热到140～150℃，温度过高时则会分解。甘油吸水性强，放置过久的甘油，使用前应首先加热蒸去所吸的水分，之后再用于油浴。

（2）甘油和邻苯二甲酸二丁酯的混合液。甘油和邻苯二甲酸二丁酯的混合液用于加热到140～180℃，温度过高则分解。

（3）植物油。植物油如菜子油、蓖麻油和花生油等，可以加热到220℃。若在植物油中加入1%的对苯二酚，可增加油在受热时的稳定性。

（4）液体石蜡。液体石蜡可加热到220℃，温度稍高虽不易分解，但易燃烧。

（5）固体石蜡。固体石蜡也可加热到220℃以上，其优点是冷却到室温时凝成固体，便于保存。

（6）硅油。硅油在250℃时仍较稳定，透明度好，安全，是目前实验室中较为常用的油浴之一。

（7）真空泵油也可以加热到250℃以上，也比较稳定，但价格较高。

用油浴加热时，要在油浴中装置温度计（温度计感温头如水银球等，不应放到油浴锅底），以便随时观察和调节温度。加热完毕取出反应容器时，仍用铁夹夹住反应容器离开液面悬置片刻，待容器壁上附着的油滴完后，用纸或干布擦干。

油浴所用的油中不能溅入水，否则加热时会产生泡珠或爆溅。使用油浴时，要特别注意油蒸气污染环境和引起火灾。为此，可用一块中间有圆孔的石棉板覆盖油锅。

4. 砂浴

加热温度达200℃或300℃以上时，往往使用砂浴。

将清洁而又干燥的细砂平铺在铁盘上，把盛有被加热物料的容器埋在砂中，加热铁盘。由于砂对热的传导能力较差而散热却较快，因此容器底部与砂浴接触处的砂层要薄些，以便于受热。由于砂浴温度上升较慢，且不易控制，因而使用不广泛。

5. 酸浴

常用的酸浴浴液为浓硫酸，可加热至250～270℃，当加热至约300℃时则分解，生成白烟。若酌加硫酸钾，则加热温度可升到350℃左右。如：

浓硫酸（密度 1.84g/m³）	70%（质量分数）	60%（质量分数）
硫酸钾	30%（质量分数）	40%（质量分数）
加热温度	约325℃	约365℃

上述混合物冷却时即成半固体或固体，因此，温度计应在液体尚未完全冷却前取出。

（二）冷却

根据一些实验对低温的要求，在操作中需使用制冷剂，进行冷却操作，以便在一定的低温条件进行反应、分离和提纯等。

以下几种情况下应使用冷却剂进行冷却：

（1）某些反应，其中间体在室温下是不稳定的，这时反应就应在特定的低温条件下进行，如重氮化反应，一般在 0~5℃下进行。

（2）反应放出大量的热，需要降温来控制反应速率。

（3）为了降低固体物质在溶剂中的溶解度，以加速结晶的析出。

（4）为了减少损失，把一些沸点很低的有机物冷却。

（5）高度真空蒸馏装置。

冷却的方法很多，通常根据不同的要求，可选用合适的冷却方法和制冷剂。

1. 冰水冷却

可用冷水在容器外壁流动，或把反应器浸在冷水中，交换走热量。

也可用水和碎冰的混合物作冷却剂，其冷却效果比单用冰块好，可冷却至 0~ -5℃。如果水对反应无影响，甚至可把冰块投入反应器中进行冷却，以更有效地保持低温。

2. 冰盐冷却

要在0℃以下进行操作时，常用按不同比例混合的碎冰和无机盐作为冷却剂。可把盐研细，把冰砸碎（或用冰片花）成小块，使盐均匀包在冰块上。冰-食盐混合物（质量比3∶1），可冷至 -5~ -18℃，其他盐类的冰-盐混合物冷却温度见表2-2。

表 2-2　冰-盐混合物的质量分数及温度

盐名称	盐的质量分数	冰的质量分数	温度/℃
六水氯化钙	100	246	-9
六水氯化钙	100	123	-21.5
六水氯化钙	100	70	-55
六水氯化钙	100	81	-40.3
硝酸铵	45	100	-16.8
硝酸钠	50	100	-17.8
溴化钠	66	100	-28
氯化铵	25	100	-15
氯化钠	33	100	-21

3. 干冰或干冰与有机溶剂混合冷却

干冰（固体的二氧化碳）和乙醇、异丙醇、丙酮、乙醚或氯仿混合，可冷却到 -50~ -78℃，否则加入时会猛烈起泡。

应将这种冷却剂放在杜瓦瓶（广口保温瓶）中或其他绝热效果好的容器中，以保持其冷却效果。

4. 液氮

液氮可冷至 -196℃（77K），一般在科研中应用。

液氮和干冰是两种方便而又廉价的冷冻剂，用有机溶剂可以调节所需的低温浴浆。低温恒温冷浆浴的制法是：在一个清洁的杜瓦瓶中注入纯的液体化合物，其用量不超过容积的3/4，在良好的通风橱中缓慢地加入新取的液氮，并用一支结实的搅拌棒迅速搅拌，最后制得的冷浆稠度应类似于黏稠的麦芽。一些可作低温恒温冷浆浴的化合物列在表2-3。

表 2-3　可作低温恒温冷浆浴的化合物

化合物	冷浆浴温度/℃	化合物	冷浆浴温度/℃
乙酸乙酯	−83.6	乙酸甲酯	−98.0
丙二酸乙酯	−51.5	乙酸乙烯酯	−100.2
对异戊烷	−160.0	乙酸正丁酯	−77.0

5. 低温浴槽

低温浴槽是一个小冰箱，冰室口向上，蒸发面用筒状不锈钢槽代替，内装酒精。外设压缩机，循环氟利昂制冷。压缩机产生的热量可用水冷或风冷散去。可装外循环泵，使冷酒精与冷凝器连接循环。还可装温度计等指示器。反应瓶浸在酒精液体中。低温浴槽适于 −30 ~ 30℃ 之间的反应使用。

以上制冷方法供选用。注意温度低于 −38℃ 时，由于水银会凝固（水银的凝固点为 −38.87℃），因此不能用水银温度计。对于较低的温度，应采用添加少许颜料的有机溶剂（酒精、甲苯、正戊烷）温度计（内装甲苯：−90℃；正戊烷：−130℃）。

（三）干燥

干燥是常用的除去固体、液体或气体中少量水分或少量有机溶剂的方法。在有机化学实验中，有许多反应要求在无水条件下进行，如制备格氏试剂，在反应前要求卤代烃、乙醚绝对干燥；液体有机物在蒸馏前也需干燥，否则沸点前馏分较多，产物损失，甚至沸点也不准；固体有机化合物在测定熔点及有机化合物进行波谱分析前也要进行干燥，否则会影响测试结果的准确性。可见在有机化学实验中，试剂和产品的干燥具有重要的意义。

干燥方法可分为物理方法和化学方法两种。

物理方法中有烘干、晾干、吸附、分馏、共沸蒸馏和冷冻等。近年来，还常用离子交换树脂和分子筛等方法进行干燥。

离子交换树脂是一种不溶于水、酸、碱和有机溶剂的高分子聚合物。分子筛是含水硅铝酸盐的晶体。它们是利用晶体内部的孔穴吸附水分子，而一旦加热到一定温度时又释放出水分子，故可重复使用。

化学方法采用干燥剂来除水。根据除水作用原理又可分为两种：

（1）能与水可逆地结合，生成水合物，例如

$$CaCl_2 + nH_2O \Longrightarrow CaCl_2 \cdot nH_2O$$

还有硫酸镁和硫酸钠等。

（2）与水发生不可逆的化学变化，生成新的化合物，例如：

$$2Na + 2H_2O \longrightarrow 2NaOH + H_2 \uparrow$$

还有五氧化二磷和氧化钙等。

使用干燥剂时要注意以下几点：

（1）干燥剂与水的反应为可逆反应时，反应达到平衡需要一定时间。因此，加入干燥剂后，一般最少要两小时或更长一点的时间才能收到较好的干燥效果。因反应可逆，不能将水完

全除尽，故干燥剂的加入量要适当，一般为溶液体积的5%左右。当温度升高时，这种可逆反应的平衡向脱水方向移动，所以在蒸馏前，必须将干燥剂滤除，否则被除去的水将返回液体中。

（2）干燥剂与水发生不可逆反应时，使用这类干燥剂在蒸馏前不必滤除。

（3）干燥剂只适用于干燥少量水分。若水的含量大，干燥效果不好。为此，萃取时应尽量将水层分净，这样干燥效果好，且产物损失少。

1. 液体有机化合物的干燥

A　干燥剂的选择

干燥剂应与被干燥的液体有机化合物不发生化学反应，包括溶解、配合、缔合和催化等作用，例如酸性化合物不能用碱性干燥剂等。表2-4列出各类有机物常用干燥剂的性能与应用范围。

表 2-4　常用干燥剂的性能与应用范围

干燥剂	吸水作用	吸水容量	酸碱性	效能	干燥速率	应用范围
氯化钙	$CaCl_2 \cdot nH_2O$ $n = 1,2,4,6$	0.97 按 n 为 6 计算	中性	中等	较快，但吸水后表面为薄层液体所覆盖，应放置时间较长	能与醇、酚胺、酰胺及某些醛、酮、酯形成配合物，因而不能用于干燥这些化合物
硫酸镁	$MgSO_4 \cdot nH_2O$ $n = 1,2,4,5,6,7$	1.05 按 n 为 7 计算	中性	较弱	较快	应用范围广，可代替 $CaCl_2$，并可用于干燥酯、醛、酮、腈、酰胺等不能用 $CaCl_2$ 干燥的化合物
硫酸钠	$Na_2SO_4 \cdot 10H_2O$	1.25	中性	弱	缓慢	一般用于有机液体的初步干燥
硫酸钙	$2CaSO_4 \cdot H_2O$	0.06	中性	强	快	中性，常与硫酸镁（钠）配合，作最后干燥之用
碳酸钾	$K_2CO_3 \cdot \frac{1}{2}H_2O$	0.2	弱碱性	较弱	慢	干燥醇、酮、酯、胺及杂环等碱性化合物；不适于酸、酚及其他酸性化合物的干燥
氢氧化钾（钠）	溶于水	—	强碱性	中等	快	用于干燥胺、杂环等碱性化合物； 不能用于干燥醇、醛、酮、酸、酚等
金属钠	$Na + H_2O \rightarrow$ $NaOH + \frac{1}{2}H_2$	—	碱性	强	快	限于干燥醚、烃类中的痕量水分。用时切成小块或压成钠丝
氧化钙	$CaO + H_2O \rightarrow$ $Ca(OH)_2$	—	碱性	强	较快	适于干燥低级醇类
五氧化二磷	$P_2O_5 + 3H_2O$ $\rightarrow 2H_3PO_4$	—	酸性	强	快，但吸水后表面为黏浆液覆盖，操作不便	适于干燥醚、烃、卤代烃、腈等化合物中的痕量水分；不适于干燥醇、酸、胺、酮等
分子筛	物理吸附	约 0.25	中性	强	快	适用于各类有机化合物干燥

B　使用干燥剂时要考虑干燥剂的吸水容量和干燥效能

干燥效能是指达到平衡时液体被干燥的程度。对于形成水合物的无机盐干燥剂，常用吸水后结晶水的蒸气压来表示干燥剂效能。如硫酸钠形成 10 个结晶水，蒸气压为 260Pa；氯化钙最多能形成 6 个水的水合物，在 25℃时水蒸气压力为 39Pa。因此硫酸钠的吸水容量较大，但干燥效能弱；而氯化钙吸水容量较小，但干燥效能强。在干燥含水量较大而又不易干燥的化合物时，常先用吸水容量较大的干燥剂除去大部分水，再用干燥效能强的干燥剂进行干燥。

C　干燥剂的用量

根据水在液体中溶解度和干燥剂的吸水量，可算出干燥剂的最低用量。但是，干燥剂的实际用量是大大超过计算量的。一般干燥剂的用量为每 10mL 液体约需 0.5 ~ 1g 干燥剂。

D　干燥时的温度

对于生成水合物的干燥剂，加热虽可加快干燥速率，但远远不如水合物放出水的速率快，因此，干燥通常在室温下进行。

E　操作步骤与要点

首先把被干燥液中水分尽可能除净，不应有任何可见的水层或悬浮水珠；把待干燥的液体放入锥形瓶中，取颗粒大小合适（如无水氯化钙，应为黄豆粒大小并不夹带粉末）的干燥剂，放入液体中，用塞子盖住瓶口，轻轻振摇，经常观察，判断干燥剂是否足量，静置（30min，最好过夜）；把干燥好的液体滤入蒸馏瓶中，然后进行蒸馏。

2. 固体有机化合物的干燥

干燥固体有机化合物，主要是为除去残留在固体中的少量低沸点溶剂，如水、乙醚、乙醇、丙酮、苯等。由于固体有机物的挥发性比溶剂小，因此采取蒸发和吸附的方法来达到干燥的目的，常用干燥法如下：

（1）晾干。晾干适用于被干燥固体物质在空气中必须是稳定的，不易分解，不吸潮的。干燥时，把待干燥的固体物质放在干燥洁净的表面皿上或滤纸上，将其薄薄摊开，上面再用滤纸覆盖起来，放在空气中晾干。

（2）烘干。烘干适用于熔点高遇热不易分解的固体。把待干燥的固体物质放在表面皿上或蒸发皿中，放在水浴上烘干，也可用红外灯或恒温烘箱或恒温真空干燥箱烘干。

（3）冻干。冷冻干燥就是把含有大量水分的物质，预先进行降温冻结成固体。然后在真空的条件下使水蒸气直接从固体中升华出来，而物质本身留在冻结的冰架子中，从而使得干燥制品不失原有的固体骨架结构，保持物料原有的形态，且制品复水性极好。真空冷冻干燥技术主要应用于热稳定性差的生物制品、生化类制品、血液制品、基因工程类制品等药物的干燥。与其他干燥方式相比，冷冻干燥避免了化学、物理和酶的变化，从而确保了制品物性在保存时不易改变。实际需要的低水气压是靠真空的状况下达到的。

（4）若遇难抽干溶剂时，把固体从布氏漏斗中转移到滤纸上，上下均放 2 ~ 3 层滤纸，挤压，使溶剂被滤纸吸干。

（5）干燥器干燥。干燥器干燥适用于易分解或升华的固体的干燥。干燥器干燥是利用普通干燥器、真空干燥器、真空恒温干燥器（干燥枪）进行干燥。普通干燥器通常用变色硅胶或无水氯化钙作干燥剂，干燥样品所费时间较长，干燥效率不高，一般适用于保存易吸潮药品。干燥器是磨口的，并涂有一层很薄的凡士林以防止水汽进入，开启或关闭干燥器时，应用左手朝里（或朝外）按住干燥器下部，用右手握盖上的圆顶反方向平推器盖。搬动干燥器，不应只捧着下部，而应同时用拇指按住盖子，以防盖子滑落。真空干燥器干燥效率较高，使用时真空度不宜过高，以防止干燥器炸裂。一般用水泵抽气，抽气时应有防止倒吸的安全装置。

取样放气时不宜太快，以防止空气流入太快将样品冲散。真空恒温干燥器也称干燥枪，其干燥效率较高，适用于除去结晶水或结晶醇。但这种方法只能适用于小量样品的干燥，如果干燥化合物数量多，可采用真空恒温干燥箱。各种干燥器见图2-25。

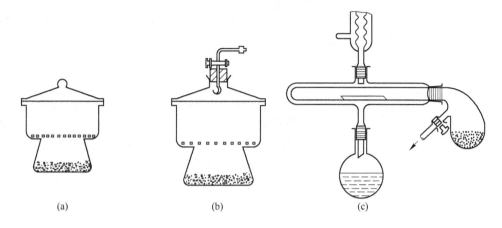

图 2-25　干燥器

（a）—普通干燥器；（b）—真空干燥器；（c）—真空恒温干燥器（干燥枪）

3. 气体的干燥

在有机实验中常用气体有 N_2、O_2、H_2、Cl_2、NH_3、CO_2，有时要求气体中含很少或几乎不含 CO_2、H_2O 等，因此，就需要对上述气体进行干燥。

干燥气体常用仪器有干燥管、干燥塔、U形管、各种洗气瓶（常用来盛液体干燥剂）等。常用气体干燥的干燥剂见表2-5。

表 2-5　常用气体干燥的干燥剂

干　燥　剂	可　干　燥　气　体
CaO、碱石灰、NaOH、KOH	NH_3 类
无水 $CaCl_2$	H_2、HCl、CO_2、CO、SO_2、N_2、O_2、低级烷烃、醚、烯烃、卤代烃
P_2O_5	H_2、N_2、O_2、CO_2、SO_2、烷烃、乙烯
浓 H_2SO_4	H_2、N_2、HCl、CO_2、Cl_2、烷烃
$CaBr_2$、$ZnBr_2$	HBr

七、实验预习、记录和报告的基本要求

（一）实验预习和实验记录

每个学生必须准备一本练习本，用于实验预习和实验记录。

1. 实验预习

在进行每个实验前，要认真预习有关实验内容，做好实验的充分准备，并将预习结果写在记录本上。预习记录应该是实验记录的一部分，是研究实验内容和书写实验报告的依据，在实验开始前可参考以下项目做预习实验报告。

（1）将实验目的、实验原理，反应方程式（主反应和主要的副反应）摘录于记录本中。

（2）在记录本上列出本实验所用的原料及主要产物的物理常数，如相对分子质量、颜色、结晶、形状、密度、熔点、沸点及溶解度等。这些数据可以帮助我们在实验中正确理解实验的现象，作出判断和作为采取操作措施的依据。

（3）在记录本上用精练的词句和一些箭头、符号写出简要的实验步骤（不是照抄实验内容），同时明确各步骤的目的和要求。

（4）计算产物的理论产量，列入记录本中。

2. 实验记录

实验时要做到观察仔细、操作认真、思考积极，并将观察到的现象及测得的各种数据及时地如实记录于记录本上。记录要做到简要明确、字迹整洁。可将记录本每页分成四栏（性质实验、基本操作实验可分为三栏，省略实验时间栏），第一栏为实验时间，第二栏为实验步骤（预习时写上），第三栏为实验现象，第四栏为备注。备注栏主要记录对实验中新的认识和补充、经验教训、体会。实验结束后将实验记录上交指导教师，检查签字后方可离开实验室。可按下列格式记录实验过程。

时　间	步　骤	现　象	备　注

（二）实验报告

实验报告内容包括：

（1）对实验现象逐一做出正确的解释。能用反应式表示的尽量用反应式表示。

（2）计算产率。计算公式如下：

$$产率 = （实际产量 / 理论产量） \times 100\%$$

（3）填写物理常数的测试结果。分别填上产物的文献值和实测值，并注明测试条件，如温度、压力等。

（4）对实验进行讨论与总结：1）对实验结果和产品进行分析；2）写出做实验的体会；3）分析实验中出现的问题和解决的办法；4）对实验提出建设性的建议。

实验报告要求条理清楚，文字简练，图表清晰、准确。一份完整的实验报告可以充分体现学生对实验理解的深度、综合解决问题的能力及文字表达的能力。

有机实验报告的格式主要分为三类：（1）化合物性质实验报告；（2）基本操作实验报告；（3）合成实验报告。书写格式分别介绍如下。

1. 化合物性质实验报告格式

性质实验报告

实验名称＿＿＿＿＿＿＿＿＿＿＿＿＿＿＿＿

姓名＿＿＿＿＿＿＿ 班级＿＿＿＿＿＿＿ 学号＿＿＿＿＿＿＿

专业＿＿＿＿＿＿＿ 日期＿＿＿＿＿＿＿ 成绩＿＿＿＿＿＿＿

一、实验目的

二、实验记录和解释

实验内容	实验现象	解释和反应式

三、思考题

四、问题讨论

2. 基本操作实验报告

基本操作实验报告

实验名称＿＿＿＿＿＿＿＿＿＿＿＿＿＿＿＿＿＿

姓名＿＿＿＿＿＿＿＿　班级＿＿＿＿＿＿＿＿　学号＿＿＿＿＿＿＿＿

专业＿＿＿＿＿＿＿＿　日期＿＿＿＿＿＿＿＿　成绩＿＿＿＿＿＿＿＿

一、实验目的

二、实验原理

三、仪器装置

四、实验步骤

五、实验结果

六、思考题

七、问题讨论

3. 合成实验报告

有机化合物的合成实验报告

实验名称_____

姓名_____ 班级_____ 学号_____

专业_____ 日期_____ 成绩_____

一、实验目的

二、实验原理

三、仪器装置

四、主要试剂的规格和物理常数

名称	规格	相对分子质量	颜色形状	折光率	密度	熔点	沸点	溶解情况

续表

五、实验步骤和现象记录

时　间	实验步骤	实验现象	备　注

六、实验结果

产品外观	产量（g）		产率（%）	密度	熔点、沸点或折光率		溶解度
	理论	实际			文献	实际	

七、思考题

八、问题讨论

第三章　有机化学基本操作实验

实验1　有机化学实验基本操作
（多媒体仿真实验）（2 学时）

一、实验目的

通过多媒体仿真实训，了解有机化学实验的基本操作，熟悉回流、蒸馏、分馏、减压蒸馏、水蒸气蒸馏、搅拌、干燥、萃取与洗涤、重结晶与过滤、熔点的测定等有机化学实验单元操作的仪器安装、操作过程及注意事项，为后续实验奠定良好的实验基本操作基础。

二、实验软件

本校 2005 年购买的由天津工业大学开发的、化学工业出版社出版的有机化学实验单元操作仿真训练软件。

三、实验内容

（1）学生进入机房后，首先学习"计算机房操作管理规定"，然后在指导教师的指导下，打开计算机，在桌面上找到并点击"有机实验单元操作"快捷键（见图 3-1），即出现图 3-2 所示的画面。

（2）首先学习和阅读实验室安全与防护、实验室基本常识与技巧、常用仪器与设备。

（3）然后按照图 3-2 所示有机化学实验单元操作项目顺序依次进行学习与仿真练习。下面以熔点的测定实验项目为例子，进行详细的示范介绍。

首先点击仿真训练项目选择界面中的"熔点的测定"，会出现图 3-3 画面。

认真阅读动画下方"熔点测定实验"的基本知识。然后点击图 3-3 右下角的"仪器安装"，会出现图 3-4 画面。

图 3-1　有机化学实验单元操作
仿真训练软件快捷键图标

按照图 3-4 所示的"常用仪器"、"安装演示"、"安装要点"、"安装练习"、"其它安装方法"的顺序进行学习，重点掌握"安装要点"和"安装练习"。

点击图 3-3 右下角的"操作过程演示"，会出现图 3-5 画面。

按照图 3-5 所示的"装熔点管"、"测熔点"的顺序进行学习，注意动画演示具体的操作过程。点击图 3-3 右下角的"注意事项"，会出现图 3-6 画面。

按照图 3-6 所示的 8 点注意事项的顺序进行学习。

图 3-2　有机化学实验单元操作仿真训练项目选择界面

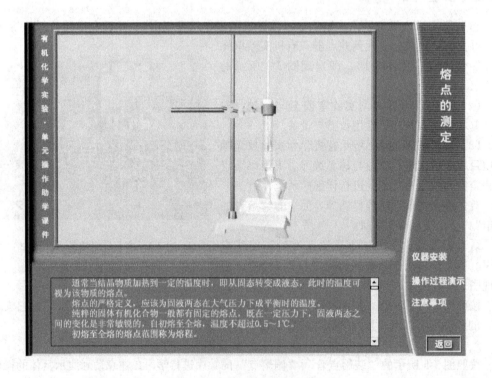

图 3-3　熔点的测定的选择界面

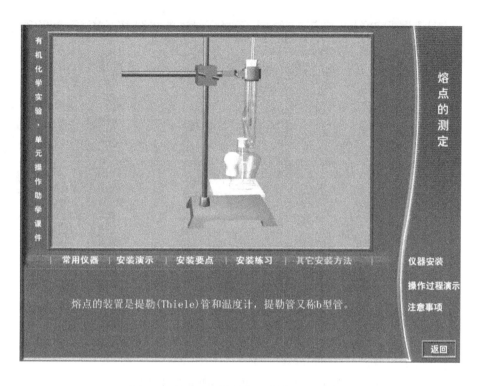

图 3-4 熔点的测定中仪器安装的选择界面

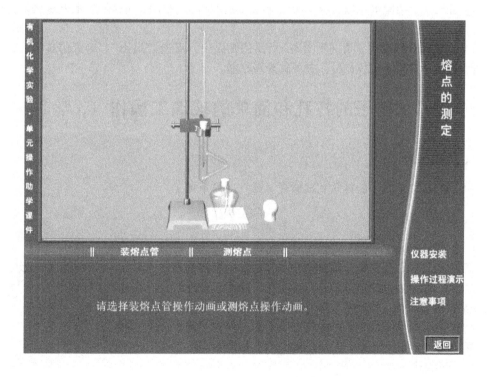

图 3-5 熔点的测定中操作过程演示的选择界面

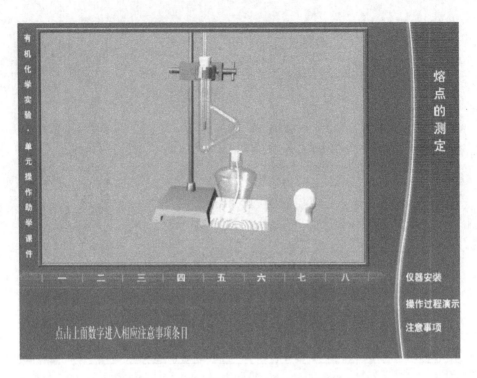

图 3-6　熔点测定中注意事项的选择界面

其他有机化学实验单元操作仿真实训练习与熔点的测定相同，可按照以上方法反复进行学习与练习。

（4）实验操作结束后，请回到图 3-2 所示的画面中，点击"退出"，结束仿真实验，关闭计算机，进行计算机使用登记后，方可离开实验室。

实验 2　塞子的打孔和简单的玻璃工操作（3 学时）

一、实验目的

练习和初步掌握塞子的打孔和玻璃管（棒）的简单加工。

二、实验内容

（一）塞子的打孔

使用普通玻璃仪器常常要用到塞子。实验室中常用的塞子有软木塞和橡皮塞。软木塞的优点是不易与有机化合物发生化学反应，但易漏气或易被酸碱腐蚀；橡胶塞虽不易被酸碱腐蚀，但易被有机化合物所侵蚀或溶胀，且价格较贵。一般情况下，对于要求封闭严密的实验（如减压蒸馏）必须选用橡皮塞，其他实验可选用软木塞。

1. 塞子的选择

要选用塞子的大小应与所用仪器的口径相适应，以塞入瓶（管）口部分为塞子总高度的 1/2 ～ 2/3 为合适，见图 3-7。

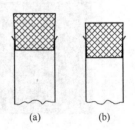

图 3-7　塞子的配置
（a）—不正确；（b）—正确

2. 打孔器的选择

选择打孔器时，对软木塞的打孔，应使打孔器的外径比要插入塞子的玻璃管或温度计的外径略小；对橡胶塞的打孔，应使打孔器刚好套在要插入塞子的玻璃管或温度计的外面或使两者管径相等，因橡胶塞有弹性，孔道打成后会收缩使孔径变小。

3. 打孔的方法

打好孔的关键是一定要选择锋利的打孔器，而且打孔器的推进速度不能太快。

打单孔时，把塞子平放在桌面的一块木板上，小的一端向上，先用手指转动打孔器在塞子的中心割出印痕，如图 3-8（a）所示，然后用左手扶紧塞子，用右手握紧打孔器，一面做顺时针方向旋转，一面略向下压，如图 3-8（b）所示。此时打孔器要与桌面保持垂直，如果发现两者没有保持垂直，应及时加以纠正。待打到塞子厚度的二分之一左右时，即按相反方向旋转，拔出打孔器，如图 3-8（c）所示，再按相同的方法在塞子大的一端打孔，打孔器要对准小的那端的孔位，直至把孔打通为止，拔出打孔器，用铁头捅出打孔器的塞心和碎屑。

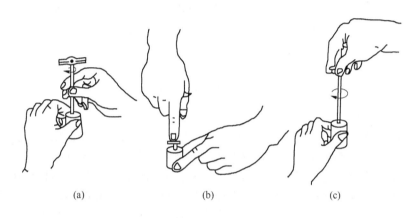

(a) (b) (c)

图 3-8 塞子的打孔

若需在一个塞子上打两个或多个孔，打孔时，务必使孔道笔直且互相平行，否则，插入玻璃管或温度计后，两根管子会歪斜或交叉，致使塞子不能使用。

钻孔时，特别是橡皮塞的钻孔，为了减少钻孔器与塞子间的摩擦，可用水、肥皂水或甘油水溶液润湿钻孔器的前端。

打孔后要检查孔道是否合用，若不费力就能插入玻璃管，说明管道太大，塞子不能用；若孔道略小或不光滑时，可利用小圆锉修整。

4. 玻璃管插入塞子的方法

将准备插入的温度计或玻璃管端的表面涂上少许甘油或水，握住温度计或玻璃管的手应尽可能靠近塞子的位置，另一手握住塞子慢慢旋转插入，见图 3-9。切不可用力直推，以免折断温度计或玻璃管，同时将手割伤。

5. 实验操作

打一个适用于实验 3（提勒熔点管）带一缺口的单孔或打两个适用于实验 4（蒸馏装置）的单孔塞。

（二）简单玻璃工操作

在有机实验中，经常需要使用各种不同用途的弯管（棒）、吸管、熔点管和沸点管等，一般都需要在实验室中自己动手制作。在加工烧制之前，应将所选用的玻璃管进行清洗和干燥。

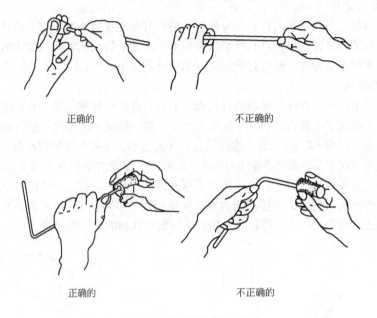

正确的　　　　　　　　　　　不正确的

图 3-9　将玻璃管插入塞子

1. 玻璃管（棒）的切割

切割玻璃管（棒）常用的工具有三角锉、砂轮片，有时使用瓷片。用三角锉切割时，把钢锉的锋棱压在需要切割的地方，然后用力把锉向前或向后一拉。同时，将玻璃管（棒）略微朝反方向转动，在玻璃管（棒）上划出一条清晰、细直的深痕（约占管周的1/6）注意不要来回拉锉，这样一方面会使锋棱损伤，一方面会使锉痕加粗。折断玻璃管（棒）时，只要用两手的拇指抵住锉痕的背面，再稍用拉力和弯折的合力，就可以使玻璃管（棒）裂开（如果在锉痕处用水蘸一下，则玻璃管（棒）更易裂开）。断口处应整齐。

2. 玻璃管（棒）的圆口

玻璃管（棒）的断口很锋利，容易划破皮肤，又不易插入塞子的孔道，故必须将断口在火焰中烧光滑，此操作称为圆口。其方法是：将玻璃管（棒）呈45°角度在氧化焰边沿处一边烧，一边转动，直至烧到微红即可。但不可烧得太久，以免管（棒）口缩小。

3. 玻璃管的弯曲

弯曲操作如图3-10（a）所示。双手持玻璃管，手心向外，把需弯曲部分放在弱火焰上预热，

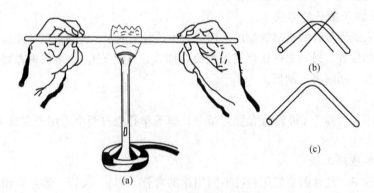

图 3-10　玻璃管的弯曲

然后放置于氧化火焰中（宜在蓝色还原焰之上约2mm处）加热，受热部分约宽5cm。加热时，使玻璃管缓慢、均匀不停地向同一方向转动。当玻璃管受热而足够软化时（玻璃管色变黄）即从火焰中移出，两手水平持着，玻璃管中间一段已软化，在重力作用下向下弯曲，两手再轻轻向中心施力，使其弯曲到所需要角度。如果玻璃管要弯曲成较小的角度（如小于120°），则需分几次弯。每次弯一定的角度，重复操作，但每次加热的中心应稍有偏移，用积累的方式达到所需的角度。弯好的玻璃管从整体上看应在同一平面上，无隆起或瘪缺的部分，如图3-10（c）所示。然后将弯好的玻璃管放在石棉板上冷却，不能立即与冷物接触。

在弯管操作中，要注意以下几点：玻璃管旋转时，两手用力要均匀，否则玻璃管会在火焰中扭歪；为了维持管径大小，两手持玻璃管在火焰中加热时尽量不要向外拉，其次可在弯成角度后，在管口轻轻吹气（不要过猛）；玻璃管如果受热不够，则不易弯曲，并易出现纠结和瘪陷；如果受热过度，则弯成的玻璃管在弯曲处的管壁常常厚薄不均和出现瘪陷；一般情况下，不可在火焰中弯曲玻璃管。

4. 熔点管（毛细管）的拉制方法

取一根清洁干燥的直径为0.8~1cm，壁厚1mm左右的玻璃管，两手执住其两端（掌心相对），放在火焰中加热。加热方法与玻璃管的弯曲操作相同，待玻璃管烧至红黄色时，将其从火焰中取出（切勿在火焰中拉），两手改为同时握玻璃管一边做同方向来回旋转，一边水平地两边拉开，开始拉时要慢些，然后再较快地拉长，使之成为内径1mm左右的毛细管；然后将此毛细管呈45°角度在小火边沿一边转动，一边加热（封闭的管底要薄），在石棉板上冷却。使用时只要将毛细管从中央截断，即得两根熔点毛细管。

5. 实验操作

（1）弯制85°角度的弯管一根；

（2）拉制适用于实验3的熔点毛细管15根。

三、思考题

（1）选用塞子时应注意些什么，塞子打孔是怎样操作的？

（2）截断玻璃管要注意哪些问题，怎样拉细和弯曲玻璃管，怎样才能防止弯制的玻璃管拉歪、隆起和瘪陷？

（3）把玻璃管插入塞子孔道时要注意些什么，怎样才能不会划破手和皮肤？

实验3 熔点的测定和温度计的校正（3学时）

一、实验目的

了解熔点测定的意义，掌握测定熔点的操作方法。

二、实验原理

熔点的测定常常可以用来识别固体有机化合物和定性地检验物质的纯度。

晶体的真实熔点，应为固液两相在大气压力下成平衡的温度，即固体物质刚开始熔化时的液体，而且固相和液相是共存的，这时的温度称为该化合物的熔点。

对于一个纯粹的物质，在一定的压力下，固液两相之间的变化是非常敏锐的，由初熔至全熔，温度一般不会超过0.5~1℃，这一温度间隔称为该化合物的熔点范围。纯的固体化合物都有其固定的熔点，测定熔点对鉴定纯粹的有机物具有重大的意义。同时通过熔点的测定，又可大致估计该化合物的纯度。如果含有杂质，则其熔点较纯化合物低，且熔点范围较大。

把两种纯粹化合物混合后，所测得的熔点称为混合熔点。不同的固体物质尽管其熔点可以相同或接近，但将两者混合后，一般是熔点范围显著增大，而且熔点降低。如果两种固体是同一化合物，则它们混合后熔点不会下降。有机化合物中熔点接近的很多，故利用混合熔点的测定可以帮助我们正确地判断两种固体是否为同一种物质。

但在熔点的测定中有时也出现例外：少数易分解的纯有机化合物由于受热尚未熔化前就局部分解，分解产物的存在犹如在样品中引入了杂质，使其没有固定的熔点，且熔点范围较大，两种熔点相同的不同化合物混合至一定比例时因形成新的化合物，使其熔点升高。虽然有这些例外情况，但熔点测定法仍不失为鉴定有机化合物的有效方法之一。

三、实验仪器和药品

仪器：提勒熔点测定管，8~10cm毛细管（$\phi = 1mm$），200℃温度计，酒精灯，表面皿，40~50cm玻璃管，橡皮圈，铁架台，研钵，缺口单孔塞子（与提勒管配套）。

药品：苯甲酸，β-萘酚，液体石蜡。

四、实验内容

（一）熔点的测定

测定熔点的方法很多，以毛细管熔点测定法（又称提勒管法）最简便。

1. 熔点管（毛细管）的准备

常用直径1mm，长约8~10cm，一端封闭的毛细管作为熔点管。本实验采用实验2所拉制的毛细管。

2. 熔点管的填充

填充前，要把试料研成粉末，放在烘箱中充分干燥［附注（1）］。并且把试料堆在表面皿上，用毛细管开口的一端插入试料进行取样。样品试料即被挤入管中。再把开口一端朝上，轻轻在桌面上顿几下（熔点毛细管的下落方向须与桌面垂直，否则毛细管易折断），使试料掉入管底。然后将装有试料的毛细管反复通过一根长约40~50cm，直立于桌面的玻璃管，均匀地落下；重复操作，直至试料高约2~3mm为止。填充过程中，要求试料中尽可能没有空隙，操作要快速，毛细管外部不能粘有试料和其他杂物。

3. 仪器装置

毛细管测熔点的装置甚多：有双溶式熔点测定器、提勒熔点测定管（又称b形管）等，如图3-11所示。本实验采用经典毛细管法，利用提勒熔点测定管来测定熔点。

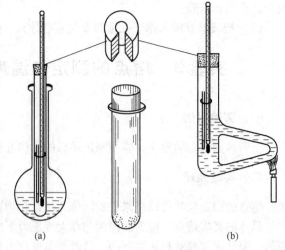

通常采用水、液体石蜡、甘油、硅油和浓硫酸作为加热液体（也称浴液）。凡熔点在80℃以下，可用水作浴液，熔点在

图3-11　测熔点的装置

（a）—双溶式熔点测定器；（b）—提勒熔点测定管

140℃以下的，可用液体石蜡或甘油作浴液；熔点在250℃以上，可用硅油作浴液；熔点在140～200℃，可选用浓硫酸作浴液。本实验用液体石蜡作为浴液。注意在倒入浴液前提勒熔点管一定要干燥。

4. 操作步骤

将提勒管夹在铁座架上，装入液体石蜡于提勒熔点管中，高度至上侧管处即可[附注（2）]。提勒管配一缺口的单孔口塞子，温度计插入孔中，刻度应向着塞子的缺口。将毛细管用橡皮圈紧固在温度计上[附注（3）]，试料部分靠在温度计水银球的中部，如图3-12所示。然后把温度计插入提勒管中，其深度以下水银球恰好在提勒管两侧管的中部为准。用小火在提勒管的弯曲支管倾斜部分的底部加热，如图3-13所示，这样可使受热的浴液管上升运动，从而促使整个提勒管内部浴液呈对流循环，管内各处温度较均匀。重复测定时，加热部位应基本保持不变。

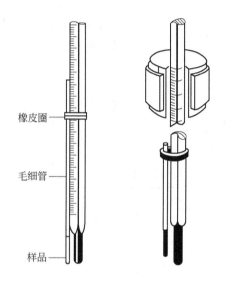

图 3-12　毛细管的安装

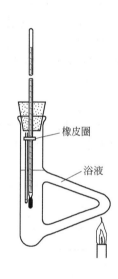

图 3-13　测定熔点装置

对于已知物的测定，按以上准备工作完成之后，进行下列熔点测定的操作：用小火缓慢加热，以每分钟上升5～6℃的速度升高温度，升至与已知的熔点尚差15℃左右时，减弱加热火焰，使温度上升的速度每分钟约1～2℃为宜。此时应特别注意温度的上升和毛细管中试料的情况。当毛细管中试料开始塌落和有润湿现象，出现小滴液体时，表示试料开始熔化，是始熔，记下温度；继续小火微热至试料微量的固体消失成为透明液体时，是全熔，记下温度。由始熔至全熔的温度间隔为该样品的熔点范围。

如果要测未知物的熔点，应先将样品填好两根毛细管，粗测一次，粗测时加热可快些，粗略测得近似熔点后，再做一次精确的测定。

实验结束后，一定要让温度计自然冷却至接近室温后才能用水冲洗，否则，易发生水银柱断裂。不准把热浴液倒入试剂瓶中，以免发生事故。

5. 实验操作

（1）测定试料：苯甲酸（1号样品）、β-萘酚（2号样品）、苯甲酸和β-萘酚的混合物（75：25、50：50、25：75分别记为3号、4号、5号样品）的熔点范围，填入表3-1；在实验报告上，用熔点范围平均值作为数据，做温度-百分比组成图[附注（4）]。

表 3-1　样品的熔点实验数据

样品编号	始熔/℃	全熔/℃	熔点范围/℃	备　注
1 号				
2 号				
3 号				
4 号				
5 号				
6 号				未知物名:

（2）精确地测定未知物试料（6 号样品）的熔点，查表 3-2 指出该物质是什么。

实验数据按表 3-1 记录（也可另行设计）。

（二）温度计的校正

温度计的刻度是在整支温度计均匀受热的情况下刻出来的，而在测定熔点时仅将温度计的一部分浸入加热液体中，漏出液面部分汞线所示的温度肯定较浸入液体部分所示的低，因此露出液面汞线部分必须加一个校正值来修正。

校正温度计的方法通常有两种：

（1）与标准熔点进行比较。选择数种标准样品，见表 3-2，分别测定它们的熔点，然后以观察到的熔点作为横坐标，观察值与化合物实际熔点的差值作纵坐标，画出校正曲线。根据这一曲线，由观察到的熔点值便可查得任意温度下相应的校正值。

表 3-2　一些用于校正温度计物质的熔点

物质名称	熔点/℃	物质名称	熔点/℃
冰	0	苯甲酸	122.4
α-萘胺	50	尿　素	135
二苯胺	53	水杨酸	159
萘	80.55	对苯二酚	173.4
乙酰苯胺	114.3	3,5-二硝基苯甲酸	205
β-萘酚	123	萘	80.5

（2）与标准温度计比较。把标准温度计与被校正的温度计平行放在热浴中，缓慢均匀加热，每隔 5℃分别记下两支温度计的读数，标出偏差量 Δt。

$$\Delta t = 被校正温度计的温度 - 标准温度计的温度$$

以被校正的温度计的温度为纵坐标，Δt 为横坐标，画出校正曲线以供校正用。

五、附注

（1）待测样品一定要经过充分干燥后再测熔点。否则，含有水分的样品会导致其熔点下降，熔点范围变宽。另外，样品还应充分研细，装样要密实均匀，否则，样品颗粒间传热不匀，也会使熔点范围变宽。

（2）热浴液不宜加得太多，因其受热后要膨胀，以防止热浴液逸出引起危险。

（3）用于固定熔点毛细管的橡皮圈不要浸入浴液中，以免橡皮圈溶胀脱落。

（4）苯甲酸、β-萘酚及其混合物的熔点范围平均值的图解：

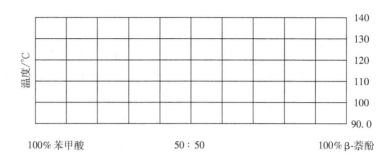

100% 苯甲酸　　　　　　　50：50　　　　　　　100% β-萘酚

（5）在精细有机合成及天然产物化学等领域的研究中，有时只得到数量很少的晶体，这时，必须用微量法测定熔点。常用的仪器是显微熔点测定仪，这种仪器的特点是所需的测试样品很少，而且可以清楚地看到样品的晶形和熔化过程。

六、思考题

（1）为什么通过熔点测定可检验两种熔点相同的有机化合物是否为同一化合物？
（2）装配本实验熔点测定装置时，应着重注意哪几点？
（3）可否用第一次测熔点时已经熔化过的有机化合物再做第二次测定？
（4）在测熔点时，为什么试料要研得极细，装填要密实？
（5）如果加热过猛，测出来的熔点会怎么样，为什么？

实验 4　蒸馏和分馏（3 学时）

一、实验目的

学习蒸馏和分馏的原理和意义，初步掌握实验室常用蒸馏和分馏的操作方法。

二、实验原理

（一）蒸馏和沸点的测定

蒸馏是分离和提纯液态有机化合物的最常用的方法之一。蒸馏是将液体加热至沸点，该液体开始沸腾而逐渐变为蒸气，使蒸气通过冷凝装置进行冷却，使其凝结并再度获得这一液体，这些操作称为蒸馏。因此，蒸馏包括两个过程，即从液体变成气体的气化过程及由气体凝结为液体的冷却过程。利用蒸馏可将沸点相差较大的（如相差 30℃ 以上）液体混合物分开。当沸点相差较大的液体蒸馏时，沸点较低的先蒸出，沸点较高的后蒸出，不挥发的留在蒸馏器内，这样可以达到分离提纯的目的。

纯液体有机化合物有一定的沸点，测定沸点的方法分为常量法和微量法。常量法的装置和操作与蒸馏相同。当蒸出的第一滴液体的温度至液体将蒸完时的温度代表该液体的沸程。在实际测定时，混合物的沸程间隔大，纯的液体化合物进行蒸馏时，蒸出温度基本保持恒定，沸程不超过 2℃。因此，可用蒸馏法测定纯净化合物的沸点，并从沸程大小初步估计该液体化合物的纯度。但是某些有机化合物往往能和其他组分形成二元或三元恒沸混合物，它们也有一定的沸点。因此，不能认为沸点一定的物质都是纯物质。例如：95.57% 的乙醇和 4.43% 的水组成的二元恒沸混合物，其沸点是 78.17℃，22.6% 的甲酸和 74.4% 的水组成的二元恒沸混合物，其沸点是 107.3℃。恒沸混合物不能用蒸馏或分馏方法分离。

1. 蒸馏装置的选择和安装

蒸馏装置主要包括蒸馏瓶、冷凝管和接收器三部分。

图 3-14 的装置适用于蒸馏沸点低于130℃的一般有机液体。蒸馏沸点高于130℃的液体时，应改用空气冷凝管，见图 3-15，因为水套冷凝管在130℃以上由于温度相差大容易破裂。

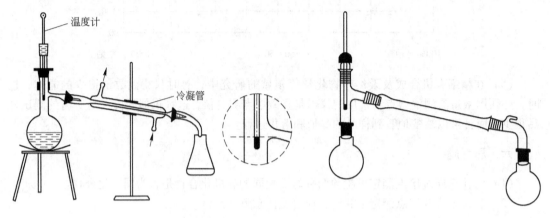

图 3-14　普通蒸馏装置　　　　　　　　　　　　　图 3-15　蒸馏装置

安装蒸馏装置的程序习惯上是从下而上，从左到右。应先考虑热源的高低位置，固定好蒸馏瓶，然后依次装上冷凝管和接收装置。整套装置要求整齐端正，如从侧面观察，全套装置中各仪器的轴线应在同一平面内，所有铁夹和铁架都应尽可能整齐地处于仪器的背后。

装配蒸馏装置时还应注意以下几方面：

（1）根据蒸馏物的量选择大小合适的蒸馏瓶，一般是使蒸馏物的体积不超过瓶体积的2/3，也不少于瓶体积的1/3。

（2）连接装置各部分的塞子必须大小合适，装配严密，以防止在过程中有蒸气漏出。支管应伸出塞子外 2~3cm。

（3）温度计水银球的上缘应与支管接口的下缘在同一水平线上，以使在蒸馏时水银球完全被蒸气所包围，可以准确地测出蒸气的温度。

（4）在装配水冷凝管时，上端的出水口应向上，可保证套管中充满水而达到冷却效果。

（5）蒸馏系统的接收器必须连通大气，蒸馏装置决不能造成密闭体系。

2. 蒸馏的操作

装配好装置后，可按如下方法操作：

（1）加料：把待蒸馏的液体经长颈漏斗倒入蒸馏瓶里（漏斗下口须伸到瓶支管的下面），或沿着面对支管的颈壁小心地加入，否则，液体易从支管流出。

（2）加入止暴剂：大多数液体在加热时往往发生过热现象，即液体虽然达到或超过沸点的温度，但仍不沸腾。这种过热的液体受到外界干扰（如摇动）就会突然且猛烈地沸腾起来，大量的蒸气带着液体向上冲，即发生所谓"暴沸"。加入止暴剂（素烧瓷或沸石或一端封口的毛细管）的目的就是为了防止液体产生过热现象。在加热时，止暴剂的微孔或毛细管不断放出微小的气泡，成为液体的气化中心使沸腾平稳。止暴剂应在加热前加入，当加热后发现未加止暴剂或原止暴剂失效时，千万不要匆忙加入止暴剂，因为在液体沸腾时加入止暴剂，将会引起更猛烈的暴沸，液体易冲出瓶口。所以，应使沸腾的液体冷却至沸点以下才能加入止暴剂。如果蒸馏中途停止，原有止暴剂即失效，若继续蒸馏，须在加热前补加新的止暴剂才安全。

（3）加热：选用合适的热源加热。当液体的温度上升到达沸点时开始沸腾，蒸气上升时在瓶颈被冷凝成液膜环并由瓶颈逐步上升。当蒸气接触到温度计水银球时，温度计的水银球很快上升，调节热源的温度，加热太猛时往往会在瓶颈部造成过热现象，这样温度计上所读得的沸点会偏高；如果加热不足，则颈部蒸气不足，部分冷凝，这温度计上读得的沸点会偏低。一般正常的蒸馏应使接液管滴出的液体调节至每秒1~2滴，温度计水银球上常见液滴冷凝，此时温度计上的读数即为蒸出物的沸点。收集所需的馏液。

蒸馏前，先向冷凝管通入冷水，上口出，下口进。蒸馏时，不要把液体蒸干。当蒸馏瓶中只剩下少量液体时，即停止蒸馏。蒸馏完毕，应停止加热及移开热源，然后关闭冷凝水。拆卸仪器的顺序和安装时相反。

（二）分馏

一般蒸馏只能分离和提纯沸点差别较大的物质。对沸点比较接近的混合物难以分开。如果使用分馏的方法就比较容易解决了。因此分馏也是分离提纯有机液体混合物的一种重要方法。

分馏实际上就是沸腾气化的混合物蒸气通过分馏柱（通常柱中装有大表面积的填料）并在柱中进行一系列热交换的结果。当蒸气进入分馏柱时，由于柱受外面空气的冷却，蒸气中沸点较高的物质先被冷凝，结果冷凝液中含有较多高沸点的物质，蒸气中低沸点的成分就相对地增加。冷凝液向下流动时又与上升的蒸气接触（在填料表面上进行），两者进行热交换，上升的蒸气中高沸点的物质又首先被冷凝下来，低沸点物质的蒸气仍继续上升，冷凝液中低沸点的物质被汽化，而高沸点者仍呈液态。经过多次的液相与气相的热交换后，低沸点的物质不断上升，最终被蒸馏出来；而高沸点的物质则不断流回受热容器中，结果使不同沸点的物质得到分离。实验室最常用的分馏柱如图3-16所示。

1. 简单分馏装置和分馏操作

简单分馏装置的装配原则及操作与蒸馏相似。如图3-17所示安装好仪器装置，必要时可用石棉绳包绕分馏柱保温。选择合适的热源加热，液体沸腾后要注意调节热源温度，让蒸气慢

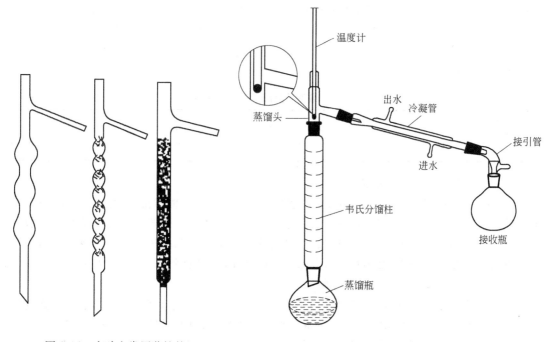

图 3-16　实验室常用分馏柱　　　　　　　　图 3-17　分馏装置

慢升入分馏柱中，约 10min 后升至柱顶。开始有液体蒸出时，调节温度保持蒸出速度为 2~3s 1 滴，这样可以得到比较好的分馏效果。注意观察馏出液温度的变化，收集不同的馏分。这样简单的分馏，效果虽略优于蒸馏，但总的说来还是很差的，如果要分馏沸点相近的液体混合物，还必须精密分馏装置。

2. 精密分馏装置

精密分馏装置的原理与简单分馏完全相同。为了提高分馏效率，在操作上采用了两项措施。一是柱身装有保温套，保证柱身温度与待分馏的物质的沸点相近。以利于建立平衡。二是控制一定的回流比（上升的蒸气，在柱头经冷却后，回入柱中的量和出料的量之比）。一般说来，对同一分馏柱，平衡保持很好，回流比大，则效率高。精密分馏装置如图 3-18 所示。

三、实验仪器和药品

仪器：电热套，温度计（100℃），蒸馏烧瓶（125mL 或 60mL），直形冷凝管，量杯（10mL 或 25mL），接引液管，长颈漏斗，圆底烧瓶（125mL），刺形分馏柱，橡皮管，铁架台，铁夹。

药品：无水乙醇，止暴剂。

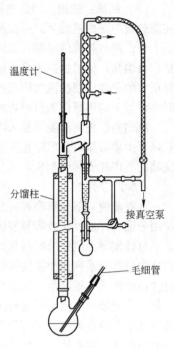

图 3-18　精密分馏装置

四、实验内容

（一）无水乙醇沸点的测定

将 30mL 无水乙醇移入 60mL 蒸馏烧瓶中，加入止暴剂，装入温度计，并使冷凝管中的水开始循环，在小火焰上将无水乙醇加热至沸。当有馏液滴入接收器［用量杯，附注（1）］时，调节热源，使蒸馏以每秒 1~2 滴的速度流出，记录收集 5mL、10mL、15mL、20mL、25mL 馏液的温度，然后停止蒸馏。这些馏液的温度变化不得超过 2℃，并应能代表无水乙醇的沸程。

实验数据按表 3-3 记录（也可另行设计）。

表 3-3　测定乙醇沸点的实验数据

馏液体积/mL	5	10	15	20	25
馏液温度/℃					
沸程/℃					

（二）用蒸馏法分离二元混合物

用与图 3-14 相同的装置蒸馏 25mL 无水乙醇（可用实验 1 中测过沸点的乙醇）和 25mL 蒸馏水的混合物（选用 125mL 蒸馏烧瓶），蒸馏时调节加热温度，使蒸馏液缓慢地滴入接收瓶中。按 82℃ 以前，82~88℃，89~95℃，95℃ 以后 4 个温度区间收集馏分，记录 4 个馏分的体积，以温度为横坐标，馏出液体积为纵坐标，将实验结果绘成柱状图，讨论分离效率。

（三）用分蒸馏法分离二元混合物

按图 3-17 所示装配仪器。合并上面实验中的蒸馏液和残留液（若这些液体意外地遭受损失，可新配无水乙醇和蒸馏水各 25mL 的混合物）于 125mL 的圆底烧瓶中，加入止暴剂。再按蒸馏实验操作进行［附注（2）］。按 82℃ 以前，82~88℃，89~95℃，95℃ 以后 4 个温度区间收集馏分，记录 4 个馏分的体积，以温度为横坐标，馏出液体积为纵坐标，将实验结果绘成柱状图，讨论分离效率。

实验数据按表 3-4 记录（也可另行设计）。

表 3-4　分离乙醇-水混合物实验数据

温度区间	<82℃	82～88℃	89～95℃	>95℃
蒸馏法馏液体积/mL				
分馏法馏液体积/mL				

五、附注

（1）蒸馏有机化合物均用小口接收器，如锥形瓶。本实验因读馏液体积的需要，采用量杯。

（2）当分馏将结束时，由于乙醇蒸气断断续续上升，温度计水银球不能被乙醇蒸气包围，因此，此温度可能出现下降或波动。

六、思考题

（1）能否认为沸点一定的化合物都是纯化合物，为什么？

（2）选择蒸馏烧瓶或圆底烧瓶时，要使蒸馏物体积不超过瓶体积的 2/3，不少于 1/3，为什么？

（3）在蒸馏装置中，若把温度计水银球插至液面上或者在蒸馏瓶支管上缘以上是否正确，为什么？

（4）蒸馏前，为什么要加入止暴剂？其作用为何？对止暴剂的加入，应怎样操作才安全？

（5）自冷凝管通水是由下而上，反过来效果如何；当加热后有馏液出来时，才发现冷凝管未通水，请问能否马上通水？若不行，为什么？

（6）在蒸馏苯甲醛（沸点 179℃）时，应选用什么冷凝管，为什么？若加热过猛，测出的沸点会不会偏高，为什么？

（7）据所绘制的柱状图中，哪一种方法分离混合物的各组分效率更高？如果沸点很相近的液体的混合物能否用普通蒸馏提纯？

（8）含水乙醇为何经过反复分馏也得不到 100% 乙醇，这是什么原因；要制取 100% 乙醇可采用哪些方法？

实验 5　重结晶提纯法（3 学时）

一、实验目的

学习和初步掌握固态有机物重结晶提纯的原理和方法。

二、实验原理

重结晶是提纯固体化合物的最常用的方法。

固体有机物在溶剂中的溶解度与温度有密切关系，温度升高则溶解度增大。若把固体有机物溶解在热溶剂中且达到饱和，这种溶液因冷却后溶解度不同，可以使被提纯的物质从过饱和溶液中析出，而让杂质全部或大部分保留在溶液中，从而达到分离提纯的目的，这个过程称为重结晶。

重结晶操作包括以下几个步骤：

(1) 选择合适的试剂；

(2) 将粗产品溶于最少量的热溶剂中，制成饱和溶液；

(3) 若溶液含有色杂质，加活性炭煮沸脱色（因活性炭可吸附色素）；

(4) 过滤此热溶液以除去其中不溶性物质及活性炭；

(5) 让热溶液冷却，使化合物结晶从过饱和溶液中析出，而杂质仍保留在溶液中；

(6) 抽气过滤，从母液中将晶体分离出；

(7) 用少量冷溶剂洗涤晶体除去母液；

(8) 干燥晶体除去最后残存的溶剂；

(9) 测定晶体熔点，如发现纯度不符合要求时，可重复上述操作至熔点不再改变。

重结晶成功与否的关键在于选择合适的溶剂，它直接影响纯化的结果。选择作为重结晶的溶剂最好具备以下几个条件：

(1) 不与被提纯的物质发生化学反应；

(2) 对被提纯的物质在温度较高的时候易溶解，而在温度较低的时候溶解很少；

(3) 对杂质的溶解度较大或几乎不溶；

(4) 能使被提纯物质析出较好的晶形；

(5) 便于与晶体分离且容易挥发，沸点最好低于被提纯物的熔点；

(6) 廉价易得，无毒或低毒。

常用于重结晶的溶剂有水、乙醇、丙酮、乙醚、石油醚、四氯化烷、四氢呋喃、乙酸乙酯、乙酸和甲苯等。

选择溶剂时，必须考虑到被溶解物质的结构，根据"相似相溶"一般原理，溶质往往易溶于结构与其相似的溶剂中，极性物质较易溶于极性溶剂，而难溶于非极性溶剂。但实际工作中，由于杂质因素的干扰，溶剂的最终选择，只能通过实验方法来确定。

假如未能找到一种合适的溶剂，可考虑选用混合溶剂。混合溶剂通常由两种互溶的溶剂组成，其中一种对被提纯物质的溶解度较大（称良性溶剂），而另一种的溶解度较小（称不良性溶剂）。常用的混合溶剂有水与乙醇、水与丙醇、乙醇与苯、苯与石油醚等。

在使用活性炭脱色过程中，必须避免活性炭过量太多，因为它能吸附一部分被纯化的化合物。一般情况下，加入活性炭的量大约相当于被提纯固体质量的 1% ~ 5%，若一次脱色不彻底，可以重复操作进行多次脱色，使用活性炭脱色时，必须注意：不准将活性炭直接加入正在加热的溶液中，否则会引起暴沸冲溢，造成损失甚至引起火灾。

值得一提的是，重结晶一般只适用于提纯杂质含量在 5% 以下的固体化合物，若杂质含量太多时，就不能使用重结晶的方法进行分离提纯。在这种情况下，必须先采用其他方法（如萃取、水蒸气蒸馏、减压蒸馏等）进行初步提纯，降低杂质含量后，再用重结晶的方法纯化。

三、实验仪器和药品

仪器：圆底烧瓶（150mL），量杯（25mL 或 50mL），球形冷凝管，电热套，布氏漏斗，吸滤瓶，循环水式多用真空泵，玻璃棒，滤纸，电子天平，制冰机，水槽，恒温干燥箱，锥形瓶（50mL），恒温水浴锅。

药品：乙酰苯胺（粗品），二苯胺（粗品），活性炭。

四、实验内容

（一）乙酰苯胺的重结晶

将4g粗乙酰苯胺样品和70mL蒸馏水放入150mL圆底烧瓶中［附注（1）］，装上球形冷凝管［附注（2）］，装成回流冷凝装置，如图3-19所示［附注（3）］，然后将冷水慢慢通入冷凝管中［附注（4）］，并用小火将水加热至沸，调节火焰使水稳定回流［附注（5）］，一直加热到看不到更多的固体溶解为止，回流停止后，让烧瓶冷却片刻，取下冷凝管，并加入少量（约1g左右）活性炭于烧瓶内，再装上冷凝管，让溶液回流5min。

与此同时，准备好热过滤的真空装置，如图3-20所示［附注（6）］。用吸滤瓶装配成真空过滤装置，在布氏漏斗中放1～2张滤纸［附注（7）］，将吸滤瓶与水龙头或循环水式真空泵相连，倾倒15～20mL沸水通过布氏漏斗，使之受热并湿润漏斗，将水弃去，再使吸滤瓶与水龙头或循环水式真空泵相通。

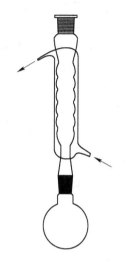

图3-19　回流冷凝装置

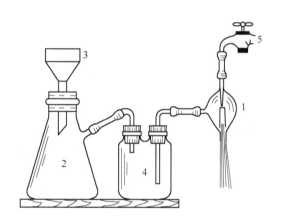

图3-20　真空过滤装置

1—水泵；2—吸滤瓶；3—布氏漏斗；4—安全瓶；5—自来水龙头；6—台式循环水真空泵

从回流装置上移去热源，拆下冷凝管，并用铁夹做手柄，趁热过滤乙酰苯胺热溶液［附注（8）］。注意：先慢慢倾倒溶液，使活性炭在滤纸上形成一层垫料，以去除活性炭和未溶解的杂质，然后停止过滤［附注（9）］。

若活性炭的微粒通过滤纸，须将滤液倒回圆底烧瓶，加热溶液至沸后，再进行过滤（先用热水预热漏斗）。

让滤液在室温慢慢冷却，晶体开始形成［附注（10）］，冷至室温后，置吸滤瓶于盛冰的水槽中，使结晶完全。结晶完毕后，用另一吸滤瓶进行真空过滤，用几毫升冰水洗涤晶体（在真空下），然后将晶体压干［附注（11）］，收集晶体在烘箱中干燥（温度低于100℃），称量干燥后的晶体，计算纯样品回收百分率，利用显微熔点仪测定样品熔点。

（二）二苯胺的重结晶

二苯胺溶于冷和热的乙醇中，同时在热水和冷水中的溶解度都很低。因此，单纯的乙醇或水对此物质的重结晶都不是良好的溶剂；但水和乙醇可以混溶，可用这两种溶液组成一种混合溶剂，它对于二苯胺在热时溶解，而在冷时较难溶解。

称取 3g 粗二苯胺样品加入 50mL 锥形瓶中，加入 15mL 乙醇后，将锥形瓶部分浸入预先加热至 40~50℃的水浴中（乙醇易燃，勿使其蒸气接近火焰）。回荡及搅拌溶液直至固体溶解。每次加入 0.1~1mL 蒸馏水于热溶液中，使之浑浊，后加少量乙醇，直至浑浊恰好消失，用真空装置趁热过滤（按前述方法预热布氏漏斗），让滤液慢慢冷却至室温，再置于冰水中冷却几分钟，结晶完全后再真空过滤，用几毫升冷的乙醇-水（1：1）混合液洗涤滤纸上的晶体（在真空下），压干后转移到干净滤纸上进行最后干燥（干燥温度不超过 50℃），称量干燥后的晶体，计算样品回收百分率，利用显微熔点仪测定样品熔点。

实验数据按表 3-5 记录（也可另行设计）。

表 3-5　重结晶实验数据

粗产品名称	粗产品质量/g	重结晶产品质量/g	回收率/%	熔点/℃
乙酰苯胺	4			
二苯胺	3			

五、附注

（1）乙酰苯胺在水中的溶解度如下：

温度/℃	20	25	50	80	100
溶解度/$g \cdot (100mL)^{-1}$	0.46	0.56	0.84	3.45	5.5

（2）与直形冷凝管比较，球形冷凝管的冷却面积较大，冷凝效果较好，适用于加热回流操作。

（3）采用回流装置时，若需防止空气中的湿气入侵反应器或需吸收反应中放出的有毒气体，可在冷凝管口上连接氯化钙干燥管或气体吸收装置。

（4）冷水应从冷凝管套管的下口通入，上口流出，以保证套管内充满冷却水。水流速度以保证蒸气充分冷凝即可。

（5）要控制加热，使蒸气上升高度一般不超过冷凝管的 1/3。

（6）常用的热过滤装置有真空过滤装置、常压热过滤装置，如图 3-20、图 3-21 所示。图 3-20 中的 5 和 1 可用 6 代替。图 3-21 中使用的保温漏斗是一种防止热量散失的漏斗。该漏斗是把玻璃漏斗置于一个金属套内，套内是水，漏斗中放入折叠滤纸［附注（12）］，然后在侧管处加热至需要温度（如用易燃溶剂，在过滤前务必将火熄灭），接着把所制备的热溶液趁热过滤。为防止漏斗颈中形成结晶造成操作困难，常用短颈漏斗。

（7）滤纸不应大于布氏漏斗的底面，以能完全盖住所有滤孔为宜，布氏漏斗与吸滤瓶间通过一胶塞连接，必须紧密不漏气。漏斗管下斜端口要正对吸滤瓶侧管。

（8）若不趁热过滤，晶体会在过滤前析出。

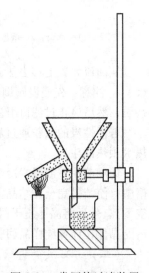

图 3-21　常压热过滤装置

（9）如果是用水泵抽滤，停止抽滤前，应先把吸滤瓶和水泵间连接的胶管拆开再关闭水泵，以防止水倒流入吸滤瓶内。

（10）若冷却太快，则得到较细的晶体，此类晶体包含的杂质较少，但吸附于表面的杂质多（表面积大），不够纯净。如果结晶速度慢，可用玻璃棒刮擦器壁或放入晶种（同一物质的结晶体）。

（11）使用干净的刮刀或玻璃钉。

（12）使用折叠（扇形）滤纸时，过滤显著加快。这种滤纸的折叠方法如图3-22所示。将图形滤纸对折，然后四折；边2，1放在2，4线上，同样将边2，3放在2，4线上见图3-22（a），形成新的折线2，5和2，6；将2，3和2，1边依次相应的放在2，5和2，6线上，折叠后得到新的折线2，7和2，8，见图3-22（b）；用同样的方法得到2，10和2，9的折线，见图3-22（c）；然后折线反叠在相应的另一折线处，见图3-22（d），打开以后得到匀称的折叠纸，见图3-22（e）。

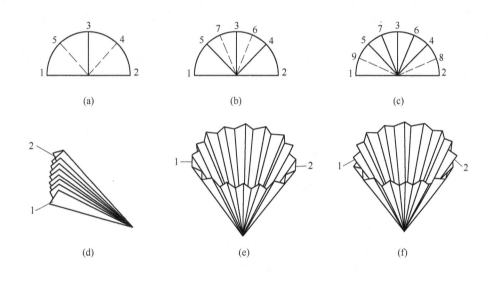

图 3-22　扇形滤纸折叠法

六、思考题

（1）简述有机化合物重结晶的步骤和各步的目的。

（2）对某种有机化合物的重结晶，最适合的溶剂应具有哪些性质？

（3）重结晶时所用溶剂的量应如何考虑，用量过多或过少的缺点是什么？

（4）说明为什么真空过滤比一般过滤更为可取的两点理由。

（5）使用真空过滤装置过滤时，应注意哪些操作上的问题？

（6）在乙酰苯胺热溶液过滤前为什么必须预热布氏漏斗，冷却滤液时，为什么要慢慢冷却？

（7）用活性炭脱色为什么要待固体物质完全溶解后才加入；为什么不能在溶液沸腾时加入？

（8）若向二苯胺的重结晶母液加水，有大量白色沉淀析出，为什么？

实验 6 萃取 (2 学时)

一、实验目的

学习和初步掌握萃取法的原理和方法。

二、实验原理

有机化学实验中提取或提纯有机化合物时常使用萃取操作。萃取是根据待分离物质在两种互不相溶的溶剂中具有不同的溶解度或分配系数而进行分离。

随着被萃取物质的状态不同,萃取分为两种:一种是用溶剂从液体混合物中分离物质,称为液-液萃取;另一种是用溶剂从固体混合物中分离所需物质,称为液-固萃取[附注(1)]。萃取的应用很多,可以从固体或液体混合物中提取所需物质,也可以用来洗去混合物中少量杂质。通常把前者称为萃取,后者称为洗涤。本实验主要训练液-液萃取液态化合物的萃取。

从液相中萃取物质必须考虑物质在两种不相溶混的溶剂中的分配系数。在一定条件下,一种物质被溶解在两种不相混溶的液相 A 和 B 中达到平衡状态时,它在液相 A 和 B 中的浓度比率是一个常数 K,称为分配系数。

$$C_A/C_B = K$$

因为
$$C_A = W_1/V \qquad C_B = (W_0 - W_1)/S$$

所以
$$\frac{W_1/V}{(W_0 - W_1)/S} = K \qquad W_1 = W_0 \frac{KV}{KV + S}$$

式中　V——原溶液体积,mL;

　　　S——每次萃取所用溶剂的体积,mL;

　　W_0——V 体积溶液中溶解物质量,g;

　　W_1——萃取后残留在溶液中物质的质量,g。

同理,当对 V 体积溶液中的剩余物质再用新鲜溶剂进行萃取时,则

$$\frac{W_2/V}{(W_1 - W_2)/S} = K \qquad W_2 = W_1 \frac{KV}{KV + S} = W_0 \left(\frac{KV}{KV + S} \right)^n$$

如果经过几次萃取后,则得下式:

$$W_n = W_0 \left(\frac{KV}{KV + S} \right)^n$$

式中　W_n——经过第 n 次萃取后剩余物质量,g。

由上式可知,用同一份量的溶剂进行萃取时,若把溶剂分成几小份进行萃取,其效果比用全量进行一次萃取好。

(一) 萃取剂的选择

萃取剂可分为两类:

一类是根据"分配定律"将溶质从原溶液转移的萃取溶剂相而达到分离的目的。选择此类萃取剂时,除要求它对被提取物具有较大的溶解度、与被提取液的互溶小以外,还要求所选溶剂对杂质的溶解度要尽量小、性质稳定,毒性小,有适宜的密度(溶剂与被提取液的密度不

宜太接近，否则不易分层），沸点不宜太高，便于蒸馏除去（最好用低沸点溶剂）等特性。一般说来提取难溶于水的物质，宜选用非极性溶剂如石油醚、己烷，对较易溶于水的物质用乙醚或苯，而对易溶于水的物质可用乙酸乙酯。

　　另一类萃取剂本身能和被萃取物质（可以是目标产物或杂质）起化学反应。常用的有碱性和酸性两大类。碱性的萃取剂可以从有机相中移去有机酸，或从溶于有机溶剂的有机化合物中移去酸性杂质，稀酸可从混合物中萃取出有机碱性物质或用于除去碱性杂质。若使用浓硫酸还可以从饱和烃中除去不饱和烃，或从卤代烷中除去醇或醚等杂质。

　　（二）仪器及萃取操作

　　液体的萃取是实验室一项常用且十分重要的基本操作。液体萃取最常用的仪器是分液漏斗。常用的分液漏斗有球形、锥形和梨形三种。使用分液漏斗时的注意事项如下：

　　（1）分液漏斗使用完毕后。要立即清洗干净，尤其是碱性物质对玻璃有腐蚀作用，如不及时洗涤，活塞就可能打不开而造成报废。洗净后将活塞和玻璃塞用薄纸包上塞好，防止以后使用时打不开；

　　（2）分液漏斗的活塞上附有凡士林时，不得放在烘箱内烘；

　　（3）不得用手拿着分液漏斗进行分离液体，应架在铁圈上操作；

　　（4）先打开顶部塞子，再开活塞；

　　（5）下层液体由分液漏斗下口慢慢放出，上层液体则只能由分液漏斗上口倒出；

　　（6）新的分液漏斗在使用前，要先用水检查玻璃塞磨口处是否严密；活塞小孔是否对准漏斗的孔洞，然后用橡皮圈把玻璃塞系在漏斗颈上；活塞要小心地涂上凡士林，旋转至整个活塞接触面均呈透明，再用橡皮筋将活塞固定在分液漏斗上。

　　操作时，将含用被萃取物质的溶液和萃取剂放在分液漏斗中，两者的总体积不应超过分液漏斗总容积的2/3。为了使两种互不相溶的液体有充分的接触的机会，必须加强振摇。振摇的方法如下：用右手心顶住分液漏斗上端的玻塞，左手按住下端的活塞，如图3-23所示。若使用如乙醚等的低沸点溶剂时一经振摇，在分液漏斗中就有大量的蒸气，应注意及时排气，不然，蒸气的压力可能将玻塞冲开而造成事故或不必要的损失。排气的方法如下：将漏斗柄倾斜向上，然后打开活塞排气，解除漏斗中的压力（注意！排气时液面不得泡及活塞孔道，排气口不准对准人体或火源）。通常在漏斗倾斜而未经振摇时要做首次排气，直至经数次振摇排气之后，没有气体冲出的声音或声音很微弱，这时才能将分液漏斗做较剧烈的振摇1～2min，然后放在铁圈上静止分层，如图3-24所示。

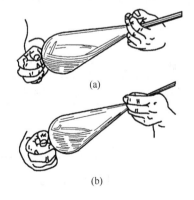

图3-23　分液漏斗的使用　　　　　　　　　　图3-24　静置分层
（a）—振摇；（b）—排气

分液漏斗经静置，使两种溶液分层后，把分液漏斗的下端贴靠在接收器壁上，然后先打开上面的玻塞，再慢慢打开活塞，使下层的液体由下端慢慢放出，上层液体则必须自漏斗的上口倒出，以免附着在漏斗柄中的下层液体沾污上层液体。萃取操作的正确与否主要看两层互不相溶的液体是否分得彻底，即不应附有另一相的液体。

（三）乳化现象的发生与消除

萃取时，特别是当溶液呈碱性时，常常会产生乳化现象（两相不易分开或分层不明显）。有些由于少量轻质的沉淀存在、溶剂互溶、两液相的密度相差较小等原因也可使两液相不能很清晰地分开，这样很难将它们完全分离。可以用下列方法破坏乳化：

（1）静止较长时间。

（2）若是由于溶剂带碱性而造成乳化的，可以加入少量酸破坏。

（3）若是由于两种溶液（水与有机溶剂）部分互溶发生乳化，可以加入少量无机电解质（如硫酸铵、氯化钠等普通盐）破坏它。或加入几滴乙醇、磺化蓖麻油等以降低表面张力。

三、实验仪器和药品

仪器：移液管（10mL），梨形分液漏斗（125mL），锥形瓶（150mL）。

药品：冰醋酸，乙酸乙酯，标准 NaOH 溶液（1.0mol/L），酚酞指示剂。

四、实验内容

（一）一次萃取法

用移液管准确量取 10.0mL 冰醋酸和乙酸乙酯的混合液（冰醋酸与乙酸乙酯按 1∶9 的体积比混合）放入分液漏斗中［附注(2)］，加 30mL 水（萃取剂），按操作要求进行萃取。萃取完毕后，下层水溶液放入 150mL 锥形瓶内，加入 2~3 滴酚酞指示剂，用标准的 NaOH 溶液（1.0mol/L）滴定，记录用去 NaOH 的毫升数。计算：（1）留在原溶液中醋酸量及百分率；（2）被萃取倒水中的醋酸量及百分率［附注(3)］。

（二）多次萃取法

准确量取 10.0mL 冰醋酸与乙酸乙酯的混合液（与（一）同）于分液漏斗中，先加 10mL 水进行萃取，分去水溶液，原混合液再用 10mL 水进行萃取，分去水溶液，原混合液仍再用 10mL 水萃取。如此前后共操作三次，最后将三次萃取的水溶液合并后，放入 150mL 锥形瓶内，加入 2~3 滴酚酞，用标准 NaOH 溶液（0.5mol/L）滴定，计算：（1）留在原溶液中的醋酸量及百分率；（2）被萃取到水中的醋酸量及百分率。

实验数据按表 3-6 记录（也可另行设计）。

表 3-6　萃取分离实验数据

萃取次数	一次萃取	三次萃取
所用氢氧化钠溶液体积/mL		
留在原溶液中的醋酸量/g		
留在原溶液中的醋酸百分率/%		
被萃取到水中的醋酸量/g		
被萃取到水中的醋酸百分率/%		

五、附注

（1）液-固萃取的原理与液-液萃取类似，常用的方法有浸取法和连续提取法。最常见的浸取法是将溶剂加入到被萃取的固体物质中加热，使易溶于萃取剂的物质提取出来，然后再进行分离纯化，一般要用到回流装置。连续提取法一般要用到索氏提取器（图3-25）。索氏提取器是利用溶剂回流及虹吸原理，使固体物质连续多次地被纯的溶剂所萃取，因而效率高。提取结束后，这两种方法均需浓缩提取液，即得所需物质，若纯度不好可进一步分离提纯。

（2）萃取实验一般设计为用乙醚萃取醋酸水溶液中的醋酸，该实验存在以下问题：乙醚的沸点低，室温下极易挥发和燃烧，安全性差，不适合人员集中的场所使用；乙醚的渗透性很强，操作中很容易出现渗液和漏液现象，造成实验数据的误差较大；乙醚用作萃取剂，用量大，成本高，易污染环境。本实验以水作为萃取剂，从乙酸乙酯与冰醋酸的混合液中萃取醋酸，萃取后的乙酸乙酯可用Na_2CO_3溶液洗涤后回收利用，整个实验操作简便、分层快、无污染、萃取率高。

（3）查冰醋酸密度可计算萃取前原混合液中醋酸量。

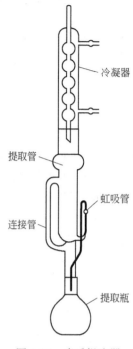

冷凝器

提取管

虹吸管

连接管

提取瓶

图 3-25　索氏提取器

六、思考题

（1）萃取剂分为两类，它们各根据什么原理达到萃取分离的目的？

（2）两种不相混溶的液体同在漏斗中，请问密度大的在哪一层；下层液体从哪里放出；留在分液漏斗中的上层液体，应从何处放出，为什么？

（3）若实验中用乙醚作萃取剂，轻轻摇动后，需旋开活塞放气，为什么？

（4）为什么液体在通过活塞放出前，应该拿去分液漏斗上的塞子？

（5）用同一份量的萃取剂，分多次用少量萃取，其效率比一次用全量萃取高还是低？

（6）15℃时，在50mL水中溶有4g辛二酸，辛二酸在水中和乙醚中的分配系数为$K = 1/4$。试计算用50mL乙醚一次萃取和分两次萃取后，辛二酸在水溶液中分别还有多少？

实验 7　旋光度和折光率的测定（3学时）

I　旋光度的测定

一、实验目的

了解测定旋光性物质旋光度的意义和旋光仪的构造，学习旋光仪的使用方法和比旋光度的计算。

二、实验原理

具有手性结构的有机化合物，能使通过它的偏振光的振动面旋转一定的角度，这种现象称为旋光性。具有旋光性的物质称为旋光性物质或光学活性物质，不同结构的旋光性物质使偏振光转动的角度不同，因而测定旋光度可以定性鉴定旋光性物质，也可以分析它的浓度、纯度和含量等。

为比较各种物质的旋光性能，规定：每毫升含 1g 旋光性物质的溶液，放在 1dm 长的样品管中，所测得的旋光度称为比旋光度，用〔α〕表示比旋光度，它与旋光度的关系为：

$$[\alpha]_{\lambda}^{t} = \frac{\alpha}{c \times L}$$

式中　α——旋光仪上直接读出的旋光度；

　　　c——待测溶液的浓度，g/mL；如果待测物为纯液体，c 可用密度 ρ 代替，g/cm³；

　　　L——样品管的长度，dm；

　　　t——测定时的温度；

　　　λ——所用光源的波长，常用的单色光源为钠光灯的 D 线（λ = 589.3nm），可用"D"表示。

比旋光度是旋光性物质的物理常数之一，而旋光度的大小，除与物质的结构有关外，还随待测液的浓度、样品管的长度、测定时的温度、光源波长以及溶剂的性质而改变。

（一）旋光度仪构造

测定旋光度的仪器是旋光仪，旋光仪的类型很多，但其构造都可以如图 3-26 所示。从光源（a）发出的自然光通过起偏镜（b），变为在单一方向上振动的平面偏振光。当此平面偏振光通过盛有旋光性的样品（c）时，振动方向旋转一定角度。此时调节附有刻度盘的检偏镜（d），使最大量的光线通过，检偏镜所旋转的角度显示在刻度盘上，其数量可以通过放大镜从刻度盘上读出，即为实测的旋光度 α。

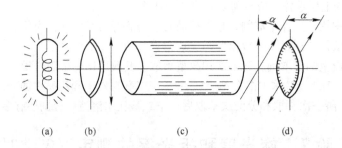

(a)　　(b)　　　　(c)　　　　　(d)

图 3-26　旋光仪结构示意图

（二）零点的校正

使用旋光仪时，测量前应先调整零点。将蒸馏水装入样品管中使液面凸出管口，取玻璃盖沿管壁轻轻平推盖好，不要带入气泡，然后旋上螺丝帽盖、将样品管置于管槽内（样品管内若有小气泡，应将气泡驱入样品管的球形中，不让它在光道上，以免测定时发生光界模糊现象），盖上槽盖，开亮钠灯泡。将刻度盘调至零点，观察零度视场亮度是否一致，如图 3-27 所示。调整零点和测定样品时，刻度盘的微小旋动都会使视场亮度发生变化，如图 3-27(a)、(c)所示。当调至整个视场亮度一致时，如图 3-27(b)所示，记下读数，作为零点（刻度盘上顺时针旋转为右旋、逆时针旋转为左旋）。在测定样品时，应从读数中减去此零点（若偏差太大，应请指导教师调整仪器）。

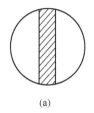 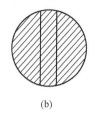 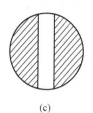

(a)   (b)   (c)

图 3-27　旋光仪三部分视场
(a)—大于（或小于）零度视场；(b)—零度视场；
(c)—小于（或大于）零度视场

三、实验仪器与药品

仪器：WZX-1 光学度盘旋光仪，容量瓶（100mL）。
药品：蔗糖，葡萄糖。

四、实验内容

（一）溶液的制备
准确称取 20g 蔗糖样品，在 100mL 容量瓶中配成水溶液，纯溶液应该是无色透明的，另配一定浓度的葡萄糖溶液置容量瓶中备用。

（二）旋光仪零点的校正
在测定样品前，先校正旋光仪的零点。按实验原理中（二）所述方法进行零点校正。开启钠光灯，将刻度盘在零点左右，旋转手轮，使视场内整个面亮均匀一致，如图 3-27（b）所示，记下读数，重复操作，取其平均值，若零点相差太大，应重新校正。

（三）旋光度的测定
（1）将已知浓度（20g/100mL）的蔗糖溶液的样品装入样品管（必须先用该溶液洗样品管两次）。重新调节仪器，便得到相等的视场，这时所得的读数与零点之间的差值即为该物质的观测旋光度（通常应该是五次读数的平均值）。记下样品管的长度、溶液的温度［附注（1）］及注明所用的溶剂（如用水做溶剂则可省略），然后按公式计算其比旋光度 $[\alpha]_D^t$ 及样品的纯度［附注（2）］，有关实验数据填入下列空格：

零点平均值_____。

观测旋光度_____ _____ _____ _____ _____。

旋光度平均值_____。

蔗糖比旋光度的计算：（文献值 $[\alpha]_D^t = +66.5$）

$[\alpha]_D^t = $ _____。

蔗糖纯度 = _____。

（2）按以上方法测定未知浓度的葡萄糖溶液的旋光度，已知葡萄糖的比旋光度 $[\alpha]_D^t = +52.7°$，计算葡萄糖溶液的浓度［附注（3）］，有关实验数据填入下列空格。

零点平均值_____。

观测旋光度_____ _____ _____ _____ _____。

旋光度平均值_____。

葡萄糖比旋光度的计算（文献值 $[\alpha]_D^t = +52.7$）

$[\alpha]_D^t = $ _____。

葡萄糖溶液的浓度 = _____。

五、附注

（1）旋光度和温度也有关系。对于大多数物质，用 $\lambda = 589.3\text{nm}$（钠光）测定，当温度升高 1℃时，旋光度约减少 0.3%。

（2）蔗糖纯度 = 测得比旋光度/理论比旋光度。

（3）利用下列公式计算葡萄糖糖溶液的浓度：

$$[\alpha]_\lambda^t = \frac{\alpha}{c \times L}$$

六、思考题

（1）葡萄糖有变旋现象，假定给你一个新配制的 α-葡萄糖和 β-葡萄糖的混合溶液，试描述将如何着手去测定溶液中葡萄糖的浓度？

（2）旋光度的测定有什么实际意义？

Ⅱ　折光率的测定

一、实验目的

了解测定液体化合物折光率的意义和阿贝折光仪的构造，学习阿贝折光仪的使用方法。

二、实验原理

由于光在不同介质中的传播速度不同，所以当光从空气中射入另一种介质时，在分界面上发生折射现象。据斯内尔定律，光从空气（介质 A）中射入另一种介质（B）时（图 3-28），入射角 θ 与折射角 φ 的正弦之比称为折射光律 n：

$$n = \frac{\sin\theta}{\sin\varphi}$$

以此关系为基础，利用阿贝折光仪即可方便而精确地测出物质的折光率。

折光率是有机化合物重要的物理常数之一，尤其对液态有机化合物的折光律，一般手册文献多有记载。折光律的测定常用于以下几方面：

（1）判断有机物的纯度。作为液体有机物的纯度标准，折光率比沸点更为可靠。

（2）鉴定未知化合物。如果一个未知化合物是纯的，即可根据所得的折光率，识别这个未知物。

（3）确定液体混合物组成时，可配合沸点测定，作为划分馏分的依据。

应注意：化合物的折光率除与本身的结构和光线的波长有关外，还受温度等因素的影响，所以在

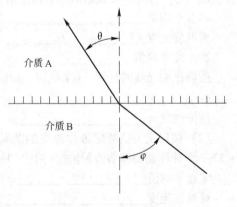

图 3-28　折光率示意图

报告折光率时必须注明所用光线（放在 n 的右下角）与测定时的温度（放在 n 的右上角）。例如 $n_D^{20} = 1.4699$ 表示20℃时，某介质对钠光（D 线）的折光率为1.4699。

粗略地说，温度每升高1℃时，液体有机化合物的折光率减少 4×10^{-4}，在实际工作中，往往采用这一温度变化常数，把某一温度下所测得的折光率换算成另一温度下的折光率。其换算公式为：

$$n_D^T = n_D^t + 4 \times 10^{-4}(t - T)$$

式中　　T——规定温度；

　　　　t——实验时的温度。

这一粗略计算虽有误差，但有一定的参考价值。

（一）阿贝折光仪的构造

阿贝折光仪的构造见图3-29。其主要部件是两块直角棱镜，上面一块表面光滑的为折光棱镜，下面一块是磨砂面的为进光棱镜。两块棱镜可以开启与闭合，测定时，样品液薄层就夹在两棱镜之间。除此之外，右边有一镜筒是测量望远镜，用来观察折光率情况。筒内还装有消色散棱镜，也称消色补偿器，通过它的作用将复色光变为单色光。因此，可直接利用日光测定折光率，所得数值和用钠光时所测得的数值完全一样。左边还有一镜筒是读数显微镜，用可观察刻度盘，盘上刻有 1.3000 ~ 1.7000 的格子，即折光率读数。

（二）读数的校正

为保证测定时仪器的准确性，对折光仪读数要进行校正。校正的方法是将 2 ~ 3 滴蒸馏水滴在磨砂面上，合上两棱镜，调节反光镜使两镜筒内视场明亮，旋转棱镜转动手轮，使刻度盘读数与蒸馏水的折光率一致（见表3-7），再转动消色散棱镜手轮，使明暗界线清晰，再转动棱镜使界线恰好通过"＋"字交叉点，见图3-30。若有偏差，用附件方孔调节扳手转动望远镜筒上的物镜调节螺钉（也称指示调节螺钉），使明暗分界线恰好通过"＋"字交叉点。

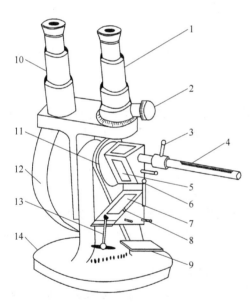

图3-29　阿贝折光仪外形

1—测量望远镜；2—消色散手柄；3—恒温水入口；
4—温度计；5—测量棱镜；6—铰链；7—辅助棱镜；
8—加液槽；9—反射镜；10—读数望远镜；
11—转轴；12—刻度盘罩；13—闭合旋钮；
14—底座

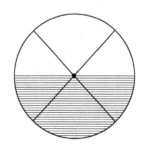

图3-30　阿贝折光仪中"＋"字
交叉点示意图

表3-7　不同温度下纯水的折光率

温度/℃	14	18	20	24	28	32
水的折光率	1.33348	1.33317	1.33299	1.33262	1.33219	1.33164

折光率读数还可用标准折光玻璃块校正。将棱镜打开，取仪器所附之标准玻璃块（上面刻有它的折光率），在其抛光面上加一滴溴代萘，借此将它粘在折光率仪表面光滑的棱镜上（使标准玻璃块的小抛光面一端向上，以接受光线），调节刻度盘读数使其等于标准玻璃块上所刻之数值，观察望远镜内明暗分界线是否通过"+"字交叉点，若有偏差，按上法用方孔调节扳手调节之。

三、实验仪器与药品

仪器：阿贝折光仪，恒温水浴槽。

药品：乙酸乙酯，丙酮，乙醚，丁酮。

四、实验内容

（一）仪器的准备

（1）将仪器置于光线充足的实验台上，装上温度计，用橡皮管把折光仪与恒温水浴槽相连接，调节至所需要的温度后再进行测定，也可直接在室温下测定，再根据温度变化常数进行换算。

（2）每次测定之前，必须用擦镜纸蘸少量乙醚顺着同一方向轻轻擦洗上下棱镜的镜面，待晾干后，再加入待测液体，以免留有其他物质而影响测定准确度。

（二）读数的校正

为保证测定时仪器的准确性，对折光仪刻度盘上的读数应经常校验，方法按实验原理（二）所述的方法进行。

（三）样品的测定

（1）将棱镜表面擦净、晾干。取待测液 2~3 滴加在进光棱镜的磨砂面上［附注(1)］，关紧棱镜。要求液体均匀分布并充满视场。若测易挥发液体，操作应迅速，或在测定过程中，用滴管由棱镜组侧面的小孔处补加待测溶液。

（2）调节反光镜，使两镜筒内视场明亮。

（3）旋转棱镜转动手轮，直到望远镜内观察到明暗分界线。若出现色散光带，可旋转消色散棱镜手轮，消除色散，使明暗界线清晰，再旋转棱镜转动手轮，使明暗界线恰好通过"+"字交叉点。记录刻度盘之读数，重复测定 2~3 次［附注(2)］，求其平均值即为待测液的折光率。注意记录测定温度。

（4）测定完毕，应立即用乙醚擦洗两棱镜表面，晾干后再关闭保存。

按上述步骤测定乙酸乙酯的折光率（文献值 $n_D^{20} = 1.3723$），有关实验数据填入下列空格：

乙酸乙酯 $n_D^{20} = $ ＿＿＿＿＿＿，＿＿＿＿＿＿，＿＿＿＿＿＿，平均值：＿＿＿＿＿＿。

按上述步骤鉴别实验室有一失去标签的纯净液态有机化合物，据估计可能为丙酮或丁酮。（已知丙酮的 $n_D^{20} = 1.3586$，丁酮的 $n_D^{20} = 1.3788$），有关实验数据填入下列空格：

未知物 $n_D^{20} = $ ＿＿＿＿＿＿，＿＿＿＿＿＿，＿＿＿＿＿＿，平均值：＿＿＿＿＿＿。

五、附注

（1）阿贝折光仪不得测定强酸、强碱或对棱镜玻璃、保温套金属及其间的黏合剂、有腐蚀或溶解作用的液体。滴加样品的滴管末端不可以触及棱镜，要注意保护棱镜。

（2）每测定一次样品，必须用乙醚洗净镜面，并晾干，然后才可做下一次测定。

六、思考题

（1）每次测定前后为何要擦洗棱镜面，擦洗时应注意什么？

（2）17.5℃时测得 2-甲基-1-丙醇 $n_D^{17.5} = 1.3968$，试计算 20℃时其折光率？

（3）测定有机化合物折光率的意义是什么？

实验 8　水蒸气蒸馏（3 学时）

一、实验目的

（1）了解水蒸气蒸馏原理及其应用；

（2）掌握水蒸气蒸馏的装置和操作方法。

二、实验原理

水蒸气蒸馏也是分离和提纯有机化合物的常用方法，但被提纯的物质必须具备以下条件：

（1）不溶或难溶于水。

（2）与水一起沸腾时不发生化学变化。

（3）在 100℃左右该物质蒸气压至少在 1.33kPa（10mmHg）以上。

水蒸气蒸馏常用于下列几种情况：

（1）在常压下蒸馏易发生分解的高沸点有机物；

（2）含有较多固体的混合物，而用一般蒸馏、萃取或过滤等方法又难以分离。

（3）混合物中含有大量树脂状的物质或不挥发性物质，采用蒸馏、萃取等方法也难以分离。

在难溶或不溶于水的有机物中通入水蒸气或水一起共热，使有机物随水蒸气一起蒸馏出来，这种操作称为水蒸气蒸馏。根据分压定律，这时混合物的蒸气压应该是各组分蒸气压之和即：

$$p_{总} = p_{水} + p_A$$

式中　$p_{总}$——混合物总蒸气压；

　　　$p_{水}$——水的蒸气压；

　　　p_A——不溶或难溶于水的有机物蒸气压。

当 $p_{总}$ 等于 1 个大气压（0.1MPa）时，该混合物开始沸腾，显然，混合物的沸点低于任何一个组分的沸点，即该有机物在比其正常沸点低得多的温度下，可被蒸馏出来，馏出液中有机物的质量（W_A）与水的质量（$W_{水}$）之比，应等于两者的分压（p_A、$p_{水}$）与各自相对分子质量（M_A、$M_{水}$）乘积之比。

$$\frac{W_A}{W_{水}} = \frac{p_A \times M_A}{p_{水} \times M_{水}}$$

以苯胺和水的混合物进行水蒸气蒸馏为例。苯胺沸点 184.4℃，混合物沸点 98.4℃，在 98.4℃时苯胺的蒸气压为 5.60kPa（42mmHg），水的蒸气压力为 95.7kPa（718mmHg），两者蒸气压之和恰接近于大气压力，于是混合物开始沸腾，苯胺和水一起被蒸馏出来，馏出液中苯胺与水的质量比为：

$$\frac{W_{苯胺}}{W_{水}} = \frac{p_{苯胺} \times M_{苯胺}}{p_{水} \times M_{水}} = \frac{(5.60) \times (93)}{(95.7) \times (18)} = 0.30$$

所以馏出液中苯胺含量为：

$$\frac{0.3}{(1 + 0.30)} \times 100\% = 23.1\%$$

但实际上由于苯胺微溶于水，导致水的蒸气压降低，得到的比例比计算值要低。

三、实验仪器与药品

仪器:圆底烧瓶(500mL)，球形冷凝管,恒压分液漏斗,电热套,酒精灯,量筒,试管。
药品：粗异戊醇（按异戊醇：水杨酸 = 1000：2 进行配置），三氯化铁（5g/L），重铬酸钾（50g/L），硫酸（16%，m）。

四、实验方法

（一）实验装置
常见水蒸气蒸馏装置是由水蒸气发生器、冷凝部分和接收器部分组成，如图 3-31 所示。

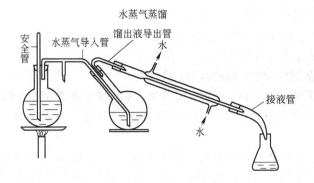

图 3-31　水蒸气蒸馏装置

　　实验中将水蒸气发生器产生的水蒸气导入盛有待分离（或提纯）有机物的烧瓶，使混合物沸腾，产生的共沸蒸气经冷凝后，得到水相和有机相，从而使有机物得到分离和提纯。上述装置的安装比较复杂，反应中需要不断地往水蒸气发生器中添加水，而接收器中的水相又必须不断地分离出来，并采用有机溶剂萃取其中的有机物，操作繁琐，安全性差。
　　图 3-32 所示为改进的水蒸气蒸馏装置。
　　图 3-32(a)适用于分离密度比水小的有机物的水蒸气蒸馏。该装置是在圆底烧瓶与球形冷凝管之间连接一只恒压分液漏斗。蒸馏时，在烧瓶中加入水和待分离（或提纯）的混合物，关闭恒压分液漏斗旋塞，加热。反应产生的共沸蒸气经恒压漏斗侧弯管进入冷凝管而被冷凝，滴入恒压分液漏斗，形成水相和有机相，水相在下层。蒸馏到达一定程度时，可以将恒压分液漏斗下层的水相经旋塞放

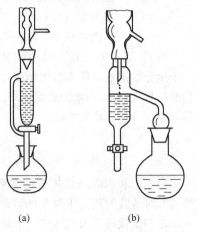

(a)　　　　　(b)

图 3-32　改进的水蒸气蒸馏装置

回蒸馏烧瓶，补充烧瓶中的水分。图 3-32(b)适用于分离密度比水大的有机物的水蒸气蒸馏。该装置在烧瓶与冷凝管之间连接一个水分离器。蒸馏时，在烧瓶中加入水和待分离（或提纯）的混合物，加热蒸馏。蒸馏中产生的共沸蒸气经冷凝管冷凝后滴入水分离器而分为两相，水相在上层。随着蒸馏的进行，上层的水可以流回烧瓶，补充烧瓶中的水分，下层的有机相可以经水分离器的旋塞放出。如此反复循环操作，从而使有机物得到分离或提纯。此装置具有与图 3-32(a)装置相似的优点，但唯一的不同就是冷凝后的有机相可以离开反应体系，更易于连续实验。

（二）异戊醇和水杨酸混合物的分离

（1）取两支试管，分别滴加混合液 5 滴。一支试管中加入 1 滴 5g/L 三氯化铁溶液，观察现象；另一支试管中加入 50g/L 重铬酸钾溶液 5 滴，16%（m）硫酸 2 滴摇匀，在酒精灯上加热观察现象。

（2）把 25mL 粗异戊醇倒入 500mL 圆底烧瓶中，加入水至容器 3/4 处，并加入少量沸石，按图 3-32(a)安装好水蒸气蒸馏装置，加热，进行水蒸气蒸馏（附注）。注意观察恒压分液漏斗中形成水相（下层）和有机相（上层），当蒸馏到达一定程度时，可以将恒压分液漏斗下层的水相经旋塞放回烧瓶，补充烧瓶中的水分。当有机相大约收集有 25mL 体积时，即可停止蒸馏。

（3）分离物的检验。取恒压分液漏斗中有机相 5 滴，证明其中仅含异戊醇。取圆底烧瓶中剩余的蒸馏液 5 滴，证明其中仅含水杨酸。

五、附注

异戊醇和水杨酸的有关物理常数：

物理性质	异戊醇	水杨酸
100℃时蒸气压/Pa	31734	114
沸点/℃	131.5	258（分解）
溶解度/g·(100g 水)$^{-1}$	2.6	0.16（4℃） 2.8（75℃） 6.6（98℃）

六、思考题

（1）利用水蒸气蒸馏进行分离时，被分离的混合物应具备的条件是什么？

（2）水蒸气蒸馏的基本原理是什么，有何实用意义？

实验 9　减压蒸馏（3 学时）

一、实验目的

了解减压蒸馏的原理及其应用；学会装配减压蒸馏装置和正确使用油泵进行减压蒸馏操作。

二、实验原理

液体的蒸气压与外界大气压相等时的温度即是该物质在常压时的沸点。如果降低蒸馏系统的压力，则物质可在较低的温度下气化并沸腾，因而其沸点也相应降低。当压力降至 2.666kPa 时，大多数有机化合物的沸点比常压的沸点降低约 100℃。

有时在文献中查不到所选压力下的沸点数据，则可利用图 3-33 所示的"压力-温度关系"曲线进行估算。如 N,N-二甲基甲酰胺常压下沸点约为 150℃（分解），欲减压至 2.67kPa（20mmHg），可以先在图 3-33 中间的直线上找出相当于 150℃ 的点，将此点与右边直线上 2.67kPa（20mmHg）处的点连成一直线，延长此直线与左边的直线相交，交点所示的温度就是 2.67kPa（20mmHg）时 N,N-二甲基甲酰胺的沸点，约为 50℃。

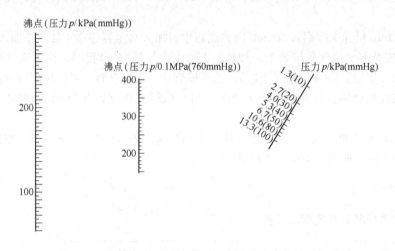

图 3-33　液体在常压下的沸点与减压下的沸点的近似关系

在给定压力下的沸点还可以近似的从下列公式求出

$$\lg p = A + \frac{B}{T}$$

式中　　p——蒸气压；

　　　　T——沸点（绝对温度）；

　A，B——常数。

如以 $\lg p$ 为纵坐标，$1/T$ 为横坐标作图，可以近似地得到一直线。因此可从两组已知的压力和温度算出 A 和 B 的数值。再将所选择的压力代入上式算出液体的沸点。

许多高沸点有机物在高温下并不稳定，加热至沸点时往往发生分解、氧化或聚合，所以不能采用常压蒸馏的方法分离提纯。减低体系压力可使化合物在较低温度下进行蒸馏，从而达到提纯的目的。这种在较低压力下进行蒸馏的操作称为减压蒸馏，表压很低时也称真空蒸馏。

（一）减压蒸馏的装置

减压蒸馏装置由蒸馏部分（克氏蒸馏烧瓶、冷凝管、接收器）、抽气部分（水泵或油泵）及保护、测压部分（安全瓶、冷却肼、吸收装置、水银压力计）等组成，如图 3-34 所示。

1. 蒸馏部分

减压蒸馏要用克氏蒸馏烧瓶，它有两个颈，目的是防止蒸馏时瓶内液体剧烈沸腾冲入冷凝管中。克氏烧瓶带支管的瓶口插温度计，另一个瓶口插玻璃管，玻璃管下端拉成毛细管，一直

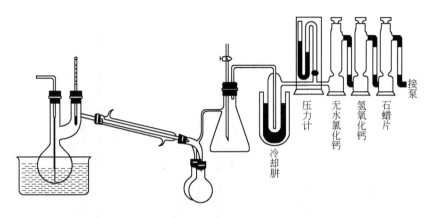

图 3-34　常用的减压蒸馏装置

伸到离瓶底 1~2mm 处，减压时空气细流经毛细管进入烧瓶，冒出连续的气泡，造成沸腾中心，防止暴沸[附注(1)]，使蒸馏平稳进行。接收器用吸滤瓶或圆底烧瓶等耐压容器。如果要分段接收馏分而不要中断蒸馏，则可使用多头接液管。

在整个减压系统中，切勿使用有裂缝或薄壁的仪器，不能用平底烧瓶、锥形瓶等平底瓶[附注(2)]。在制备仪器时所有接头要紧密，不能漏气。仪器之间要用厚壁橡皮管连接，以防减压时橡皮管被吸瘪。

2. 抽气部分

水泵和油泵是实验室中最常用的减压仪器。水泵结构简单、价格便宜，但所产生的真空度较低，水泵的效能和它本身的构造、水压及水温有关，最好的水泵在冬季（水温约10℃时）可抽到2kPa的低压，而夏季由于水温较高，只能达到大约4kPa的压力。

好的油泵能抽到133kPa的压力。油泵的效能决定于泵本身的机械结构及泵油的质量（油的蒸气压必须很低）。新购的油泵使用前应用干净的真空泵油从吸气口灌入，并用手转动飞轮洗 2~3 次（每次约用100mL），最后注入新的泵油便可得到理想的使用效果。

3. 保护、测压部分

当用油泵进行减压时，为了防止易挥发的有机溶剂、酸性物质和水汽对油泵的影响，必须在接收瓶与油泵之间顺次安装冷却阱和几种吸收塔，以免污染泵油，使真空度降低。冷阱置于盛有冷却剂的广口保温瓶中，冷却剂的选择随需要而定，例如可用冰-水、冰-盐、干冰与丙酮等。常用的吸收塔有无水氯化钙（或硅胶）吸收塔用于吸收水分、氢氧化钠吸收塔用于吸收挥发酸、石蜡片吸收塔用于吸收烃类气体，所有吸收塔都应采用粒状填充物，以减少压力损失[附注(3)]。使用油泵的优点是真空度高，但装置复杂，没有使用水泵那样方便。

在接收瓶与压力计之间还应接上一个安全瓶，它能起缓冲和防止泵油倒吸的作用。瓶口的二通旋塞用来调节系统的压力和放气。

实验室中通常采用水银测压计测量减压系统中的压力。图 3-35(a) 为开口式水银压力计。它在开始抽气之前玻璃管两端水银液面处于同一高度（均等于当时的实际大气压）。

$$A_1 - B_1 = 0$$

对系统抽气后，由于开口端的压强等于大气压（Pa），因此与真空装置连接处的水银液面上的压强 p 低于大气压。在这种情况下，真空装置一边的水银液面 A_2 高于 B_2，且有如下关系：

$$(A_2 - B_2) + p = \text{Pa}$$

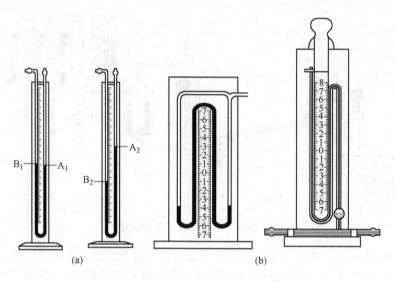

图 3-35　压力计
(a)—开口式水银压力计；(b)—封闭式压力计

因而，用开口式压力计不能直接测出减压系统的压强，减压系统中的实际压强 p 可由下式求得：

$$p = \mathrm{Pa} - (A_2 - B_2)$$

图 3-35(b)是封闭式压力计。减压操作时，两边水银液面之差，即为蒸馏系统中的实际压力。

$$p = A - B$$

开口式压力计较笨重，读数较麻烦，但测定的数据准确。封闭式则比较轻巧，读数也比较方便，但常因水银中有残留空气，往往不够准确，需用开口式压力计进行校正。使用时应避免水分或其他污物进入压力计内，否则将严重影响其准确度。

（二）减压蒸馏操作

减压蒸馏时，应按下列程序进行操作：

（1）按图 3-34 所示装好仪器，先检查整个系统能否达到所需的真空度。然后，关闭安全瓶的活塞及克氏蒸馏瓶上毛细管的螺旋夹子，开动油泵，若压力降不下来，应检查各部分活塞和橡胶管的连接是否严密。对于用胶管连接的装置，必要时可用熔融的固体石蜡-松香（质量比4∶1）密封（密封应在解除真空后进行）。

（2）检查完毕后，慢慢旋开安全瓶的活塞，使系统与大气连通，然后关闭油泵，停止抽气。

（3）小心地打开毛细管的塞子，将蒸馏液通过长颈玻璃漏斗加到减压蒸馏瓶中，液体量约为蒸馏瓶容量的一半，部分打开安全活塞，开动油泵，然后再调节安全活塞至达到所需的真空度。此时毛细管应有微气泡放出，确证其通气之后才加热蒸馏。调节毛细管旋夹，控制毛细管的进气量，保证液体平稳地沸腾，调节热源温度，控制蒸出速度为 0.5～1 滴/s[附注(4)]。

（4）要观察气体压力是否符合要求，记录时间、压力、液体沸点、热浴温度和馏出液流出速度等数据。蒸馏沸点较高的物质时，最好用石棉线或石棉布包裹蒸馏烧瓶，减少散热。

（5）蒸馏完毕后，先停止加热，移开热浴，让蒸馏瓶冷却至室温，然后小心地旋开安全瓶活塞慢慢放入空气（若开启太快则压力突然增大，压力计可能会因水银猛烈撞击而破裂），关闭油泵，待系统压力与大气平衡后方可拆卸仪器。

三、实验仪器与药品

仪器：电热套，油泵，温度计，直形冷凝管，多尾接液管，克氏蒸馏头，圆底烧瓶（25mL），弹簧夹，一端拉成毛细管的玻璃管。

药品：乙酰乙酸乙酯。

四、实验内容

按减压蒸馏装置图 3-34 安装，仪器安装完毕后，必须检查装置的气密性，符合要求后，将 20mL 乙酰乙酸乙酯［附注（5）］通过漏斗加入圆底烧瓶中，进行减压蒸馏，具体操作如上。

五、附注

（1）在减压蒸馏过程中，很容易产生暴沸。因为 1 滴液体在 5066Pa 时所形成的蒸气体积要比 101325Pa 时约大 20 倍，大气泡从液体冲出会造成猛烈的飞溅。减压下使用沸石或素烧瓷片防止暴沸一般无效。用一根细而柔软的毛细管吸入空气，作为产生蒸气泡的核心，效果较好。由于吸入的空气量和油泵排气量相比微不足道，所以这种小小的"漏气"对整个系统的压力并无显著的影响。

（2）减压蒸馏系统即使是用水泵抽气，装置外部面积所受的力也可达几百牛顿。使用有裂缝或薄壁的玻璃仪器、平底烧瓶、锥形瓶等，可能会发生内向爆炸，粉碎的玻璃飞溅伤人。

（3）如用水泵减压，则气体净化系统可以省去。

（4）蒸馏速度的快慢会影响测得压力的大小，因为减压条件下生成一滴冷凝液的蒸气体积比常压时大得多，即使为一般蒸馏速度，由于减压的结果使进入冷凝管的蒸气分子的速度大大增加。高速度蒸气所引起的压力使蒸馏瓶内的压力比压力计所示压力要高。为了使实际压力和测得压力差距不要太大，蒸馏速度要缓慢一点。

（5）乙酰乙酸乙酯沸点与压力的关系：

压力/kPa(mmHg)	101(760)	10.6(80)	8.0(60)	5.3(40)	4.0(30)	2.7(20)
沸点/℃	181	100	97	92	88	82
压力/kPa(mmHg)	2.4(18)	1.9(14)	1.6(12)	1.3(10)	0.7(5)	0.1(1.0)	0.01(0.1)
沸点/℃	78	74	71	67.3	54	26.5	5

六、思考题

（1）物质沸点与外界压力有什么关系，减压蒸馏一般在什么情况下使用？

（2）克氏蒸馏烧瓶构造上有何特点，减压蒸馏时使用克氏蒸馏烧瓶比用一般烧瓶有什么好处？

（3）装置中气体吸收塔的目的何在；各塔起什么作用；前后顺序可否颠倒，为什么？

（4）使用水泵抽气，是否也需要气体吸收装置；安全瓶是否可以省去，为什么？

（5）减压蒸馏开始时，为什么要先抽气再加热；结束时为什么要先移开热源，再停止抽气；顺序可否颠倒，为什么？

实验 10　色谱法（6 学时）

色谱法的基本原理是利用混合物通过某一物质时，由于对混合物中各组分具有不同的吸附和溶解性能或其他亲和性能上的差异，从而将各组分分开而达到分离或分析鉴定的目的。在这个过程中，流动的被分离混合物称为流动相，位置固定的物质（可以是固体或液体）为固定相。

根据混合物组分与固定物质作用原理不同，大体上可分为吸收色谱（利用吸收能力的大小进行分离）、分配色谱（利用溶解度不同进行分离）、离子交换色谱（利用离子交换能力不同进行分离）、电泳色谱（在电场作用下离子迁移的速度不同进行分离）、凝胶色谱（利用被分离物质相对分子质量大小的不同和在填料上渗透程度的不同进行分离）等等。

根据操作方式的不同，色谱法可分为柱色谱、薄层色谱、纸色谱、气相色谱和液相色谱等。每种色谱法都有其特点，应用时要根据工作的实际需要以及可能性进行选择。一般来说，分离大量物质是宜用柱色谱或高效液相色谱法；少量混合物的分离或分析鉴定可选用薄层色谱法；液体化合物及有些遇热不分解的固体化合物的分离鉴定可用气相色谱。在分析挥发性成分时，气相色谱有独到之处，例如分析茉莉花浸膏的组成时，用气相色谱一次能检定其中 30 多种成分。

分离后各成分的检出，应采用各单体中规定的方法。通常用柱色谱、纸色谱或薄层色谱分离有色物质时，可根据其色带进行区分，对有些无色物质，可在 $245 \sim 365nm$ 的紫外灯下检视。纸色谱或薄层色谱也可喷显色剂使之显色。薄层色谱还可用加有荧光物质的薄层硅胶，采用荧光熄灭法检视。用纸色谱进行定量测定时，可将色谱斑点部分剪下或挖取，用溶剂溶出该成分，再用分光光度法或比色法测定，也可用色谱扫描仪直接在纸或薄层板上测出。柱色谱、气相色谱和高效液相色谱可用接于色谱柱出口处的各种检测器检测。柱色谱还可分部收集流出液后用适宜方法测定。

色谱法的分离效果远比分馏、重结晶等一般方法好，它能满意地分离许多结构相似的成分，近年来在化学、生物学、生理学及医学中得到普遍的应用。色谱法在有机化学上的应用主要有：

（1）分离混合物。一些结构类似、理化性质相似的化合物混在一起，难以用一般方法分离，但应用色谱法往往可以达到理想的分离效果。

（2）精制提纯化合物。有机化合物中含有少量结构类似的杂质不易除去，也可利用色谱法分开杂质，得到纯品。

（3）鉴定化合物。在一定的条件下，纯粹的化合物在薄层色谱法或纸色谱中都有一定的移动距离，称比移值或 R_f 值，故利用色谱法可以鉴定化合物的纯度或确定两种性质相似的化合物是否为相同的物质，为了使结果可靠，至少要用两种不同的溶剂体系对试样进行层析。

（4）观察化学反应终点。在化学反应过程中，可用薄层色谱法或纸色谱法观察原料色点的逐渐消失，以证明反应的完成程度。

限于学时，本实验仅介绍柱色谱、薄层色谱和纸色谱三种色谱法，实际上它们常常相互配合使用。例如，利用薄层色谱或纸色谱可以摸索柱色谱的分离条件；在柱色谱过程中利用薄层色谱或纸色谱进行组分鉴定。

I 柱色谱法

一、实验目的

学习柱色谱的原理及其方法。

二、实验原理

柱色谱法又称柱层析，是将溶液或液体混合物通过装有吸附剂的色谱柱，利用吸附剂对各组分吸附能力的不同，经过溶剂洗脱，将各组分分开。

把吸附剂装在一支充满溶剂的玻璃柱中，将待分离的混合物通过吸附剂，当溶液向下移动时发生吸附——解吸作用，由于各种物质被吸附的程度不同，移动速度也不同，即吸附强的组分移动速度较慢留在柱的上部，吸附较弱的组分移动的速度较快而留在稍下一层，其余类推，但这时不能很好地使它们完全分开。如果欲将它们分开，要用某种溶剂（一般与原溶液所用溶剂相同）冲洗。在冲洗过程中，有一部分物质重新溶解，并随溶剂向下流动，这个过程称为解吸。解吸过程有一定的规律，即吸附系数小的易解吸，而且解吸的量也多；吸附系数大的难解吸，而且解吸的量也少。已经解吸的物质随溶剂向下移动，遇到新的吸附剂又重新被吸附，这时吸附系数大的先被吸附，遇到新的溶剂时，物质又重新解吸。总之，吸附色谱的整个过程主要是吸附——解吸的多次重复。这种重复的必然结果是吸附系数大的移动距离小，留在上层；吸附系数小的移动距离大，留在下层。从而形成多层次的环节。若被分离的组分有颜色，即可清楚地见色环。如果样品无色，可借助紫外光显示荧光的位置或用其他的方法进行观察。为了分别得到纯物质，可用溶剂洗脱法，即显色后继续加溶剂洗涤，一定的体积作为一份连续收集，各流分经薄层色谱鉴定，将含同种物质的流分合并，蒸去溶剂即可得到纯物质。柱色谱的分离过程如图 3-36 所示。

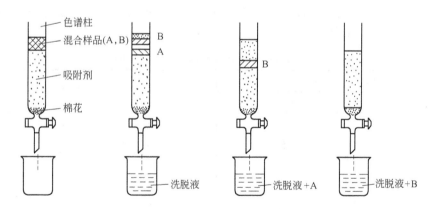

图 3-36 柱色谱的分离过程

（一）层析柱

层析柱一般是选用口径均匀，管壁平滑的玻璃管制成，口径大小则被分离物质的量及分离的难易而定，小的如滴定管，大的口径可达 10cm 以上。图 3-37(a)、(c) 所示的是常用的普通层析柱，(b) 所示的层析柱是适合于加压层析操作的。

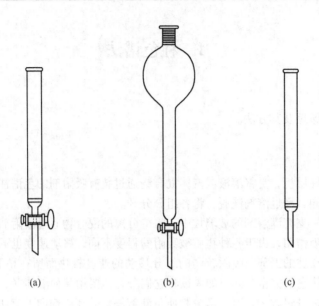

图 3-37　层析柱

（二）吸附剂

柱色谱常用的吸附剂有活性氧化铝、硅胶、氧化钙（以上为极性吸附剂）和活性炭（非极性吸附剂）等。吸附剂在使用前要经纯化和活化处理。颗粒大小也应均匀合适，可以根据分离的要求及操作条件进行选择。颗粒过细时液体流速减慢，用普通常压层吸柱操作花费时间很长，除另有规定外通常多采用直径为 0.07 ~ 0.15mm 的颗粒；若用加压柱层析，则可选用 200 目以上的吸附剂，能获得快速高效的分离效果。吸附剂用量一般为被分离物质重量的 20 ~ 50 倍，有时甚至高达 100 倍以上。

大多数吸附剂都能强烈地吸水，结果降低了吸附剂的活性，因而对这类吸附剂可按其表面含水量大小，把它们分为各种活性等级，含水越多，活性越低。例如可把硅胶和氧化铝分为 Ⅰ ~ Ⅴ 五种活性等级，见表 3-8。

表 3-8　硅胶和氧化铝的活性级别 （Brockmann 法）

含水量(质量)/%		活 性 级 别	
氧化铝	硅 胶		
0	0	Ⅰ	强
3	5	Ⅱ	↓
6	15	Ⅲ	
10	25	Ⅳ	
15	38	Ⅴ	弱

（三）溶剂与洗脱剂

两者常为同一组分，但用途不同。习惯上把用于溶解样品的溶液称为溶剂，把用于洗脱洗脱柱的溶液称洗脱剂。

先把待分离的样品溶于一定体积的溶剂中，选用的溶剂极性要低，体积小。如有的样品在极性低的溶剂中溶解度很小，则可加入少量极性较大的溶剂，使溶液体积不致太大。

吸附剂选择原则是根据被分离物质各组分的极性大小、在洗脱剂中溶解度大小进行选择。洗脱剂对被分离各种组分溶解能力不同，容易溶于洗脱剂中不太易吸附于吸附剂的组分，优先随洗脱剂被洗出来；不易溶于洗脱剂而易被吸附剂吸附的组分，被洗脱的速度较慢，从而达到分离物质的目的。各组分在洗脱剂中溶解能力，基本上是"相似相溶"，即欲洗脱极性大的组分，选择极性大的洗脱剂（如水、乙醇、氨等）；极性小的组分宜选用极性小的洗脱剂（如石油醚、乙醚等）。另外，选择的洗脱剂必须能够将样品中各组分溶解，但不能同被分离组分竞争与吸附剂的吸附。如果洗脱剂在吸附剂上被吸附，在这种情况下，样品组分在柱中移动非常快，很少有机会建立起分离所要达到的吸附——解吸平衡，影响分离效果。色层的展开首先使用极性较小的洗脱剂。洗脱剂按极性大小顺序可排列如下：

石油醚（低沸点 < 高沸点）< 环己烷 < 四氯化碳 < 三氯甲烷 < 乙醚 < 甲乙酮 < 二氧六环 < 乙酸乙酯 < 正丁醇 < 乙醇 < 甲醇 < 水 < 吡啶 < 乙酸。

另外，被分离物质与洗脱剂不发生化学反应，洗脱剂要求纯度合格，沸点不能太高（一般为 40～80℃ 之间）。

实际上单纯一种洗脱剂有时不能很好分离各组分，故常用几种洗脱剂按不同比例混合，配成最合适的洗脱剂。

（四）操作方法

柱色谱操作方法分为：装柱、加样、洗脱、收集、鉴定五个步骤。

1. 装柱

可用干法装柱和湿法装柱两种装柱方法。

干法装柱：将干燥吸附剂，经漏斗均匀地成一细流慢慢装入柱中，时时轻敲打层析柱，使柱填得均匀，有适当的紧密度，然后加入溶剂，使吸附剂全部润湿。此法简便，缺点是易产生气泡。

湿法装柱：将洗脱剂与一定量的吸附剂调成糊状，慢慢倒入柱中，将柱下的活塞打开，使溶剂慢慢流出，吸附剂渐渐沉于柱底。

已经润湿的柱子不应当再让它变干，因为变干后吸附剂可能从玻璃管壁离开而形成裂沟。

2. 加样

样品为液体，可直接加样；样品为固体，可选择合适溶剂溶解为液体再加样。加样时，要沿管壁慢慢加入至柱顶部，勿使样品搅动吸附剂表面，加入少量洗脱剂将管壁上的样品洗下来。放开下部活塞，样品会慢慢进入吸附剂中，待样品刚全部进入吸附剂中，关闭活塞，此时样品集中在柱顶端一小范围的区带。

3. 洗脱

在柱顶用一滴液漏斗，不断加入洗脱剂，使洗脱剂永远保持有适当的量，不要让洗脱剂表面流干。调节下面活塞开关大小，使洗脱剂流速适当。流速过快，组分在柱中吸附——解吸来不及达成平衡，影响分离效果；流速太慢则会延长整个操作时间。以 1～2 滴/s 为宜。

4. 收集样品各组分

各组分如果均有颜色，则在柱上分离情况可直接观察出来；直接收集各种不同颜色的组分；多数情况是各组无颜色。一般采用多份收集，每份收集量要小。然后对每份收集液进行定性检查，根据检查结果，合并组分相同的收集液，蒸去洗脱剂，留待作进一步的结构分析。

5. 鉴定

对各种组分进行结构分析。在此不作介绍。

三、实验仪器与药品

仪器：层析柱（1.0cm×20cm），锥形瓶，烧杯，量筒，漏斗，滴管，玻璃棒，铁架，铁环，剪刀。

药品：硅胶，甲基橙（1g/L 乙醇溶液），亚甲基蓝（1g/L 乙醇溶液），乙醇（95%），石英砂，脱脂棉，A 液（H_2O：95% 乙醇 = 1：1），B 液（0.2mol/L HCl：95% 乙醇 = 1：1）。

四、实验内容

（一）装柱

（1）取一根层析柱，取少许脱脂棉（或玻璃棉），放于层析柱底部，轻轻塞紧，再在脱脂棉上盖上一张比色谱柱内径略小的滤纸片（或石英砂约 2mm 厚），关闭活塞，将其垂直固定在铁架上。

（2）柱中加蒸馏水到柱的 1/3 高度，用湿法装入吸附剂，即称取 4g 硅胶加入 15mL 蒸馏水，边搅动边从柱顶部快速加入，待硅胶沉降后打开柱下活塞，控制流速为 1 滴/s。在此过程中，应不断敲打层析柱，以便吸附剂填充均匀并没有气泡［附注(1)］。硅胶的顶端覆盖一小片滤纸（或石英砂约 2mm 厚），柱顶液面要保持在滤纸片（或石英砂面）以上［附注(2)］。

（二）加样

按图 3-38 所示安装好实验装置。打开柱下活塞，当溶剂（蒸馏水）液面刚好流至滤纸片或石英砂面时，关闭活塞，加入 0.5mL 甲基橙和亚甲基蓝的乙醇混合液，加入少量 A 液（H_2O：95% 乙醇 =1：1）将管壁上的样品洗下来［附注(3)］。

（三）洗脱、分离

开启活塞，待样品液渗入柱内，直到接近滤纸片（或石英砂面）时，加入少量 A 液（H_2O：95% 乙醇 = 1：1）洗脱。随着 A 液向下移动，柱内出现两条色带［附注(4)］。待甲基橙色带完全从层析柱洗出时，换另一接收器（继续淋洗）。当 A 液面降至约 1mm 高时，立刻换 B 液（0.2mol/L HCl：95% 乙醇 = 1：1）洗脱亚甲基蓝［附注(5)］。

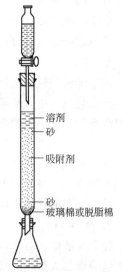

溶剂
砂
吸附剂
砂
玻璃棉或脱脂棉

图 3-38　层析柱实验装置

用量筒分别量取所分离出来的亚甲基蓝和甲基橙溶液的体积后，倒入指定的回收瓶中。分离结束后，应先让溶剂尽量流干，然后倒置，用吸耳球从活塞口向管内挤压空气，将吸附剂从柱顶挤压出。使用过的吸附剂倒入垃圾桶里，切勿倒入水槽，以免堵塞水槽。

五、附注

（1）层析柱填充要紧密，要求无断层、无缝隙。若松紧不匀，特别有断层时，影响流速和色带的均匀，但如果装时过分的敲击，层析柱填充过紧，又使流速太慢。

（2）在装柱、洗脱过程中，为了保持柱子的均一性，使整个吸附剂浸泡在溶剂或溶液中是必要的。否则当柱中溶剂或溶液干时，就会使柱身干裂，影响渗滤和显色的均一性。

（3）若流速太慢，可在柱顶上安一导气管与氮气袋或双链球相连，以对柱施加一定压力，气流大小可通过螺旋夹调节。也可将接收器改用吸滤瓶，接上水泵减压，加快洗脱速度。

（4）甲基橙和亚甲基蓝能溶于乙醇中，甲基橙和亚甲基蓝结构如下：

甲基橙（红色）　　　　　　　　　　　甲基橙（橙色）

亚甲基蓝（蓝色）

（5）在洗脱过程中，一定注意一个色带与另一色带的洗脱液的接受不要交叉，否则组分之间不能完全的分离。

六、思考题

（1）所用的装柱方法实际上保证了所装硅胶中没有气泡，这个操作为什么重要？
（2）加石英砂的目的是什么？
（3）如果柱层析和重结晶法得到相同纯度的产品，你将选用哪一种方法，为什么？
（4）为什么甲基橙和亚甲基蓝两组分要采用不同的洗脱剂洗脱？

II　薄层色谱法（薄层层析）

一、实验目的

学习薄层色谱法的原理及其方法。

二、实验原理

薄层色谱法（TLC）是把吸附剂或支持剂铺在玻璃板上，使之成为一个薄层，将样品点在其上，然后用溶剂展开，使样品中各个组分相互分离的方法。被分离组分在薄层板上从原点到斑点中心的距离与展开剂从原点到前沿的距离的比值，用 R_f 表示。其定义为：

$$R_f = \frac{\text{原点至斑点中心的距离}}{\text{原点至溶剂前沿的距离}} = \frac{\text{溶质移动的距离}}{\text{溶剂移动的距离}}$$

各种物质的 R_f 值和薄层板类型、溶剂、温度等有关。但在上述条件固定的情况下，R_f 对每一种物质来说是一个常数。借此可用来鉴定不同的化合物，也可用于物质的分离和定量测定。实际工作中，由于影响 R_f 值的因素较多，R_f 重复常常不理想。因此在制备未知物质的薄层层析时，总是同时展开一个已知物作为对照。如果已知物的 R_f 实验值与报道值不同，则所有其他 R_f 值必须按同样的比例校正。

薄层色谱是一种微量（样品量几微克到几十微克）、快速（几分钟到几十分钟）、简便的分析分离方法，它兼备了柱色谱和纸色谱的优点。一方面适用于小量样品（几到几十微克，甚至 0.01μg）的分离；另一方面若在制作薄层板时，把吸附层加厚，将样品点成一条线，则可分离多达 500mg 的样品。因此又可用来精制样品。故此法特别适用于挥发性较小或在较高温度易发生变化而不能用气相色谱分析的物质。此外，在进行化学反应时，常利用薄层色谱观察原料斑点的逐步消失来判断反应是否完成。

（一）薄层色谱用的吸附剂

薄层色谱法常用的吸附剂是氧化铝和硅胶。硅胶是一种无定形的多孔物质，具微酸性（接近中性）适用于分离鉴定酸性及中性物质。硅胶的表面含有许多硅醇基（—Si—OH），能吸附水分，受热时又能可逆失水。硅胶的活性与含水量有关，一般按含水量的不同分为五个活性等级，见表3-8。常用的商品薄层硅胶有如下几种型号：

硅胶 H——不含黏合剂和其他添加剂的层析用硅胶。

硅胶 G——含有煅石膏作黏合剂的层析硅胶。

硅胶 HF254——含有荧光物质的层析硅胶，可用于254nm 的紫外光下观察荧光。

硅胶 GF254——是一种即含有煅石膏又含有荧光剂的层析用硅胶。

与硅胶相似，氧化铝也因含黏合剂或荧光而分为氧化铝 G、氧化铝 GF_{254} 及氧化铝 HF_{254} 等类型。

黏合剂除上述的煅石膏（$2CaSO_4 \cdot 2H_2O$）外，还可用淀粉，羧甲基纤维。通常将薄层板按加黏合剂和不加黏合剂分为两种，加黏合剂的薄层板称为硬板，不加黏合剂的称为软板。薄层板对分析样品的吸附能力和样品的极性有关，极性稍大的化合物吸附性强，因而 R_f 值就小。

（二）展开剂的选择

展开剂的选择一般根据被分离物质的极性和所选用吸附剂的性质进行综合考虑。一般的原则是被分离物质和展开剂之间的极性关系应符合"相似相溶原理"，也就是说，被分离物质的极性较小，可选用极性较小的展开剂，若被分离物质的极性较大，选用极性大的溶剂作展开剂。通常先选用单一溶剂展开，根据分离效果，再进一步考虑改变溶剂的极性或选用混合溶剂，一般希望 R_f 值在0.2~0.8 之间。理想的分离效果应使被分离的各组分 R_f 值之差最好大于0.05，以避免斑点重叠。

（三）薄层板的制备

薄层板制备得好坏直接影响色谱的结果。薄层应尽量均匀而且厚度（0.25~1mm）要固定。否则，在展开时溶剂前沿不齐，色谱结果也不易重复。薄层色谱的操作一般有以下几个步骤。

1. 铺板

薄层板分为干板和湿板。湿板的制法有以下几种：

（1）平铺法。用商品或自制的薄层涂布器进行制板，它适合于科研工作中数量较大要求较高的需要。如无涂布器，可将调好的吸附剂平铺在玻璃板上，也可得到厚度均匀的薄层板。见图3-39。

（2）浸渍法。把两块干净玻璃片背靠背贴紧，浸入调制好的吸附剂中，取出后分开、晾干。

（3）倾注法。将调好的浆料倒在玻璃板上，用手摇晃，使其表面均匀平整，然后放在水平的平板上晾干。这种制板方法厚度不易控制。

2. 薄层板的活化

将晾干的薄层板置于烘箱中加热活化，活化时需慢慢升温。硅胶维持105~110℃活化30min 可得Ⅳ~Ⅴ级活性的薄层板。氧化铝板在200℃烘4h 可得活性Ⅱ级的薄层，150~160℃烘4h，可得活性Ⅲ~Ⅳ级

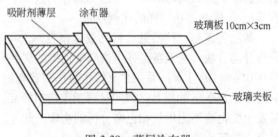

图3-39　薄层涂布器

的薄层板。

3. 点样

点样前，先用铅笔在薄层板上距一端1cm处轻轻划一横线作为起始线。通常将样品溶于低沸点溶剂（丙酮、甲醇、乙醇、氯仿、苯、乙醚和四氯化碳）配成1%溶液，然后用内径小于1mm管口平整的毛细管吸取样品，小心地点在起始线上。若在同一板上点几个样，样点间距应为1~1.5cm，斑点直径一般不超过2mm。样品浓度太稀时，可待前一次溶剂挥发后，在原点上重复一次。点样浓度太稀会使显色不清楚，影响观察；但浓度过大则会造成斑点过大或拖尾等现象，影响分离效果。点样结束待样点干燥后，方可进行展开；点样要轻，不可刺破薄层。

4. 展开

将点样后的薄层板放置在一个盛有展开剂的密闭容器（称为色谱缸或层析缸）中，让展开剂通过吸附剂时组分分离，此操作过程称为展开。常用的展开方式有上升法、倾斜法和下降法等几种。上升法适用于含黏合剂的薄层板，是将薄层板垂直于盛有展开剂的容器中。倾斜上行法是将薄层板倾斜15°放置（图3-40），适用于无黏合剂的软板。含有黏合剂的色谱板可以倾斜45°~60°放置。下降法（图3-41）是将展开剂放在圆底烧瓶中，用滤纸或纱布等将展开剂吸到薄层板的上端，使展开剂沿板下行，这种连续展开的方法适用于R_f值小的化合物。

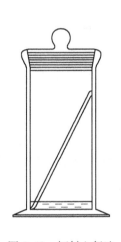

图3-40　倾斜上行法

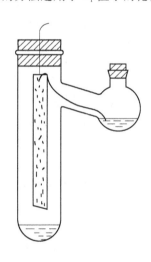

图3-41　下降法

5. 显色

显色是在展开之后为了再现无色组分斑点所在位置的方法。样品展开后，如样品中各物质本身有颜色，可直接看到斑点的位置。但是，大多数有机化合物是无色的，必须经过显色才能观察到斑点的位置，常用的显色方法有如下几种：

（1）卤素斑点试验法。由于碘能与许多有机化合物形成棕色或黄色的配合物。在一密闭容器（一般用层析缸即可）中放入几粒碘，将展开并干燥的薄层板放入其中，稍稍加热，让碘升华，当样品与碘蒸气反应后，取出薄层板，立即标记出斑点的形状和位置（因为薄层板放在空气中，由于碘挥发棕色斑点会很快消失）。

（2）显色剂法。在薄层板上溶剂蒸发前用显色剂喷雾显色。不同类型化合物可选用不同的显色剂，见表3-9。

表 3-9　一些常用显色剂

显色剂	配制方法	能被检出物
浓硫酸	98% 硫酸	大多数有机化合物在加热后可显出黑色斑点
碘蒸气	将薄层板放入缸内被碘蒸气饱和数分钟	很多有机化合物显黄棕色
碘的氯仿溶液	0.5% 碘的氯仿溶液	很多有机化合物显黄棕色
磷钼酸乙醇溶液	5% 磷钼酸乙醇溶液，喷后120℃烘还原性物质显蓝色，氨薰，背景变为无色	还原性物质显蓝色
铁氰化钾-三氯化铁试剂	10g/L 铁氰化钾、20g/L 三氯化铁使用前等量混合	还原性物质显蓝色，再喷 2mol/L 盐酸，蓝色加深，检验酚、胺等还原性物质
四氯邻苯二甲酸酐	20g/L 溶液，溶剂为丙酮-氯仿 (10∶1)	芳烃
硝酸铈铵	50g/L 的硝酸铈铵的 2mol/L 硝酸溶液	薄层板在 105℃烘 5min 之后，喷显色剂，多元醇在黄色底色上有棕黄色斑点
香蓝素-硫酸	5g 香蓝素溶于 100mL 乙醇中，再加入 5% 浓硫酸	高级醇及酮显绿色
茚三酮	0.3g 茚三酮溶于 100mL 乙醇，喷后，110℃烘至斑点出现	氨基酸、胺、氨基糖

（3）外光显色法。用硅胶 GF_{254} 制成的薄层板，由于加入了荧光剂，在 254nm 波长的紫外灯下，可观察到暗色斑点，此斑点就是样品点。

6. R_f 的测量及定性、定量测定

在测量 R_f 值之前，先把每个斑点的轮廓和中心画出，然后用尺子分别量出每个斑点中心到原点之间的距离以及展开剂前沿到原点的距离，两者的比值即为对应斑点的 R_f 值，见图 3-42。

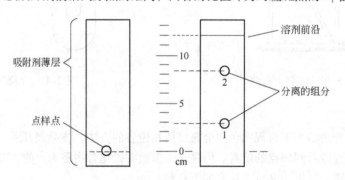

$$R_f = \frac{物质移动距离}{溶剂移动距离}$$

$$R_f(化合物 1) = \frac{3.0cm}{12cm} = 0.25$$

$$R_f(化合物 2) = \frac{8.4cm}{12cm} = 0.70$$

图 3-42　薄层色谱示意图

定性鉴定的一般方法是直接在薄层上比较样品斑点和标准物质的 R_f 值，或者将斑点直接洗脱，再用仪器进行鉴定。

定量的方法是用面积积分仪直接测定面积或用薄层扫描仪进行光密度自动扫描测定，误差范围一般为 5% 左右。

三、实验仪器与药品

仪器：层析缸，7cm×2.5cm 的玻璃板，毛细管，电吹风，量筒，喷雾器，铅笔，尺子，玻璃棒。

药品：硅胶 G，羧甲基纤维素钠，苏丹Ⅲ正己烷溶液（1%，m），甲氧基偶氮苯正己烷溶液（1%，m），正己烷，乙酸乙酯。

四、实验内容

本实验薄层色谱法中用的吸附剂为硅胶 G，展开剂是 9：1 的正己烷和乙酸乙酯的混合溶剂。最开始苏丹Ⅲ和甲氧基偶氮苯被吸附在硅胶上，当展开剂通过时，由于苏丹Ⅲ和甲氧基偶氮苯本身极性和在展开剂中的溶解度不同，两者在硅胶上的移动速度也就不同（一般溶解度大和极性小的移动更快），从而将混合物分开，并且可根据产生的不同比移值 R_f 来定性的鉴别化合物。

（一）硅胶硬板的制备

取两块 7cm×2.5cm 左右的玻璃板，先用洗液泡过，用自来水冲洗干净、晾干。在 100mL 烧杯中，放入约 2.0g 硅胶 G，加入 5~7mL 的羧甲基纤维素钠水溶液（0.7%，m），调成糊状，其稀稠程度为在震动下可流动为宜，然后倒在玻璃板上［附注（1）］。利用倾注法铺板，即用食指和拇指拿住玻璃板，前后左右振摇、摆动，使流动的糊状物均匀的铺在玻璃板上［附注（2）］。将已涂好的硅胶 G 薄层板在室温下，水平放置 30min 后［附注（3）］，移入烘箱，慢慢升温至 110℃，恒温 30min［附注（4）］。

（二）点样

在一支干净的小试管中，滴入苏丹Ⅲ正己烷溶液（1%，m），甲氧基偶氮苯正己烷溶液（1%，m）［附注（5）］各 3 滴，摇匀。以此混合好的样品作为混合物的分离试样。

在离薄层板一端约 1cm 处，用铅笔轻轻划上记号，取管口平整，内径小于 1mm 管口平整的毛细管插入样品溶液中吸取样品，在记号线上，离边 1cm 处垂直轻轻点样（毛细管刚接触薄板即可），斑点一般不超过 2mm［附注（6）］，右边点混合样品，左边点已知的纯样品正己烷溶液（1%，m）作对照，两个点要求在一平线上且相距 1cm。点样后稍等一会儿，待溶剂正己烷挥发后进行展开。

（三）展开

展开剂（正己烷：乙酸乙酯 = 9：1）。将展开剂倒入层析缸，其高度不超过 1cm［附注（7）］。

薄层色谱的展开，须在密闭容器中进行。为使展开剂蒸气在缸内迅速达到平衡，在缸内壁放置一高 5cm，环绕周长约 4/5 的滤纸，下面浸入展开剂中。将点好样的薄层板小心的放到层析缸中，点样的一端朝下，浸入展开剂中约 0.5cm。

一般情况，先在薄片另一端 1cm 处画一条直线，展开剂达到此线时，立即取出。如未画线，观察展开剂前沿上升到一定高度时取出，并尽快在展开剂前沿画出标记，［附注（8）］。将薄层板晾干。观察样品斑点的位置。

（四）比移值的计算

记录溶质的最高浓度中心至原点中心距离和展开剂前沿至原点中心距离，计算 R_f。在实验报告本上按比例绘出所有斑点的形状，位置及颜色[附注(9)]。

五、附注

（1）制板时要求薄层均匀平滑，为此宜将吸附剂调的稀一些，尤其是制硅胶板时，更应如此。否则，吸附剂调的很稠，就不易做到均匀。

（2）要求制成的板厚薄均匀，无气泡。

（3）室温放置必须使玻璃板干透，否则会出现断裂现象。

（4）放入烘箱时硅胶板若较湿，则烘的时间要增至 2h。

（5）通常将样品溶于某种挥发性溶剂（如丙酮、甲醚、乙醚、乙酸乙酯、氯仿等），样品的用量对物质的分离效果有很大的影响，而所需样品的量与显色剂的灵敏度、吸附剂的种类和薄层的厚度均有关系。样品量太少时，斑点不清楚，难于观察。样品量太多时，往往出现的斑点太大或拖尾，以致具有相近 R_f 值的化合物斑点连在一起分不开。通常用 1% 浓度的样品溶液点样为宜。苏丹Ⅲ的结构式为：

甲氧基偶氮苯的结构式为：

（6）因溶液太稀或样点太小，可重复点样。但应在前次点样的溶剂挥发后，方可重点，以防样点被溶解掉。样点过大，造成拖尾，扩散等现象，影响分离效果。

（7）如超过点样线，则样点将被溶解掉。

（8）如不注意，展开剂挥发后，就无法确定展开剂上升的高度。不可使展开剂走到板的尽头。

（9）若层析样品为无色物质，在晾干后，应喷洒显色剂（如碘蒸气）显色。本实验分离的样品为有色物质，故可省去显色一步。

六、思考题

（1）影响薄层板分离效果的因素有哪些，如何克服？

（2）常用吸附硅胶、氧化铝的活性与它们的含水量有什么关系？

（3）点样时斑点越小，分离效果越好，为什么？

（4）展开剂的液面高出薄层板的斑点，将会产生什么样的后果？

Ⅲ　纸色谱（纸上层析）

一、实验目的

学习纸色谱的原理及其方法。

二、实验原理

纸色谱是以特制的滤纸作为载体，用玻璃毛细管将待测试样的溶液（一般为 1% ~ 2%）点在距离纸条末端约 2cm 处，然后选用合适的溶剂以点样的一端通过毛细管作用向另一端展开。将滤纸取出晾干，并用适当的显色剂显色即得纸色谱。

滤纸纤维上经常吸附有 20% ~ 50% 的水分，其中约 6% 的水是以氢键与纤维上的羟基结合，在一般条件下较难脱出。所以纸上层析实际上是以吸附在纤维素上的水作为固定相，选用另一种与水不相溶的溶剂为流动相。当流动相流经点在滤纸上的混合样时，样品即在水与流动相之间连续发生多次分配，结果在流动相中具有较大的溶解度的物质移动速度较快，这样便能达到分离的目的。样品的分离效果也用比移值 R_f 表示物质移动的相对距离。

纸上层析的滤纸，对质量、机械强度及纯度均有较严格的要求，应根据具体条件进行选择。目前常用的有新华 1 ~ 6 型，做一般分析时可用新华 2 型的厚滤纸。新华层析用滤纸的型号及性能见表 3-10。

表 3-10　新华层析用滤纸的型号及性能

型　号	标重/g·m⁻³	厚度/mm	吸水性/mm（30min 内水上升的毫米数）	灰　分	性　能
1	90	0.17	150 ~ 120	0.08	快速
2	90	0.16	120 ~ 91	0.08	中速
3	90	0.15	90 ~ 60	0.08	慢速
4	180	0.34	151 ~ 121	0.08	快速
5	180	0.32	120 ~ 91	0.08	中速
6	180	0.30	90 ~ 60	0.00	慢速

纸色谱法主要用于分离和鉴定，它的优点是样品用量少，仪器设备简单，操作方便，对亲水性强的化合物如氨基酸、糖类、酚类和天然色素更为合适。缺点是实验时间较长，一般要几小时到几十小时。

纸色谱法的一般操作如图 3-43 所示，先将色谱滤纸在展开剂蒸气中放置过夜，在滤纸一端 2 ~ 3cm 处用铅笔划好起点线，然后将要分离的样品溶液用毛细管点在起点线上，待样品溶剂挥发后，将滤纸的另一端悬挂在展开槽的玻璃勾上，使滤纸下端与展开剂接触。展开剂由于毛细现象沿纸条上升，当展开剂前沿接近滤纸上端时，将滤纸取出，记下溶剂前沿位置，晾干。若被分离物中各组分是有色的，滤纸条上就有各种颜色的斑点显出，可计算各物质的比移值（R_f 值）。对于分离无色的混合物，通常将展开后的滤纸晾干后，置于紫外灯下观察是否有荧光，或者根据化合物的性质，喷上显色剂，观察斑点的位置。

纸色谱法主要应用于多官能团或高极性化合物如糖或氨基酸的分析。

三、实验仪器与药品

仪器：层析缸，毛细管，烘箱，铅笔，直尺，剪刀，层析滤纸，电吹风，喷雾器等。

药品：正丁醇，乙酸，水合茚三酮，乙醇，丙氨酸，赖氨酸，苯丙氨酸，待测样品（丙氨

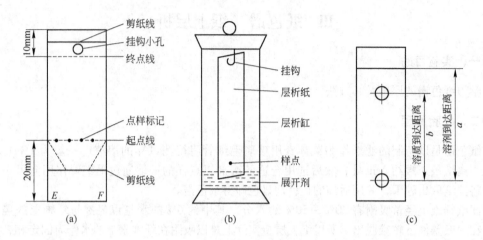

图 3-43　纸色谱装置

(a)—层析纸的准备；(b)—层析缸；(c)—纸色谱展开图

酸、赖氨酸和苯丙氨酸的混合液）。

四、实验内容

（1）取一张 50mm×150mm 层析滤纸铺在自备的白纸上，按图 3-43 要求进行层析纸的准备［附注（1）］，并对丙氨酸溶液（0.25%，m）、赖氨酸溶液（0.5%，m）和苯丙氨酸溶液（0.5%，m）及三者的混合物进行编号点样（4 个点）。所点样品的直径不得超过 2mm，点与点之间的距离约为 1.5cm 以上，不可离边缘太近，以免产生边缘效应。

（2）将点样后的滤纸放入有正丁醇：乙酸：水(4∶1∶5)混合液的层析缸中展开［附注（2）］。展开至前沿线后，将滤纸用电吹风吹干，直至醋酸的气味消失。再用喷雾器往层析纸上喷水合茚三酮的乙醇溶液（0.1%，m），然后将层析纸在 80～100℃ 的烘箱内烘干，即可观察到 4 个紫红色的斑点。显色后，先用铅笔把图谱上的色斑画出，再求出各斑点的 R_f 值，通过对测得的样品中氨基酸的 R_f 值和斑点颜色与标准的氨基酸的 R_f 值和斑点颜色的比较，可定性地鉴定混合物样品中氨基酸的组成。

五、附注

（1）必须注意，整个过程不得手接触纸条中部，因为皮肤表面沾着的脏物碰到滤纸会出现错误的斑点。

（2）纸色谱法的展开剂中常含有水，它作为展开剂的一个组分，目的是为了保证纤维素中吸附的水处于饱和状态。实验一开始可将展开剂注入层析缸中，再进行其他项操作，以利于溶剂在层析缸内形成饱和蒸汽，节省操作时间。

六、思考题

（1）层析纸上的样品斑点浸在展开剂中是否可以，为什么？

（2）悬挂层析纸为什么不能接触层析缸壁；为什么展开时层析缸必须尽量密闭？

（3）纸色谱法所依据的原理是什么？

（4）样品的斑点过大有何不良后果？

第四章 有机化合物的绿色合成实验

Ⅰ 烯烃的制备

实验 11 环己烯的制备（4 学时）

一、实验目的

学习以催化环己醇脱水制取环己烯的原理和方法，初步掌握蒸馏和水浴蒸馏的基本操作技能。

二、实验原理

烯烃是重要的有机化工原料，工业上主要是通过石油裂解来制备烯烃。而实验室中烯烃要用醇脱水或卤代烃的脱卤化氢来制备。本实验室用环己烯在 $FeCl_3 \cdot 6H_2O$ 的催化下脱水来制备环己烯。

主反应：

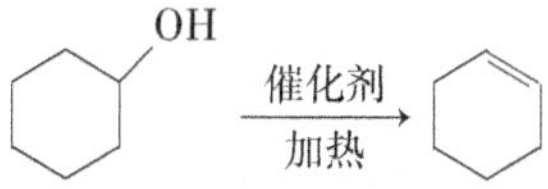

三、实验仪器和药品

仪器：半微量磨口实验仪器 1 套，温度计，电热套，阿贝折光仪，电子天平，其他玻璃仪器。

药品：环己醇，六水合三氯化铁，氯化钠，无水氯化钙，沸石，其他试剂。

四、实验内容

（一）半微量合成步骤

在 50mL 干燥的圆底烧瓶中，加入约 7g 环己醇（7mL，约 0.07mol），1g $FeCl_3 \cdot 6H_2O$［附注（1）］和几粒沸石，充分震荡使之混合，按图 3-17 安装分馏装置，用 10mL 锥形瓶作接收器，置于装有冰水的玻璃水槽或大烧杯中。

用电热套小火加热混合物至沸腾，控制分馏柱顶部馏出液温度不超过 90℃［附注（2）］，慢慢蒸馏出生成的环己烯和水，当烧瓶中只剩下很少量的残渣并出现阵阵白雾时，即可停止加热，全部蒸馏时间约需 1h［附注（3）］。

（二）产品精制

将馏出液用 1g NaCl 饱和（为什么）。将此溶液转入 25mL 分液漏斗中，振摇后，静止分层［附注（4）］，上层的粗产品转入干燥的 10mL 锥形瓶中（从何处倒出），加入约 1g 无水 $CaCl_2$

干燥[附注(5)]，放置10min(不时地震荡)。

将干燥过的粗环己烯通过过有折叠滤纸［参见实验5附注（12）］的小漏斗滤去 $CaCl_2$。滤液直接滤入干燥的25mL蒸馏瓶中，加入几粒沸石，用水浴[附注(6)]加热蒸馏[附注(7)，按图3-14装置，蒸馏瓶置于热水中]，用一称量过的干燥锥形瓶作接收器，收集80～85℃的馏分，最后称量产品的质量，计算产率，测定其沸点和折光率。

纯环己烯为无色液体，沸点83℃，折光率 $n_D^{20} = 1.4465$。

五、附注

（1）实验室通常是采用浓硫酸或浓磷酸经液相脱水制备环己烯，此法虽然经典，但收率不高，一般只有56%～66%，同时硫酸腐蚀性强，炭化严重，操作不便，而磷酸虽较硫酸好，但成本较高。另外，实验后产生的残渣和残液对环境也有很大影响。用 $FeCl_3 \cdot 6H_2O$ 代替 H_3PO_4 和 H_2SO_4 作催化剂，使环己烯的产率及产品的纯度都有一定程度的提高，同时具有后处理工艺简单、不腐蚀设备、不污染环境的优点，符合绿色化合成的要求。

（2）由于反应中环己烯与水形成共沸物（b. p. 70.8℃，含水10%），环己醇与水形成共沸物（b. p. 97.8℃，含水80%）。因此，在加热时温度不可过高，蒸馏速度不宜太快，以减少未作用的环己醇的蒸出。

（3）残渣若难清洗，可加入少量稀碱液浸泡几分钟后，再进行清洗。

（4）水层应尽可能分离完全，否则将增加无水 $CaCl_2$ 的用量。

（5）使用无水 $CaCl_2$ 除吸收水外，还可除去少量醇。液体有机物在合成或分离的过程中，往往要经过一系列水溶液洗涤，因此不可避免的粗产物中溶解或夹杂一些水分。残留的水分会严重地影响蒸馏操作和产品的质量，所以，蒸馏之前必须用适当的方法除水，液态有机物的干燥，通常可用共沸物蒸馏除去水分或用无机干燥剂直接与干燥液体接触。几种常用液体干燥剂见附录2。

（6）在有机实验中为了保证加热均匀，一般常用热浴间接加热。水浴：加热温度不超过100℃；油浴：加热温度在100～250℃之间；沙浴：加热温度可到350℃；空气浴：加热温度在100℃以上。但要注意，加热温度一般应高于反应物的温度（或沸点）约20℃左右。

（7）在蒸馏产物时，所用仪器应充分干燥。蒸馏宜小火加热，慢慢进行蒸馏。

六、思考题

（1）在制备过程中为什么要控制分馏柱顶部馏出温度不超过90℃？

（2）在粗制环己烯中，加入 NaCl 使水层饱和的目的何在？

（3）写出环己烯与溴水、中性高锰酸钾溶液及浓硫酸作用的反应式。

Ⅱ　卤代烃的制备

实验 12　溴乙烷的制备（4 学时）

一、实验目的

学习以醇为原料制备饱和卤代烃的原理和方法，掌握低沸物蒸馏的基本操作。

二、实验原理

溴乙烷是有机合成的重要原料。农业上用作仓储谷物、仓库及房舍等的熏蒸杀虫剂。也可用于汽油的乙基化、冷冻剂和麻醉剂。

主反应：

$$NaBr + H_2SO_4 \longrightarrow HBr + NaHSO_4$$

$$C_2H_5OH + HBr \rightleftharpoons C_2H_5Br + H_2O$$

副反应：

$$2C_2H_5OH \xrightarrow{H_2SO_4} C_2H_5OC_2H_5 + H_2O$$

$$C_2H_5OH \xrightarrow{H_2SO_4} CH_2 = CH_2 + H_2O$$

$$2HBr + H_2SO_4(浓) \longrightarrow Br_2 + SO_2 + 2H_2O$$

为了使平衡向右移动，提高产率，减少副反应造成的损失，制备时增加乙醇的用量，同时把生成的低沸点物质——溴乙烷及时地从反应混合物中蒸馏出来。

三、实验仪器和药品

仪器：半微量磨口实验仪器 1 套，温度计，电热套，阿贝折光仪，电子天平，其他玻璃仪器。

药品：溴化钠，乙醇，硫酸（浓），沸石，其他试剂。

四、实验内容

（一）半微量合成步骤

取 50mL 三口圆底烧瓶，左侧口接恒压漏斗，右侧口插入温度计（浸入反应液中），中口接上 75°弯管（或者直接用蒸馏头顶端用塞子封口也行），弯管另一头依次接冷凝管、尾接管、锥形瓶（作接收器，内外放冰水）[附注(1)]，并在尾接管的小支管处连一乳胶管，直通下水道或通入废氢氧化钠溶液中[附注(2)]。

在 50mL 三口烧瓶中先加入 10mL 无水乙醇，10mL 蒸馏水[附注(3)]，并加入研细的溴化钠 7.2g[附注(4)]，振摇使溴化钠完全溶解，加入几粒沸石，装好蒸馏装置，通过恒压漏斗逐滴加入 9mL（0.16mol）硫酸（浓）[附注(5)]，滴加完毕后，再用电热套小心加热反应溶液，温度控制在 90～100℃，保持反应平稳地发生[附注(6)]，一段时间后可观察到有白色乳状液体自直型冷凝管流出，沉于瓶底[附注(7)]。约 40min 后，当接收器无乳白色馏出液滴出时，可结束反应。反应结束后应先移开接收器，再关闭热源，以避免馏出液发生倒吸现象（为什么），同时要趁热将反应瓶内的硫酸氢钠倒入废液缸内，以免冷却结块而给清洗带来困难。

（二）产品的精制

将馏出液倒入 25mL 分液漏斗中，振荡并静止数分钟后，将下层的粗产品放入干燥的 10mL 锥形瓶中，为了避免产品挥发，锥形瓶应浸在冰水浴中，同时在振荡下逐滴加入浓硫酸以除杂质，滴加硫酸量以能观察到上层澄清的溴乙烷和下层硫酸明显分层为止［约 1mL 左右，附注(8)］。把混合物倒入分液漏斗中，静置，使硫酸完全下沉而分出明显的液层。如果上层的溴乙烷仍是浑浊的，需要加入少量浓硫酸，并轻轻摇动分液漏斗，静止直至得到透明澄清的溴乙烷液层，仔细放出下层的硫酸层。

把溴乙烷倒入 25mL 蒸馏烧瓶中（如何倒法），放入 2～3 粒沸石，用水浴加热进行蒸馏（按图 3-14 装置，蒸馏瓶置于热水中），用一称量过的干燥锥形瓶作接收器，收集 36～40℃的馏分，接收器用冰水冷却。称量产品，计算产率，测其沸点和折光率。

纯溴乙烷为无色液体，沸点 $38.4℃$，折光率 $n_D^{20} = 1.4239$。

五、附注

（1）溴乙烷比水重，在水中的溶解度甚小，低温时又不与水作用。凡不溶或难溶于冷水，密度比水大，又不与水发生化学反应的易挥发液体，一般都可采用这样的装置来收集馏分。

（2）装置必须严密，不能漏气。

（3）加水的主要目的是减少氢溴酸的挥发降低硫酸浓度，减少副产物乙醚、乙烯的生成。

（4）加入的溴化钠易结块影响 HBr 的顺利产生，故加料时应该不断振摇并搅拌，若用含结晶水的溴化钠（$NaBr \cdot 2H_2O$），其用量要经过换算，并相应减少加入的水量。

（5）按这样的加料顺序，不仅浓硫酸与水、醇反应的热量直接用于反应，且随浓硫酸的不断滴入，亲核试剂溴化氢不断在反应体系中产生，不断地与乙醇发生亲核取代反应，生成目标化合物。这样，乙醇也不会因浓硫酸过多地一次加入而炭化。

（6）开始加热不能过快，否则不仅会导致硫酸把 HBr 氧化为 Br_2，而且会增加副产物乙醚和乙烯的生成。另外蒸馏速度不要太快，否则溴乙烷蒸气来不及冷却而逸去，造成损失。

（7）瓶内物若呈橘红色，这是由于少许溴产生的缘故。

（8）乙醇、乙醚溶于浓硫酸，而溴乙烷既不溶于水，也不溶于浓硫酸，故精制溴乙烷采用浓硫酸作洗涤剂。

六、思考题

（1）本实验中，哪种原料是过量的，为什么；反应物间的配比不是 1:1，计算产率时，应选用何种原料作为根据？

（2）实验有哪些副反应；采取什么措施加以抑制？

（3）产物中有哪些杂质，如何除去？

（4）为了减少溴乙烷的挥发，本实验应采取哪些措施？

（5）用 $NaBr \cdot 2H_2O$ 作本实验，反应物的用量应如何调整；通过计算回答。

（6）可否用 NaI 代替 NaBr 来制备碘乙烷，为什么？

实验 13　正溴丁烷的制备（5 学时）

一、实验目的

（1）学习由醇制备溴代烃的原理及半微量制备方法。

（2）练习回流及有害气体吸收装置的安装与操作。

（3）进一步练习液体产品的纯化方法——洗涤、干燥、蒸馏等操作。

二、实验原理

主反应：
$$NaBr + H_2SO_4 \longrightarrow HBr + NaHSO_4$$

$$C_4H_9OH + HBr \Longrightarrow C_4H_9Br + H_2O$$

副反应：
$$C_4H_9OH \xrightarrow{H_2SO_4} C_2H_5CH = CH_2 + H_2O$$

$$2C_4H_9OH \xrightarrow{H_2SO_4} C_4H_9OC_4H_9 + H_2O$$

$$HBr + H_2SO_4 \longrightarrow Br_2 + SO_2 + H_2O$$

本实验主反应为可逆反应，提高产率的措施是让 HBr 过量，并用 NaBr 和 H_2SO_4 代替 HBr，边生成 HBr 边参与反应，这样可提高 HBr 的利用率；H_2SO_4 还起到催化脱水作用。为了防止溴化氢的挥发和减小副产物的生成，需加入适量的水。为防止反应物醇被蒸出，采用了回流装置。由于 HBr 有毒害，为防止 HBr 逸出，污染环境，需安装气体吸收装置。回流后再进行粗蒸馏，一方面使生成的产品 1-溴丁烷分离出来，便于后面的洗涤操作；另一方面，粗蒸过程可进一步使醇与 HBr 的反应趋于完全。

三、实验仪器和药品

仪器：半微量磨口实验仪器 1 套，温度计，电热套，阿贝折光仪，移量管，电子天平，其他玻璃仪器。

药品：溴化钠，正丁醇，硫酸（浓），氢氧化钠溶液（50g/L），碳酸钠溶液（100g/L），无水氯化钙，沸石，其他试剂。

四、实验内容

（一）半微量合成步骤

在 50mL 的圆底烧瓶中，加入 10mL 水和滴入 12mL 硫酸（浓），混合冷却至室温［附注（1）］，加入 7.5mL 正丁醇（0.08mol），混合均匀后，加入 10g 研细的溴化钠［附注（2）］，充分摇动，加沸石 1～2 粒，按图 4-1 装好回流冷凝管及气体吸收装置［附注(3)］。用氢氧化钠溶液（50g/L）作吸收液。

加热回流 40min［附注（4）］，在此期间应不断地摇动反应装置，以使反应物充分接触。冷却后改为蒸馏装置，蒸出正溴丁烷粗品［附注(5)］。

（二）产品精制

粗品倒入分液漏斗中，加 10mL 水洗涤分出水层，将有机相倒入另一干燥的分液漏斗中，用 5mL 浓硫酸洗涤［附注(6)］，分出酸层，有机相分别用 10mL 水、10mL 碳酸钠溶液（100g/L）和 10mL 水洗涤后［附注(7)］，用 2g 左右的块状无水氯化钙干燥。蒸馏收集 99～103℃时的馏分。称量产品，计算产率［附注(8)］，测其沸点和折光率。

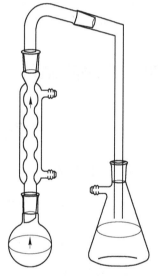

图 4-1　制备正溴丁烷的装置

纯正溴丁烷为无色透明液体，沸点 101.6℃，折光率 $n_D^{20} = 1.4399$。

五、附注

（1）如不充分摇动并冷却至室温，加入溴化钠后，溶液往往变成红色，即有溴游离出来。

（2）如使用 $NaBr·H_2O$，可按摩尔数换算，并相应减少加入的水量。

（3）气体导管出口处要接近但不能接触吸收液面。

（4）加热时，一开始不要加热过猛，否则，反应生成的 HBr 来不及反应就会逸出，另外反应混合物的颜色也会很快变深。操作情况良好时，油层仅呈浅黄色，冷凝管顶端应无明显的 HBr 逸出。

（5）正溴丁烷粗品是否蒸完，可用以下三种方法进行判断：1）馏出液是否由混浊变为清亮；2）蒸馏瓶中液体上层的油层是否消失；3）取一表面皿收集几滴馏出液，加入少量水摇动，观察是否有油珠存在，无油珠时说明正溴丁烷已蒸完。

（6）粗产品中含有未反应的正丁醇和副反应生成的丁醚，用浓 H_2SO_4 洗涤可将它们除去。因为二者能与浓 H_2SO_4 形成锌盐。又因为锌盐遇水分解，所以必须用干燥的漏斗进行此步洗涤。

（7）如水洗后产物尚呈红色，可用少量的饱和亚硫酸氢钠水溶液洗涤以除去由于浓硫酸的氧化作用生成的游离溴。

（8）如果正溴丁烷中有正丁醇，蒸馏时会形成沸点较低的前馏分（正溴丁烷和正丁醇的共沸混合物沸点为98.6℃，含正丁醇13%），而导致产率降低。

六、思考题

（1）加料时，先使溴化钠和浓硫酸混合，然后再加正丁醇和水，行不行，为什么？
（2）为什么既加浓硫酸又要加水呢，可否将浓硫酸冲得很稀？
（3）为什么用饱和碳酸钠溶液洗涤之前要用水先洗涤一次？
（4）粗产品用浓硫酸洗涤可除去哪些杂质，为什么能除去它们？

Ⅲ　醛酮的制备

实验 14　环己酮的制备（4 学时）

一、实验目的

（1）掌握铬酸氧化制备环己酮的原理和半微量制备方法，进一步了解醇和酮之间的联系和区别。
（2）掌握简单的低温操作技术。

二、实验原理

环己酮主要用于合成尼龙 – 6 或尼龙 – 66，还广泛用作溶剂，它尤其因对许多高聚物（如树脂、橡胶、涂料）的溶解性能优异而得到广泛的应用。在皮革工业中还用作脱脂剂和洗涤剂。

实验室制备脂肪或脂环醛酮，最常用的方法是将伯醇和仲醇用铬酸氧化。铬酸是重要的铬酸盐和40% ~50%硫酸的混合物。仲醇用铬酸氧化是制备酮的最常用的方法。酮对氧化剂比较稳定，不易进一步氧化。铬酸氧化醇是一个放热反应，必须严格控制反应的温度，以免反应过于激烈。本实验通过半微量合成，达到使实验绿色化的要求。

$$+ Na_2Cr_2O_7 + H_2SO_4 \longrightarrow + Cr_2(SO_4)_3 + Na_2SO_4 + H_2O$$

三、实验仪器和药品

仪器：半微量磨口实验仪器 1 套，温度计，电热套，阿贝折光仪，移量管，其他玻璃仪器。

药品：硫酸（浓），环己醇，重铬酸钠，草酸，食盐，无水碳酸钾，2.4-二硝基苯肼试剂，$NaHSO_3$ 溶液（饱和），沸石，其他试剂。

四、实验内容

（一）半微量合成步骤

在 50mL 圆底烧瓶中，放置 10mL 冰水，慢慢加入 1mL 的硫酸（浓），充分混合后，小心加入 3.5mL 环己醇，在上述溶液中放入一支温度计，将溶液冷至 30℃ 以下。

在烧杯中将 2.0g $Na_2Cr_2O_7$ 溶于 2mL 水中，将此溶液分数批加入圆底烧瓶中，不断振摇使充分混合。氧化反应开始后，混合物迅速变热，并且橙红色的重铬酸盐变成墨绿色的低价铬盐。当瓶内温度达 55℃ 时，可在冷水浴中适当冷却，控制反应温度 55~60℃ 之间［附注（1）］，待前一批重铬酸盐的橙红色完全消失后，再加下一批，加完后继续振摇，直至温度有自动下降的趋势为止。然后加入少量草酸（约 0.2g），使反应液完全变成墨绿色，以破坏过量重铬酸盐。

（二）产品精制

在圆底烧瓶内加入 5mL 水，再加几粒沸石，装成蒸馏装置（如图 4-2 所示），将环己酮和水一起蒸馏出来，直至馏出液不再混浊后再多蒸 2~3mL［附注（2）］，用食盐（2~3g）饱和该溶液，在分液漏斗中静置后分出有机层（哪一层），用无水 K_2CO_3 干燥约 2min。将干燥过的液体倒入蒸馏烧瓶中，用空气冷凝管装成蒸馏装置（如图 3-15 所示），收集 150~156℃ 的馏分，称重并计算产率，测其沸点和折光率。

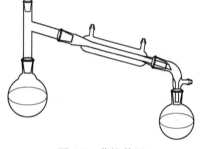

图 4-2　蒸馏装置

纯环己酮为无色透明液体，沸点 155.65℃，折光率 $n_D^{20} = 1.4507$。

五、附注

（1）反应物不宜过于冷却，以免积累起未反应的铬酸。当铬酸达到一定浓度时，氧化反应会进行得非常剧烈，有失控的危险。

（2）这里进行的实际上是一种简化了的水蒸气蒸馏。环己酮与水能形成 95℃ 的共沸混合物。但水的馏出物不宜过多，否则即使用盐析，仍不可避免有少量环己酮溶于水而损失掉。（环己酮在水中的溶解度在 31℃ 时为 2.4g/100mL）。加入粗盐的目的是为了降低溶解度，有利于分层。

六、思考题

（1）制备环己酮时，反应结束后，为什么要使用草酸；如不加入草酸有什么不好；用反应式说明。

（2）用 $KMnO_4$ 的碱性溶液氧化环己酮，应得到什么产物？

（3）环己酮蒸馏时，为什么要用空气冷凝管？

实验 15　苯乙酮的制备（5 学时）

一、实验目的

（1）学习傅-克酰基化制备芳酮的原理和方法。

（2）学习无水操作和搅拌操作。

二、实验原理

苯乙酮作溶剂使用时，有沸点高、稳定、气味愉快等特点，溶解能力与环己酮相似；作香料使用时，是山楂、含羞、紫丁香等香精的调和原料，并广泛用于皂用香精和烟草香精中；它还用于合成苯乙醇酸等，也用塑料的增塑剂。

Friedel-Crafts 酰基化反应是制备芳酮的重要方法之一，酰氯、酸酐是常用的酰基化试剂，无水 $FeCl_3$、BF_3、$ZnCl_2$ 和 $AlCl_3$ 等路易斯酸作催化剂，分子内的酰基化反应还可以用多聚磷酸（PPA）作催化剂，酰基化反应常用过量的芳烃、二硫化碳、硝基苯、二氯甲烷等作为反应的溶剂。用苯和乙酐制备苯乙酮的反应方程式如下：

$$\text{苯} + (CH_3CO)_2O \xrightarrow{\text{无水 } AlCl_3} \text{苯}-COCH_3$$

副反应：乙酸酐和氯化铝的水解反应。

反应生成的苯乙酮可与三氯化铝形成稳定的配合物，故反应中需要过量的三氯化铝。同时，反应完成后要得到芳酮必须用酸分解该配合物。配合物分解时放出 HCl 气体，同时放出大量的热，因此要用冰水浴降温并吸收 HCl 气体。

三、实验仪器和药品

仪器：半微量磨口实验仪器 1 套，温度计，电热套，阿贝折光仪，移量管，电磁搅拌器，电子天平，其他玻璃仪器。

药品：乙酸酐，无水苯，无水三氯化铝，盐酸（浓），苯，氢氧化钠溶液（50g/L），无水氯化钙，无水硫酸镁，沸石，其他试剂。

四、实验内容

（一）半微量合成步骤

在 50mL 三颈瓶中[附注（1）]，分别安装冷凝管和滴液漏斗，冷凝管上端装一氯化钙干燥管，干燥管再与氯化氢气体吸收装置相连，用氢氧化钠溶液（50g/L）作为吸收剂，吸收反应中产生氯化氢气体。装好电磁搅拌器。迅速称取 20g 经研细的无水三氯化铝[附注（2）]，加入三颈瓶中，再加入 30mL 无水苯[附注（3）]，塞住另一瓶口。开动搅拌器，自滴液漏斗慢慢滴加 7mL 乙酸酐[附注（4）]，此反应为放热反应，应注意控制滴加速度勿使反应过于激烈，以三颈瓶稍热为宜。此过程约需 10～15min。加完后，在沸水浴上回流 15～20min，直至不再有氯化氢气体逸出为止。

（二）产品精制

将反应物冷至室温，在搅拌下倒入盛有 50mL 浓盐酸和 50g 碎冰的烧杯中进行分解[在通风橱中进行,附注（5）]。当固体完全溶解后，将混合物转入分液漏斗，分出上层有机层，水层每次用 15mL 石油醚萃取两次。合并有机层和石油醚萃取液，依次用 5mL 氢氧化钠溶液（50g/L）和水洗涤一次。用无水硫酸镁干燥。

将干燥后的粗产物先在水浴上蒸出石油醚和苯，再用电热套蒸去残留的苯，当温度上升至140℃左右时，停止加热，稍冷却后改换为空气冷凝装置，收集 198 ~ 202℃馏分［附注（6）］。称重并计算产率。测定产品的沸点和折光率。

纯苯乙酮为无色透明液体，沸点为 202.0℃，熔点 20.5℃，折光率 $n_D^{20} = 1.5372$。

五、附注

（1）本实验所用的仪器、试剂均须充分干燥。

（2）无水三氯化铝的质量是实验成败的关键。无水 $AlCl_3$ 要研细，称重、投料都要迅速。

（3）苯用无水氯化钙干燥过夜后再用。苯在反应中，不仅是反应物，而且也用作溶剂，所以实际用量比反应所需的量大得多。

（4）放置时间较长的乙酸酐应蒸馏后再用，收集 137 ~ 140℃之间的馏分。

（5）若仍有固体不溶物，可补加适量浓盐酸使之完全溶解。

（6）也可用减压蒸馏。

六、思考题

（1）水和潮气对本实验有何影响；在仪器装置和操作中应注意哪些事项；为什么要迅速称取无水三氯化铝？

（2）反应完成后为什么要加入浓盐酸和冰水的混合物？

（3）在烷基化和酰基化反应中，三氯化铝的用量有何不同，为什么？

Ⅳ　醇的制备

实验 16　2-甲基-2-丁醇的制备（7 学时）

一、实验目的

（1）了解格氏 Grignard 试剂的制备、应用和格氏 Grignard 反应的条件。

（2）学习和掌握电动搅拌的基本操作。

（3）继续熟练掌握蒸馏、回流及液态有机物的洗涤、干燥、分离技术。

二、实验原理

2-甲基-2-丁醇可用作合成香料、农药的原料，也是优良的溶剂。

$$CH_3CH_2Br + Mg \xrightarrow{\text{无水乙醚}} CH_3CH_2MgBr$$

$$CH_3CH_2MgBr + H_3C\overset{O}{\underset{\|}{C}}CH_3 \xrightarrow{\text{无水乙醚}} CH_3CH_2\overset{CH_3}{\underset{OMgBr}{\overset{|}{\underset{|}{C}}}}CH_3$$

$$CH_3CH_2-\underset{\underset{OMgBr}{|}}{\overset{\overset{CH_3}{|}}{C}}-CH_3 + H_2O \xrightarrow{H^+} CH_3CH_2-\underset{\underset{OH}{|}}{\overset{\overset{CH_3}{|}}{C}}-CH_3$$

反应必须在无水和无氧条件下进行。因为 Grignard 试剂遇水分解，遇氧会继续发生插入反应。所以，本实验中用无水乙醚作溶剂，由于无水乙醚的挥发性大，可以借乙醚蒸气赶走容器中的空气，因此可以获得无水、无氧的条件。

Grignard 试剂生成的反应是放热反应，因此应控制溴乙烷的滴加速度，不宜太快，保持反应液微沸即可。Grignard 试剂与酮的加成物酸性水解时也是放热反应，所以要在冷却条件下进行。

三、实验仪器和药品

仪器：半微量磨口实验仪器 1 套，温度计，电热套，阿贝折光仪，移量管，电动搅拌器，电子天平，其他玻璃仪器。

药品：溴乙烷，无水乙醚，镁粉，碘，丙酮，硫酸溶液（20%，m），碳酸钠溶液（50g/L），无水氯化钙，无水碳酸钾，金属钠，沸石，其他试剂。

四、实验内容

（一）乙基溴化镁的制备

按图 4-3 所示，在干燥的 100mL 三颈瓶[附注（1）]上分别装上搅拌器[附注（2）]，冷凝管及滴液漏斗，在冷凝管和恒压滴液漏斗上口分别装上无水 CaCl$_2$ 干燥管（为什么）。在恒压滴液漏斗中加入 7mL 溴乙烷、6mL 无水乙醚。瓶内放置 1.8g 镁粉、12.5mL 无水乙醚及 1 小粒碘[附注（3）]，混合均匀。从恒压滴液漏斗中向三颈瓶中加入 20 滴（约 1mL）溴乙烷、乙醚混合液，数分钟后即见溶液微微沸腾，乙醚自行回流。反应开始时比较剧烈，待反应缓和后，开动电动搅拌器，从恒压滴液漏斗中向三颈瓶中加入剩余的溴乙烷、乙醚混合液，控制滴加速度以维持乙醚呈微沸状态[附注（4）]，加完后，水浴加热，温度控制在 50～60℃，继续搅拌，加热回流 0.5h。停止搅拌，冷却至室温。

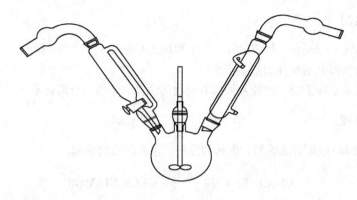

图 4-3　反应装置

（二）与丙酮的加成反应

在冷水浴冷却和搅拌下，从恒压滴液漏斗中加入 4.5mL 无水丙酮和 4mL 无水乙醚的混合物，滴加速度仍保持乙醚的微沸状态。加完后，继续搅拌，回流 15min。

（三）加成产物的分解和产物的精制

将反应瓶在冰水浴冷却和搅拌下从滴液漏斗缓慢滴加 32mL 硫酸溶液（20%，m），分解产物，待分解完全后，混合液转移至分液漏斗，静置，分出醚层，水层用乙醚（6mL×2）萃取，合并醚层。用 8mL 碳酸钠溶液（50g/L）洗涤醚层后，用 3g 无水碳酸钾干燥［附注(5)］。

将干燥后的粗产物转移到圆底烧瓶中，加入沸石，安装好常压蒸馏装置，先用温水浴蒸去乙醚（沸点 34.5℃），再用电热套加热蒸馏，收集 95～105℃ 的馏分。称重并计算产率。测定产品沸点和折光率。

纯 2-甲基-2-丁醇为无色透明液体，沸点为 102℃，折光率 $n_D^{20} = 1.4052$。

五、附注

（1）所有反应仪器及试剂必须充分干燥（溴乙烷用无水 $CaCl_2$ 干燥并蒸馏纯化，丙酮用无水 K_2CO_3 干燥并蒸馏纯化）。所用仪器在烘箱中烘干后取出稍冷放入干燥器中冷却，或将仪器用塞子塞紧，以防止冷却过程中玻璃壁吸附空气的水分。

（2）图 4-3 是实验室中常用电动搅拌反应装置。安装完装置后，应从仪器装置正侧面仔细检查，整套仪器应该没有任何扭曲。开动搅拌器，试验运转情况，当搅拌棒和玻璃间不发生摩擦时，方能认为装配合格。

（3）加入一小粒碘起催化作用，反应开始后，碘的颜色立即褪去。碘催化过程可用下列方程式表示：

$$Mg + I_2 \longrightarrow MgI_2 \xrightarrow{Mg} 2Mg \cdot I$$
$$Mg \cdot I + RX \longrightarrow R \cdot + MgXI$$
$$MgXI + Mg \longrightarrow Mg \cdot X + Mg \cdot I$$
$$R \cdot + Mg \cdot X \longrightarrow RMgX$$

（4）镁和卤烷反应时，所放出的热量足以使乙醚沸腾。根据乙醚沸腾的情况，可以判断反应是否进行的剧烈。溴乙烷的沸点为 38.4℃，如果沸腾得太厉害，会从冷凝管上端逸出而损失掉，所以要严格控制溴乙烷的滴加速度。

（5）产物与水能形成共沸物（沸点 87.4℃，含水 27.5%），因此需很好干燥，否则前馏分增加。如果干燥得不彻底，就会有相当量的液体在 95℃ 以下被蒸出，这样就需要重新干燥和蒸馏。

六、思考题

（1）本实验在将格氏试剂加成物水解前各步中，为什么使用的试剂、仪器均需绝对干燥？

（2）如果反应未真正开始却加入大量溴乙烷，有何不好？

（3）本实验有哪些副反应，如何避免？

（4）本实验成败的关键何在，为什么？为此你采取了什么措施？

（5）粗产品为什么不能用无水氯化钙干燥？

实验 17　1-苯乙醇的制备（4 学时）

一、实验目的

（1）掌握用硼氢化钠还原羰基制备醇的原理和方法。

（2）掌握减压蒸馏等基本操作。

（3）巩固回流、萃取等操作技能。

二、实验原理

1-苯乙醇是香料用芳香化合物中较为重要和应用广泛的一种食用香料，因它具有柔和、愉快、持久的玫瑰香气而广泛用于各种食用香精和烟用香精中。1-苯乙醇存在于许多天然的精油中，目前主要是通过有机合成或从天然物中萃取获得该产品。1-苯乙醇易溶于醇、醚，不溶于水。

金属氢化物是还原醛、酮制备醇的重要还原剂。常用的金属氢化物有氢化铝锂和硼氢化钠（钾）。硼氢化钠的还原性较氢化铝锂温和，对水、醇稳定，故能在水或醇溶液中进行。该反应为放热反应，需控制反应温度。

$$4 \; \text{C}_6\text{H}_5\text{COCH}_3 + \text{NaBH}_4 \xrightarrow{\text{C}_2\text{H}_5\text{OH}} \left[\left(\text{C}_6\text{H}_5\text{CH(O}^-)\text{CH}_3 \right)_4 \text{B} \right]^- \text{Na}^+$$

$$\xrightarrow{\text{H}_2\text{O/HCl}} 4 \; \text{C}_6\text{H}_5\text{CH(OH)CH}_3 + \text{H}_3\text{BO}_3$$

三、实验仪器和药品

仪器：半微量磨口实验仪器1套，温度计，电热套，阿贝折光仪，移量管，电磁加热搅拌器，电子天平，其他玻璃仪器。

药品：苯乙酮，硼氢化钠，乙醇（95%），盐酸（6mol/L），乙醚，无水硫酸镁，沸石，其他试剂。

四、实验内容

（一）苯乙酮的还原反应

于60mL锥形瓶中加入2g苯乙酮，乙醇（95%）25mL，再加入硼氢化钠0.3g[附注（1）]，装上冷凝管。将锥形瓶放入盛有热水（温度在48～50℃之间）的烧杯中，开动电磁搅拌器，加热回流1.5h。反应完成后，低温下慢慢滴加盐酸[6mol/L，见附注（2）]，调节pH值为4左右。

（二）分离粗产物

水浴蒸出大部分乙醇，再加水使固体溶解，然后移入分液漏斗，分出有机层，水层用乙醚萃取三次，合并有机层和乙醚萃取液，加入1g无水硫酸镁干燥。

（三）产品精制

用水浴蒸出乙醚后，改用空气冷凝管继续蒸馏[附注（3）]，收集201～204℃的馏分。称重并计算产率。测定产品沸点和折光率。

纯1-苯乙醇是具花香液体，熔点：20℃，沸点：203.6℃，85～86℃（0.93kPa），折光率 $n_D^{20} = 1.5300 \sim 1.5330$。

五、附注

（1）硼氢化钠易吸潮结块，毒性很强，其水溶液呈碱性，不能与皮肤接触。

（2）加盐酸的滴加速度不能过快，有大量气泡（氢气）放出，严禁明火。盐酸作用是：1）分解过量硼氢化钠；2）水解硼酸酯的配合物。

（3）也可以进行减压蒸馏。减压蒸馏装置仪器一定要干燥，使用前一定要检查气密性，整个体系不能封闭，要求控制较高的真空度，不能太低（大于0.09MPa，纯1-苯乙醇的 b. p. 为203.4℃）。

六、思考题

（1）硼氢化钠与氢化铝锂都是还原剂，在还原能力及操作上有何不同？

（2）盐酸溶液分解反应物时，为什么要慢慢地加入？作用是什么？

（3）1-苯乙醇的制备方法还有哪些？用化学方程式表示。

（4）反应时，为什么要控制体系温度在50℃以下？

V　羧酸及其衍生物的制备

实验18　苯甲酸和苯甲醇的制备（7学时）

一、实验目的

通过苯甲醛的 Cannizzaro 反应制备苯甲醇和苯甲酸，进一步掌握萃取、减压蒸馏等操作技能。

二、实验原理

苯甲酸主要是用作制药和染料的中间体，用于制取增塑剂和香料等，也作为钢铁设备的防锈剂。苯甲醇可用于制作香料和调味剂（多数为脂肪酸酯），还可用作明胶、虫胶、酪蛋白及醋酸纤维等的溶剂。

在浓碱作用下，无 α-H 的醛如苯甲醛可以发生 Cannizzaro 反应。

主反应：　　　$2C_6H_5CHO + 浓 NaOH \longrightarrow C_6H_5COONa + C_6H_5CH_2OH$

　　　　　　　$C_6H_5COONa + HCl \longrightarrow C_6H_5COOH + NaCl$

副反应：　　　$Ph—CHO + O_2 \longrightarrow Ph—COOH$

反应历程如下：

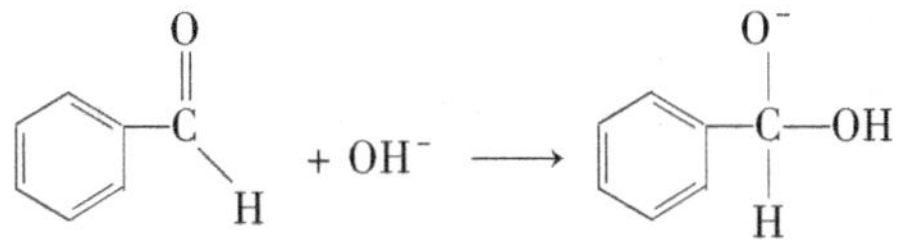

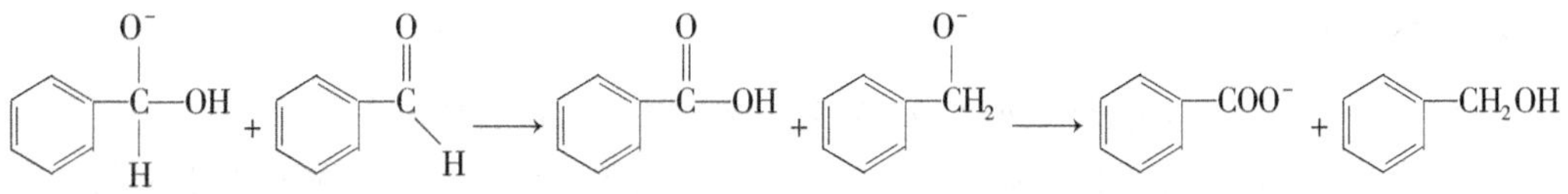

因为醛是在醇与羧酸之间的氧化态中间产物，所以发生 Cannizzaro 反应并不意外。特别是甲醛，在醛类中还原性最强。当其与另一种无 α-H 的醛发生 Cannizzaro 反应时，甲醛总是起着

供给负氢离子的作用，被氧化成甲酸，另一种醛则被还原成醇。例如：

$$HCHO + R_3C\text{—}CHO \longrightarrow HCOOH + R_3\text{—}CH_2OH$$

在有机合成上，常利用这一反应制备用其他方法难以合成的一些化合物。

三、实验仪器和药品

仪器：半微量磨口实验仪器 1 套，温度计，电热套，阿贝折光仪，移量管，布氏漏斗、吸滤瓶、循环水式多用真空泵，恒温干燥箱，电子天平，显微熔点测定仪，其他玻璃仪器。

药品：苯甲醛，氢氧化钠（500g/L），乙醚，$NaHSO_3$ 溶液（饱和），Na_2CO_3（100g/L），盐酸（浓），无水硫酸镁，刚果红试纸，沸石，其他试剂。

四、实验内容

（一）半微量合成步骤

在 20mL 锥形瓶内加入 3.0mL 苯甲醛［附注（1）］和 2.1mL 氢氧化钠溶液（500g/L），混合均匀，塞上塞子，用力振荡［附注（2）］，形成白色糊状物。此后每隔 5、6min 振荡一次，约 2h 后闻不到苯甲醛的味道即可。

（二）产品精制

向锥形瓶内加入 10~11mL 水，不断振荡使其溶解完全。将溶液倒入分液漏斗，各用 3mL 乙醚萃取 3 次，分液，合并有机层。再依次用等体积的亚硫酸氢钠溶液（饱和）、碳酸钠溶液（100g/L）及水各洗涤一次，分液，有机层用适量无水硫酸镁干燥。

将干燥后的有机层进行蒸馏，先用水浴回收乙醚。当温度计读数达到 85℃ 时，改用空气冷凝管，在电热套中继续加热，蒸出苯甲醇，收集 204~206℃ 馏分。称重并计算产率。测定产品沸点和折光率。

纯苯甲醇为无色黏稠液体。有微弱的香味。熔点 15.3℃，沸点 205.3℃，$n_D^{20} = 1.5396$。

乙醚萃取后的水溶液用约 4mL 的浓盐酸酸化至刚果红试纸变蓝，充分冷却，使苯甲酸沉淀完全。抽滤，用少量冷水洗涤固体，压紧，抽干，得到的白色固体置于表面皿上，在红外灯下干燥。必要时用水重结晶。称重并计算产率。用显微熔点测定仪测定产品熔点。

纯苯甲酸外观为鳞片状或针状结晶，具有苯或甲醛的臭味。熔点 122.4℃，沸点 249.2℃。

五、附注

（1）应使用新蒸的苯甲醛。

（2）充分振摇是反应成功的关键。如混合充分，混合物可在瓶内固化，苯甲醛气味消失较快。

六、思考题

（1）有机层用饱和亚硫酸氢钠和10%碳酸钠溶液洗涤的目的是什么？

（2）苯甲醛为什么要在实验前重蒸；苯甲醛长期放置后含有什么杂质；如果不除去，对本实验会有什么影响？

（3）为什么要振摇，白色糊状物是什么？

（4）萃取后的水溶液,酸化到中性是否最合适,为什么? 不用试纸,怎样知道酸化已恰当?

实验 19　己二酸的制备（4 学时）

一、实验目的

掌握过氧化氢氧化环己烯制备己二酸的原理和方法。

二、实验原理

己二酸用于尼龙 66 的生产中,尼龙 66 是由己二酸和 1,6-二氨基己烷通过酰胺键连接而成的交替单元组成的。目前国内外有机化学实验教材中是用浓 HNO_3 或 $KMnO_4$ 氧化法制备己二酸,这些方法均释放出有毒有害的废弃物,在不同程度上存在反应时间长或后处理复杂的缺点。为了克服以上己二酸合成方法的缺点,从根本上解决实验中的污染危害,提高有机化学实验绿色化程度,本实验是在采用 H_2O_2（30%,m）作为氧化剂,在回流温度下,Na_2WO_4/H_3PO_4 为催化剂,催化氧化环己烯制备己二酸。实验条件温和,易控制,反应过程中无毒害物质产生,反应时间较短,而且反应后的产物也极易分离。

$$\text{环己烯} \xrightarrow[\text{催化剂}]{H_2O_2} HOCCH_2CH_2CH_2CH_2COH$$

三、实验仪器和药品

仪器:半微量磨口实验仪器 1 套,温度计,电热套,移量管,磁力加热搅拌器,布氏漏斗、吸滤瓶、循环水式多用真空泵,恒温干燥箱,电子天平,显微熔点测定仪,其他玻璃仪器。

药品:环己烯,过氧化氢（30%,m）,二水钨酸钠,磷酸,沸石,其他试剂。

四、实验内容

（一）合成步骤

在 100mL 锥形瓶中依次加入 5mmol（约 1.65g）$Na_2WO_4 \cdot 2H_2O$,10mmol（约 0.5mL）磷酸,44.5mL 过氧化氢（30%,m）,在磁力搅拌器上搅拌 15min 左右,然后加入 100mmol（约 10mL）的环己烯［附注(1)］。再用磁力搅拌器高速搅拌,加热回流 2~3h。

（二）产品精制

反应结束后,用冰水浴将反应液冷却,己二酸从水相中结晶出来［附注(2)］,抽滤并用 20mL 冰水洗涤 2~3 次,得到己二酸晶体。称重并计算产率。用显微熔点测定仪测定产品熔点。

纯己二酸是无色单斜晶体,熔点 153℃。

五、附注

（1）在氮气保护下经蒸馏后使用。

（2）Na_2WO_4/H_3PO_4 均具有良好的水溶性,在回流温度下,己二酸在水中的溶解度约为 100g/100g 水,而在低温（15℃）情况下,己二酸在水中的溶解度仅为 1.44g/100g 水,因此己二酸与催化剂的分离很简单。

六、思考题

举例说明化学实验绿色化的意义。

实验 20 苯氧乙酸的制备（4 学时）

一、实验目的

（1）了解苯氧乙酸的制备方法。
（2）进一步巩固机械搅拌等操作。

二、实验原理

苯氧乙酸是重要的合成中间体，用于制造染料、药物、杀虫剂等，也可用作杀菌剂。苯氧乙酸属于芳基烷基醚，可通过 Williamson 合成法制备。这是一个亲核取代反应，在碱性条件下易于进行。

$$2ClCH_2CO_2H + Na_2CO_3 \longrightarrow 2ClCH_2CO_2Na + CO_2$$

$$PhOH + NaOH \longrightarrow PhONa + H_2O$$

$$PhONa + ClCH_2CO_2Na \longrightarrow PhOCH_2CO_2Na + NaCl$$

$$PhOCH_2CO_2Na + HCl \longrightarrow PhOCH_2CO_2H + NaCl$$

三、实验仪器和药品

仪器：半微量磨口实验仪器 1 套，温度计，电热套，移量管，电动搅拌器，布氏漏斗、吸滤瓶、循环水式多用真空泵，恒温干燥箱，电子天平，显微熔点测定仪，其他玻璃仪器。

药品：氯乙酸，碳酸钠，Na_2CO_3 溶液（饱和），苯酚，NaOH（350g/L），盐酸（浓），碳酸钠水溶液（200g/L）其他试剂。

四、实验内容

（一）成盐

在 100mL 三口烧瓶中，加 3.8g 氯乙酸和 5mL 水。三口瓶上配置电动搅拌器、滴液漏斗和温度计。搅拌下，经滴液漏斗缓慢滴加 7mL Na_2CO_3 溶液（饱和）[附注（1）]，必要时直接加 Na_2CO_3 固体至 pH 值 7~8。

（二）取代

向上述氯乙酸钠溶液中加入 2.5g 苯酚，并不断搅拌让苯酚完全熔化，再经滴液漏斗缓慢滴加 NaOH 溶液（350g/L）至 pH 值到 12[附注（2）]。撤下三口瓶上的滴液漏斗，安装上球形冷凝管，开启搅拌器，用电热套小火加热，使反应温度保持在 100~110℃ 之间，反应 2h。

（三）酸化沉淀

反应完毕，趁热转移到烧杯中。用浓盐酸酸化至 pH 值 3~4。冰浴冷却析出固体（摩擦可促使固体析出）。抽滤，冷水洗涤，干燥，即得苯氧乙酸。必要时可进行纯化[附注（3）]。称重并计算产率。用显微熔点测定仪测定产品熔点。

纯苯氧乙酸为白色针状结晶或粉末，熔点：97~99℃，沸点 285℃。

五、附注

（1）先用饱和碳酸钠溶液将氯乙酸转变为氯乙酸钠，以防氯乙酸水解。因此，滴加碱液的速度宜慢。Na_2CO_3 浓度过稀会带入较多水分，即使酸化后，产品难析出。

（2）苯酚钠的生成是整个反应的关键，该反应一定要控制 pH 值为 12，反应时间可适当延长。

（3）向苯氧乙酸粗品中加入一定量的碳酸钠水溶液（200g/L）使粗品溶解，然后将溶液转入分液漏斗中，每次用一定量的乙醚萃取溶液两次，除去乙醚层，将水层倒入烧杯中，在搅拌下向水溶液中加入盐酸（浓），使 pH 值为 1～2。冷却至结晶析出，抽滤，用少量冷水洗涤产品，干燥，得精制的苯氧乙酸。

六、思考题

（1）可否用苯酚和一氯乙酸直接制备苯氧乙酸，为什么？
（2）说明本实验中各步反应调节 pH 值的目的和作用。

实验 21　2,4-二氯苯氧乙酸的制备（5 学时）

一、实验目的

（1）掌握 2, 4-二氯苯氧乙酸的制备方法。
（2）巩固机械搅拌，分液漏斗使用，重结晶等操作。

二、实验原理

对氯苯氧乙酸又称为防落素，是一种植物生长调节剂，可以减少农作物落花落果，进一步氯代可以得到一个熟知的除草剂和植物生长调节剂——2, 4-二氯苯氧乙酸。本实验是以苯氧乙酸为原料，采用浓盐酸加过氧化氢和次氯酸钠在酸性介质中的分步氯化来制备 2, 4-二氯苯氧乙酸。第一步是苯环上的亲电取代，$FeCl_3$ 作催化剂，氯化剂是 Cl^+，引入第一个 Cl。

$$2HCl + H_2O_2 \longrightarrow Cl_2 + 2H_2O$$

$$Cl_2 + FeCl_3 \longrightarrow [FeCl_4]^- + Cl^+$$

第二步仍是苯环上的亲电取代，从 HOCl 产生的 H_2O^+Cl 和 Cl_2O 作氯化剂，引入第二个 Cl。苯环上的卤代是芳烃亲电取代反应。本实验和特点是通过浓盐酸加过氧化氢进行氯代反应，避免了苯环上的卤代通常是直接使用卤素带来的危险和不便，其反应式如下：

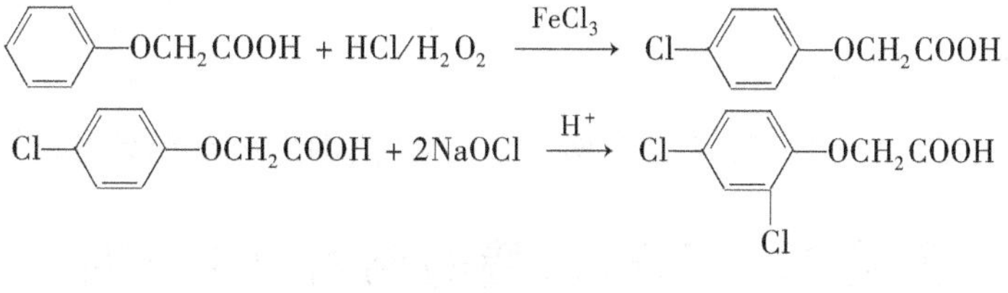

三、实验仪器和药品

仪器：半微量磨口实验仪器 1 套，温度计，电热套，移量管，电磁加热搅拌器，布氏漏斗、吸滤瓶、循环水式多用真空泵，恒温干燥箱，电子天平，显微熔点测定仪，其他玻璃仪器。

药品：苯氧乙酸，冰醋酸，$FeCl_3$，盐酸（浓），H_2O_2（33%，m），乙醇水溶液（1:3），NaClO 溶液（50g/L），盐酸（6mol/L），Na_2CO_3 溶液（100g/L），刚果红试纸，乙醚，其他试剂。

四、实验内容

（一）对氯苯氧乙酸的合成

在 50mL 三口烧瓶中，加入 3g（0.02mol）苯氧乙酸和 10mL 冰醋酸。三口烧瓶上配置球形冷凝管、滴液漏斗和温度计。水浴加热，开启电磁搅拌器。待水温达 55℃ 时，加 20mg $FeCl_3$ 和 10mL 盐酸（浓）[附注(1)]。水温升到约 65℃ 时，在 10min 内滴加 3mL H_2O_2（33%，m）[附注(2)]。保持 65℃ 反应 20min，使瓶内固体溶解。冷却析出结晶[附注(3)]。抽滤，适量水洗涤，干燥，即得对氯苯氧乙酸。必要时可用 1:3 乙醇水溶液重结晶，即得精品对氯苯氧乙酸。称重并计算产率。测定产品熔点。

纯对氯苯氧乙酸为白色针状结晶，微溶于水，熔点为 158~159℃。

（二）2,4-二氯苯氧乙酸的合成

1. 氯化

在 100mL 锥形瓶中，加入 1g 对氯苯氧乙酸（用自制产品）和 12mL 冰醋酸，搅拌使之溶解。将锥形瓶置于冰浴中冷却，在摇动下分批加 19mL NaClO 溶液（50g/L）。将锥形瓶取出冰浴，升至室温保持 5min。反应液颜色变深[附注(4)]。

2. 分离纯化

向锥形瓶中加 50mL 水，并用盐酸（6mol/L）酸化至刚果红试纸变蓝。用 25mL 乙醚萃取两次。合并醚层，先用 15mL 水洗涤，再用 15mL Na_2CO_3 溶液（100g/L）萃取醚层（小心！CO_2！回收醚），此时产品转为盐进入 Na_2CO_3 水层，加 25mL 水，用盐酸（6mol/L）酸化至刚果红试纸变蓝，有晶体析出，经抽滤、洗涤、重结晶等操作即得精品 2,4-二氯苯氧乙酸。称重并计算产率。用显微熔点测定仪测定产品熔点。

纯 2,4-二氯苯氧乙酸为白色粉末，熔点 141℃，沸点 160℃（0.187kPa）。

五、附注

（1）开始加浓 HCl 时，$FeCl_3$ 水解会有 $Fe(OH)_3$ 沉淀生成，继续加 HCl 又会溶解。

（2）滴加 H_2O_2 宜慢，严格控温，让生成的 Cl_2 充分参与亲电取代反应。

（3）若未见沉淀生成，可再补加 2~3mL 浓盐酸。

（4）严格控制温度、pH 值和试剂用量是 2,4-二氯苯氧乙酸制备实验的关键。NaClO 用量勿多，反应保持在室温以下。

六、思考题

以苯氧乙酸为原料，如何制备对溴苯氧乙酸？为何不能用本法制备对碘苯氧乙酸？

实验 22　乙酸乙酯的制备（4 学时）

一、实验目的

了解从有机酸和醇合成酯的一般原理和操作方法。进一步熟悉液体有机物的蒸馏、洗涤和

干燥等基本操作。

二、实验原理

乙酸乙酯是无色透明液体，具有果香味，是重要的有机化工原料，广泛应用于饮料、香料、医药等工业中。传统的合成方法是采用浓硫酸为催化剂合成乙酸乙酯，由于浓硫酸对反应设备腐蚀严重，副产品多，产率低，且反应温度要求严格。提高乙酸乙酯合成实验的绿色化程度的方法很多，本实验是选择半微量实验，以减少污染物质的用量，达到提高实验绿色化的要求。

主反应： $CH_3COOH + CH_3CH_2OH \xrightleftharpoons[120 \sim 125℃]{催化剂} CH_3COOC_2H_5 + H_2O$

副反应： $2CH_3CH_2OH \xrightleftharpoons[140 \sim 145℃]{催化剂} CH_3CH_2OCH_2CH_3 + H_2O$

酯化反应是可逆反应，为了获得高产率的酯，本实验采用增加醇的用量和不断将反应产物——酯和水蒸出等办法，使平衡向右移动。乙酸乙酯和水形成的二元共沸混合物（共沸点 70.38℃）比乙醇（b. p. 78.32℃）和乙酸（b. p. 117.39℃）的沸点都低，因此很容易被蒸出。反应温度过高，会促使副反应发生，生成乙醚等。

三、实验仪器和药品

仪器：半微量磨口实验仪器 1 套，温度计，移量管，电热套，阿贝折光仪，电子天平，其他玻璃仪器。

药品：冰乙酸，无水乙醇，浓硫酸，石蕊试纸，碳酸钠溶液（饱和），食盐水（饱和），氯化钙溶液（饱和），无水硫酸镁。

四、实验内容

（一）半微量合成步骤

在 50mL 三颈瓶中放入 5mL 无水乙醇，在用冷水冷却的同时，一边振摇，一边分批加入 5mL 浓硫酸，混合均匀，加入几粒沸石，在烧瓶一侧口和中口分别插入温度计和恒压漏斗，温度计要插入到液面下，烧瓶的另一侧口装一与冷凝管相连的玻璃管，冷凝管末端连接一弯形接液管，伸入置于冰水中的锥形瓶中。

将 5mL 无水乙醇及 5mL 冰醋酸的混合物，由恒压漏斗滴入三颈瓶内约 1 ~ 2mL，然后将三颈烧瓶放在电热套上用小火加热，使瓶中温度升到 120℃ 左右［附注（1）］，这时，在蒸馏管口应有液体蒸出。再从恒压漏斗慢慢滴入其余混合液，控制漏斗滴入速度和馏出速度尽量相同［附注（2）］，并始终维持反应温度在 120 ~ 125℃ 之间，滴加完毕后，继续加热数分钟，直到反应液温度升到 130℃ 时，不再有液体馏出为止。

（二）产品精制

反应完毕后，在馏液中慢慢加入饱和 Na_2CO_3 溶液，时时加以搅动，直至无 CO_2 气体逸出为止。把混合物移入分液漏斗中静置，分去下层水溶液，用 pH 试纸或蓝色石蕊试纸检验酯层，如果酯层仍呈酸性，再用饱和 Na_2CO_3 溶液洗涤，直到酯层显中性为止。用等体积的饱和 NaCl 溶液洗涤［附注（3）］，再用等体积的饱和 $CaCl_2$ 溶液洗涤两次，分去下层。从分液漏斗上口将乙酸乙酯倒入干燥的小锥形瓶中，加入无水 K_2CO_3 干燥，放置约 10min，此期间要间歇振荡锥形瓶。

通过长颈漏斗（或用倾析法），把干燥过的乙酸乙酯滤入蒸馏烧瓶中，装配成蒸馏装置，用干燥过的锥形瓶作接收器，在水浴上加热蒸馏，收集 74 ~ 80℃ 的馏分[附注(4)]。称重并计算产率，测定产品沸点和折光率。

纯乙酸乙酯为具有果香的无色液体，沸点 77.06℃，折光率 n_D^{20} 为 1.3723。

五、附注

（1）反应温度应控制在不超过 120℃ 的范围，否则会增加副产物乙醚的产量。

（2）若滴加速度太快，则乙醇和乙酸可能来不及完全反应，就随酯和水一起蒸出，从而影响酯的产率。

（3）碳酸钠必须洗去，否则下一步用饱和氯化钙溶液洗乙醇时，会产生絮状的碳酸钙沉淀，造成分离的困难。为减少酯在水中的溶解度（每 17mL 水溶解 1mL 乙酸乙酯），故此处用饱和食盐水洗。

（4）乙酸乙酯和水形成的二元共沸物（含水 8.1%），沸点 70.4℃；与乙醇形成的共沸物（含乙醇 31.0%），沸点 71.8℃；乙酸乙酯和乙醇、水形成的三元共沸物（含水 9.0%，乙醇 8.4%）沸点 70.2℃，如果洗涤不净或干燥不够，都会使沸点下降，影响产率。

六、思考题

（1）举例说明还有哪些方法可以提高乙酸乙酯合成实验的绿色化程度？

（2）本实验先后用了饱和碳酸钠溶液、饱和 $CaCl_2$ 溶液、饱和 NaCl 溶液作洗涤液，它们各起什么作用？

（3）用水代替饱和氯化钠和氯化钙溶液进行洗涤好不好，为什么？

（4）采取哪些措施可以提高酯的产率？

（5）为什么用过量的乙醇，若采取乙酸过量行吗？

实验 23　乙酸异戊酯的制备（4 学时）

一、实验目的

（1）进一步熟练半微量回流、萃取等操作，掌握液态化合物分离纯化方法。

（2）掌握带分水器的回流装置的安装与操作。

二、实验原理

乙酸异戊酯是无色透明的液体，又称香蕉油，具有水果香气。它是香蕉，生梨等果实的芳香成分，也存在于酒等饮料和酱油等调味品中。乙酸异戊酯可通过乙酸和异戊醇直接酯化的方法来制备：

$$CH_3COOH + (CH_3)_2CHCH_2CH_2OH \Longleftrightarrow CH_3COOCH_2CH_2CH(CH_3)_2 + H_2O$$

酯化反应是可逆的，本实验采取加入过量冰醋酸，并通过分水器将生成的水及时排出反应体系，使反应不断向右进行，提高酯的产率。以硫酸作催化剂，乙酸和异戊醇直接酯化来制备。但硫酸具有严重的腐蚀性，易引发副反应并污染环境。本实验采用半微量合成方法制备乙酸异戊酯，尽量减少浓硫酸的用量，提高实验的绿色化程度。

三、实验仪器和药品

仪器：半微量磨口实验仪器 1 套，温度计，移量管，电热套，分水器，电动搅拌机，阿贝折光仪，电子天平，其他玻璃仪器。

药品：异戊醇，冰醋酸，硫酸（浓），碳酸钠溶液（100g/L），食盐水（饱和），无水硫酸镁。

四、实验内容

（一）半微量合成步骤

在干燥的 100mL 的三颈烧瓶中加入 18mL 异戊醇和 15mL 冰醋酸，在振摇与冷却下加入 1.5mL 浓硫酸［附注(1)］，混匀后放入 1～2 粒沸石。安装带分水器的回流装置（参见图 2-18a），三颈瓶中口安装分水器，分水器中事先充水至支管口处，并放出比理论出水量稍多些的水（自行计算）。分水器上口连接冷凝管。三颈瓶一侧口安装温度计（温度计应浸入液面以下），另一侧口用磨口塞塞住。

检查装置气密性后，用电热套缓缓加热，当温度升至约 108℃ 时，三颈瓶中的液体开始沸腾。继续升温，控制回流速度，使蒸气浸润面不超过冷凝管下端的第一个球，当分水器充满水，反应温度达到 130℃ 时，反应基本完成，大约需要 1.5h［附注(2)］。

（二）分离纯化

反应完成后停止加热，稍冷后拆除回流装置。将烧瓶中的反应液倒入分液漏斗中（注意勿将沸石倒入），用 15mL 冷水淋洗烧瓶内壁，洗涤液并入分液漏斗。充分振摇后静置，待分界面清晰后，分去水层。再用 15mL 冷水重复操作一次。然后酯层用 20mL 碳酸钠溶液（100g/L）分两次洗涤［附注(3)］。最后再用 15mL 食盐水（饱和）［附注(4)］洗涤一次。

将经过水洗、碱洗和食盐水洗涤后的酯层由分液漏斗上口倒入干燥的锥形瓶中，加入 2g 无水硫酸镁，配上塞子，充分振摇后，放置 30min。

安装一套普通蒸馏装置［附注(5)］。将干燥好的粗酯小心滤入干燥的蒸馏烧瓶中，放入 1～2 粒沸石，加热蒸馏，收集 138～142℃ 馏分。称重，计算产率，测定产品沸点和折光率。

纯乙酸异戊酯为无色液体，具有香蕉味，沸点 142℃，折光率 n_D^{20} 为 1.4010。

五、附注

（1）加浓硫酸时，要分批加入，并在冷却下充分振摇，以防止异戊醇被氧化。

（2）回流酯化时，要缓慢均匀加热，以防止碳化并确保完全反应。

（3）碱洗时放出大量热并有二氧化碳产生，因此洗涤时要不断放气，防止分液漏斗内的液体冲出来。

（4）用饱和食盐水洗涤，可降低酯在水中的溶解度，减少酯的损失。

（5）最后蒸馏时仪器要干燥，不得将干燥剂倒入蒸馏瓶内。

六、思考题

（1）制备乙酸异戊酯时，使用的哪些仪器必须是干燥的，为什么？

（2）分水器内为什么事先要充有一定量水？

（3）酯化反应制得的粗酯中含有哪些杂质，是如何除去的？洗涤时能否先碱洗再水洗？

（4）酯可用哪些干燥剂干燥？为什么不能使用无水氯化钙进行干燥？

（5）酯化反应时，实际出水量往往多于理论出水量，这是什么原因造成的？

实验 24　肉桂酸的制备（5 学时）

一、实验目的

（1）了解肉桂酸的制备原理和方法。
（2）掌握简单的无水操作。
（3）巩固回流、洗涤、水蒸气蒸馏、重结晶等基本操作。

二、实验原理

肉桂酸系统命名为 3-苯基丙烯酸，属 α,β-不饱和酸。肉桂酸是生产冠心病药物"心可安"的重要中间体。其酯类衍生物是配制香精和食品香料的重要原料。它在农用塑料和感光树脂等精细化工产品的生产中也有着广泛的应用。

芳醛和酸酐在碱性催化剂存在下，发生类似羟醛缩合的亲核加成-消去反应（Perkin 反应），生成 α,β-不饱和酸。Perkin 反应所用的催化剂一般是相应酸酐的羧酸钾或钠盐，也可用碳酸钾或叔胺。本实验采用碳酸钾作催化剂，反应时酸酐受催化剂的作用，生成一个酸酐的负离子，负离子与醛发生亲核加成，生成中间产生 β-羟基酸酐，然后发生失水和水解作用而得到不饱和酸。反应过程如下：

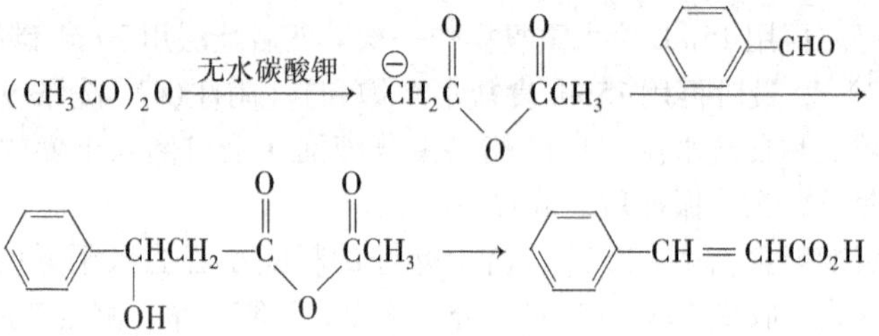

三、实验仪器和药品

仪器：半微量磨口实验仪器 1 套，温度计，移量管，吸滤瓶，布氏漏斗，循环水式多用真空泵，电热套，电子天平，显微熔点测定仪，其他玻璃仪器。

药品：苯甲醛，无水碳酸钾，酸酐，碳酸钠溶液（饱和），盐酸（浓），活性炭，乙醇，pH 试纸。

四、实验内容

（一）Perkin 反应

将 3mL 新蒸苯甲醛、5.5mL 新蒸乙酸酐、4.2g 无水碳酸钾装入干燥的 100mL 三口烧瓶中，三口上依次装上空气冷凝管、插至反应物料中的温度计和一个玻璃塞，注意冷凝管上连接干燥管 [附注（1）]。电热套加热，回流 45min，回流温度为 150～170℃ [附注（2）]。由于有二氧化碳逸出，最初反应会出现泡沫。

（二）水蒸气蒸馏

待反应体系稍冷 [附注（3）]，加入 50mL 热水，用玻璃棒或不锈钢刮刀轻轻捣碎瓶中的固体后，缓慢加入饱和碳酸钠溶液至反应液的 pH 值为 8 左右 [附注（4）]。按图 2-23（a）所示装置改为水蒸气蒸馏装置，将未反应的苯甲醛蒸出。

（三）粗产品的纯化

水蒸气蒸馏结束后，向烧瓶中加入少量的活性炭（起脱色作用），煮沸，趁热抽滤。将滤液转移入锥形瓶中，冷却至室温后，一边搅拌一边滴加盐酸（浓）至呈酸性（pH 值为 2～3）。用冰水冷却，待肉桂酸全部析出，抽滤，滤饼用少量冰水洗涤至中性，干燥。用乙醇水溶液（50%）重结晶，干燥。称重，计算产率，用显微熔点测定仪测定熔点。

纯肉桂酸为无色晶体，熔点 135～136℃。

五、附注

（1）所用仪器必须是干燥的。因乙酐遇水能水解成乙酸，无水碳酸钾，遇水失去催化作用，影响反应进行。无水碳酸钾也应烘至恒重，否则将会使乙酸酐水解而导致实验产率降低。放久了的醋酐易潮解吸水成乙酸，故在实验前必须将乙酐重新蒸馏，否则会影响产率。久置后的苯甲醛易自动氧化成苯甲酸，这不但影响产率而且苯甲酸混在产物中不易除净，影响产物的纯度，故苯甲醛使用前必须蒸馏。

（2）缩合反应宜缓慢升温，以防苯甲醛氧化。反应开始后，由于逸出二氧化碳，有泡沫出现，随着反应的进行，会自动消失。加热回流，控制反应呈微沸状态，如果反应液激烈沸腾易使乙酸酐蒸气从冷凝管逸出影响产率。

（3）回流完毕后，不必冷却，且加热水，否则固体难以捣碎。

（4）中和时必须使溶液呈碱性，控制 pH 值为 8 较合适，不能用 NaOH 中和，否则会发生坎尼查罗反应。生成的苯甲酸难于分离出去，影响产品的质量。

六、思考题

（1）苯甲醛和丙酸酐在无水碳酸钾的存在下互相作用后得到什么产物？

（2）用酸酸化时，能否用浓硫酸？

（3）具有何种结构的醛能进行 Perkin 反应？

（4）用水蒸气蒸馏除去什么？为什么能用水蒸气蒸馏法纯化产品？

（5）水蒸气蒸馏之前为什么要加入饱和碳酸钠溶液调节至碱性？

实验 25　乙酰乙酸乙酯的制备（5 学时）

一、实验目的

了解乙酰乙酸乙酯的制备原理和方法，复习无水操作和减压蒸馏操作技能。

二、实验原理

乙酰乙酸乙酯是有机合成工业的重要原料。广泛用于香料、药物、塑料、染料等的合成。涂料工业用于制备清漆。分析化学中用于检定铊、测定氧化钙、氢氧化钙和铜。化工生产中还可用作溶剂和制造各种添加剂。

酯和含有活泼亚甲基的化合物如酯、醛、腈等，在碱性催化剂存在下的缩合反应称为克莱森酯缩合。乙酸乙酯在乙醇钠催化下进行克莱森缩合，脱去一分子乙醇，即得乙酰乙酸乙酯。

$$2CH_3CO_2C_2H_5 \xrightarrow[\text{2. H}_2O^- \text{ H}^+]{\text{1. C}_2H_5ONa} CH_3COCH_2CO_2C_2H_5 + C_2H_5OH$$

制备时常用乙酸乙酯和金属钠为原料，不必用乙醇钠，因为金属钠和乙酸乙酯中含有的少量乙醇作用后有乙醇钠生成。乙酸乙酯中的乙醇含量不能太高，一般为 2% 左右，否则产率显著降低。对反应的主要要求有：

（1）仪器、药品均需干燥，严格无水。

（2）第一步反应中 $C_2H_5O^-$ 的多少由钠决定，故整个反应以钠为基准。

（3）由于乙酰乙酸乙酯分子中亚甲基上的氢比乙醇的酸性强得多（$pK_a = 10.65$），所以脱醇反应后生成的是乙酰乙酸乙酯的钠盐形式。最后必须用酸（如醋酸）酸化，才能使乙酰乙酸乙酯游离出来。

三、实验仪器和药品

仪器：半微量磨口实验仪器 1 套，温度计，移量管，电热套，电子天平，水泵（或油泵），其他玻璃仪器。

药品：金属钠，乙酸乙酯，二甲苯，醋酸（50%，m），NaCl 溶液（饱和），无水硫酸钠，$FeCl_3$ 溶液（100g/L），2,4-二硝基苯肼试剂。

四、实验内容

（一）半微量合成

在 50mL 圆底烧瓶中（已干燥过的）加入 1.0g 新切成小薄片的金属钠[附注(1)]和 15mL 二甲苯[附注(2)]，装上冷凝管，加热使钠熔融。拆掉冷凝管，将圆底烧瓶用塞子塞紧，用抹布裹住烧瓶，然后用力来回振摇，使钠分散成微小的小珠[附注(3)]。稍经放置，钠珠沉于瓶底，将二甲苯倾出，迅速加入 10mL 精制过的乙酸乙酯[附注(4)]，重新装上冷凝管，并在其顶端装上 $CaCl_2$ 干燥管，此时有反应进行并有氢气泡逸出。如反应很慢，可用热水浴加热，当反应十分猛烈时必须停止加热并移去水浴。待猛烈反应过后，再用水浴加热，使所有金属钠完全溶解（约需 1.5h）。这时反应混合物为红色透明并呈绿色荧光的液体［有时析出黄白色沉淀，附注（5）]。

（二）产品精制

待反应稍冷后，将圆底烧瓶取下，然后一边振摇一边不断加入 50% 的醋酸，直至整个反应呈弱酸性为止［pH 值为 5~6，附注(6)]。将反应液移入分液漏斗中，加入等体积饱和食盐水，用力振摇后放置、分层，水层用 5mL 乙酸乙酯萃取，萃取液与酯层合并后，用无水硫酸钠干燥。

将干燥过的酯液转入干燥的蒸馏烧瓶中，在热水浴上蒸去未作用的乙酸乙酯，当馏出液的温度升到 90℃ 时，停止蒸馏。安装减压蒸馏装置，进行减压蒸馏[附注(7)]，蒸出乙酰乙酸乙酯。收集馏分的沸点范围视减压程度而定[附注(8)]。称重并计算产率[附注(8)]，测定产品的沸点和折光率。

乙酰乙酸乙酯是无色、有水果香味的液体，熔点小于 -80℃，沸点 180.4℃，$n_D^{20} = 1.4192$。

（三）乙酰乙酸乙酯的性质

（1）取 1 滴乙酰乙酸乙酯，加入 1 滴 $FeCl_3$ 溶液，观察溶液的颜色（淡黄→红）。

（2）取 1 滴乙酰乙酸乙酯，加入 1 滴 2,4-二硝基苯肼试剂，微热后观察现象（橙黄色沉淀析出）。

五、附注

（1）金属钠遇水即燃烧爆炸，故使用时应严格防止钠接触水或皮肤。钠的称量和切片要快，以免氧化或被空气中的水汽侵蚀。多余的钠片应及时放入装有烃溶剂（通常二甲苯）的瓶中。

（2）三种二甲苯的沸点分别为 144.4℃、139.1℃、138.3℃，比钠的熔点 97.8℃ 为高，所以钠在二甲苯中加热，温度未达二甲苯沸点已经熔化。二甲苯在这里当做传热载体和分散介质用。

（3）制成钠珠颗粒的大小直接影响缩合反应的速度。

（4）乙酸乙酯的质量是非常重要的，必须完全不含水分，但可含有 2%~3% 的乙醇。如用普通乙酸乙酯，则需经过精制。办法是：将乙酸乙酯在分液漏斗中用等体积的饱和氯化钙溶液洗涤 2~3 次，洗去其中一部分乙醇，再用高温焙烘过的无水碳酸钾干燥，蒸馏收集 76~78℃ 馏分，即能符合本实验的要求。

（5）黄白色沉淀是析出的乙酰乙酸乙酯钠盐。

（6）由于乙酰乙酸乙酯中亚甲基上的氢具有酸性（$pK_a = 11$），比醇强，因此在醇钠存在时，乙酰乙酸乙酯将转化为钠盐。当用 50% 乙酸处理此钠副产物盐时，就能使其转化为乙酰乙酸乙酯。一般需加 50% 乙酸 10mL 左右。值得注意的是当酸度过高时，会促进副产物"去水乙酸"的生成，而降低产量。

烯醇式　　　　　　　　　　酮式　　　　　　　　　去水乙酸

另外用醋酸中和时，开始有固体析出，继续加酸并不断振摇，固体会逐渐溶解，最后得澄清的液体。避免加入过多的醋酸，使乙酰乙酸乙酯在水中的溶解度增大而降低产量。

（7）乙酰乙酸乙酯在常压蒸馏时很容易分解，故用减压蒸馏。

（8）乙酰乙酸乙酯压力和沸点的关系：

压力/Pa	1600	1867	2400	4000	6000	10666	101325
沸点/℃	71	74	79	88	94	100	180.4
沸点范围/℃	69~73	72~76	76~80	86~90	92~96	98~102	

六、思考题

（1）仪器未经干燥处理，所用原料含水，对反应都不利，为什么？

（2）乙酸乙酯中不含乙醇或含乙醇太多，对反应都不利，为什么？

（3）做钠珠时加二甲苯有何作用？能否用苯来代替？为什么？

（4）乙酰乙酸乙酯的蒸馏为什么要在减压下进行？

（5）加入精盐的目的何在？它在本实验中起什么作用？

（6）本实验中加入 50% 醋酸的目的何在，中和过程开始析出的少量固体是什么？

（7）如何用实验来证明乙酰乙酸乙酯是两种互变异构体的平衡产物？

实验 26　己内酰胺的制备（8 学时）

一、实验目的

（1）掌握实验室以 Beckmann 重排反应来制备酰胺的方法和原理。

（2）巩固低温操作、干燥、减压蒸馏等基本操作。

二、实验原理

己内酰胺(CPL)是制造聚酰胺纤维和树脂的主要原料。聚酰胺广泛应用于纺织、电子和汽车及食品包装薄膜等行业。世界上己内酰胺98%用于聚合、生产尼龙6；其次是工程塑料及薄膜。

Beckmann 重排是指醛或酮和羟胺作用生成的肟在酸性催化剂如硫酸的作用下发生分子重排生成酰胺的反应。

第一步：环己酮肟的制备

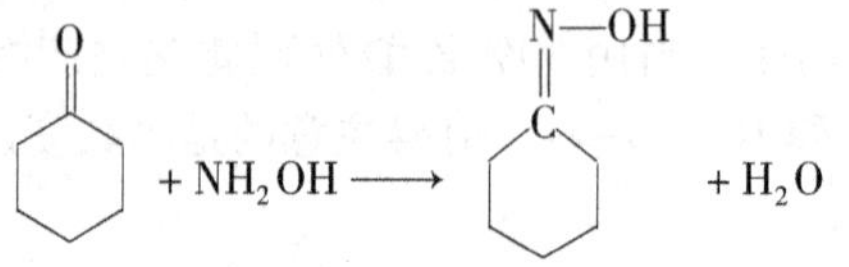

第二步：环己酮肟的重排

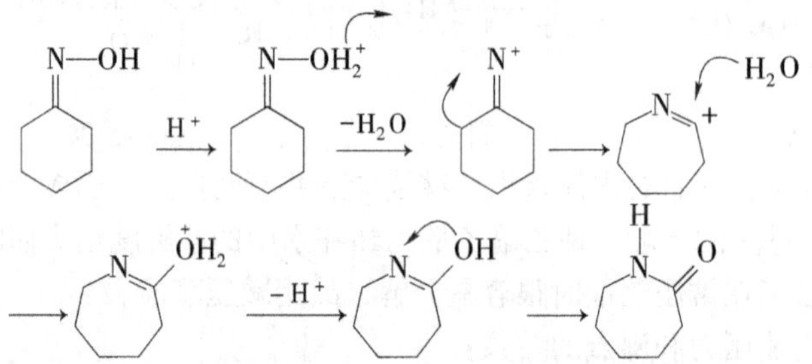

重排特点：反式位移

三、实验仪器和药品

仪器：半微量磨口实验仪器1套，温度计，移量管，电热套，电动搅拌机，电子天平，显微熔点测定仪，制冰机，水泵（或油泵），其他玻璃仪器。

药品：环己酮，盐酸羟胺，醋酸钠，硫酸溶液（85%，m），氨水（20%，m），无水硫酸镁。

四、实验内容

（一）环己酮肟的制备

在 100mL 锥形瓶中，加入 4.9g 羟胺盐酸盐和 7g 醋酸钠 [附注（1）]，用 15mL 水溶解。每次 1mL，分批共加入 5.1mL 环己酮 [附注（2）]，边加边振荡，即有白色固体析出。加完环己酮以后，用胶塞塞紧瓶口，激烈振荡［附注（3）］，有白色粉状结晶析出表明反应完全。冷却，过滤，少量冷水洗涤，干燥，称重，计算产率。

纯环己酮戊肟的熔点为90℃。

（二）环己酮肟重排——己内酰胺的制备

在500mL的烧杯中［附注（4）］，加入5g 干燥的环己酮肟［附注（5）］和10mL 硫酸溶液（85％，m），放置一支温度计，小火加热烧杯，使温度上升到110～120℃，当有气泡产生时，立即移开火源，温度迅速升到160℃，反应在几秒钟内完成，冰水冷却到0～5℃时，将此溶液倒入250mL 三颈瓶中，三颈瓶上分别装上搅拌器、温度计和滴液漏斗，在搅拌下小心滴加氨水（20％，m）［（附注6）］，控制反应温度在12～20℃，直至pH 值成碱性，转入分液漏斗，分出有机层，加入1g 无水硫酸镁干燥，转入到25mL 烧瓶中，进行减压蒸馏，收集127～133℃/0.93kPa(7mmHg)或137～140℃/1.6kPa(12mmHg)或140～144℃/1.86kPa(14mmHg)，用显微熔点测定仪测定熔点，计算产率。

己内酰胺为白色晶体，熔点68～70℃，沸点270℃。

五、附注

（1）醋酸钠的作用是中和羟胺盐酸盐中的盐酸，调节反应液 pH 值，使得羟胺与环己酮的缩合反应顺利进行。

（2）分批加入环己酮的目的是为了避免剧烈反应，温度迅速上升，引起不必要的副反应或出现危险。

（3）环己酮与水溶液不互溶，而羟胺溶解在水中，环己酮与羟胺不能较好接触，因此反应不够彻底，激烈振荡使得环己酮与羟胺充分接触，反应完全，尽量转变为环己酮肟。

（4）由于重排反应进行猛烈，故需用大烧杯以利于散热，使反应缓和。

（5）环己酮肟要干燥，否则反应很难进行。

（6）用氨水进行中和时，开始要加得很慢，因反应强烈放热，初始溶液黏稠，散热慢，若加得太快，会造成局部过热发生水解副反应而降低收率。

六、思考题

（1）20％ 的氨水可否用 NaOH 代替？

（2）滴加氨水时为什么要控制反应温度？

实验 27　乙酰水杨酸的制备（5 学时）

一、实验目的

（1）掌握乙酰水杨酸的制备原理和实验操作。

（2）巩固固体有机化合物重结晶的方法和减压过滤等基本操作。

二、实验原理

乙酰水杨酸又称阿司匹林，是水杨酸（邻羟基苯甲酸）和乙酸酐合成而成的，它是重要的药物之一，具有退热、镇痛、抗风湿等作用。

阿斯匹林是由水杨酸（邻羟基苯甲酸）与醋酸酐进行酯化反应而得到的。

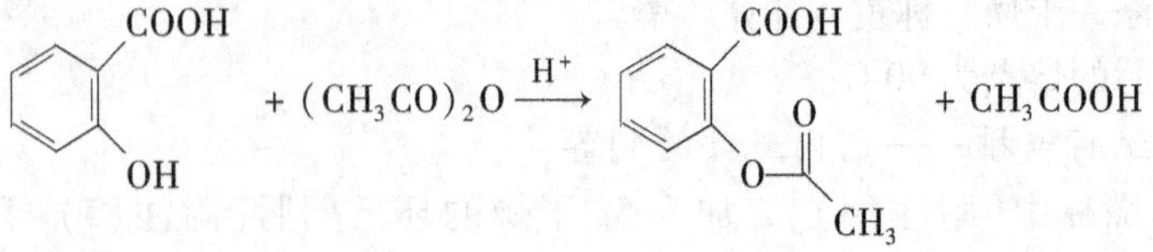

副反应：形成多聚物

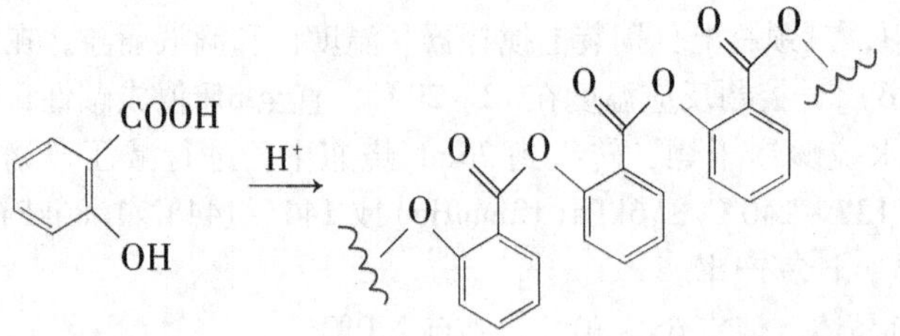

目标产物由于具有一个羧基，因此可以与碱反应成盐，从而溶于水：

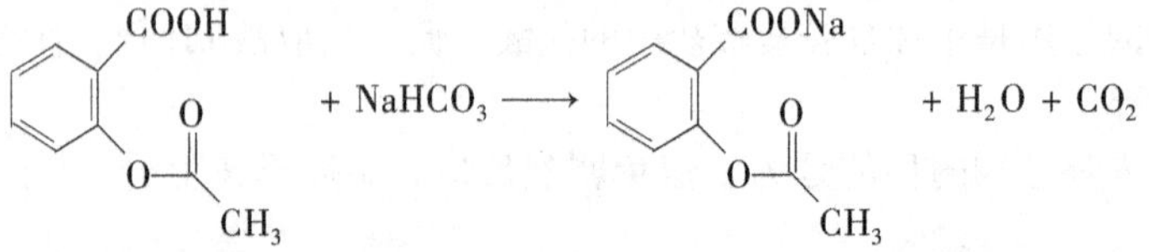

而副产物无羧基，因此本实验后处理时用饱和碳酸氢钠水溶液进行处理。副产物由于不溶解，因此通过过滤即可分离。分离后的乙酰水杨酸钠盐水溶液通过盐酸酸化即可得到产物。

可能存在于最终产物中的杂质是水杨酸本身，这是由于乙酰化反应不完全或由于产物在分离步骤中发生水解造成的。它可以在各步纯化过程和产物的重结晶过程被除去。

三、实验仪器和药品

仪器：半微量磨口实验仪器 1 套，温度计，移量管，电热套，吸滤瓶，布氏漏斗，循环水式多用真空泵，电子天平，显微熔点测定仪，制冰机，其他玻璃仪器。

药品：水杨酸，乙酸酐，硫酸（浓），$NaHCO_3$ 溶液（饱和），盐酸（浓），三氯化铁溶液（10g/L）。

四、实验内容

（一）粗乙酰水杨酸的合成

在 125mL 锥形烧瓶中，加入 3.2g 干燥的水杨酸、4.5mL 乙酸酐[附注(1)]和 5 滴硫酸（浓）[附注(2)]，摇动锥形瓶，使水杨酸全部溶解。在 85 ~ 90℃ 的水浴上加热 15min[附注(3)]，移去水浴，稍冷后往锥形烧瓶中加入 5mL 冷水[附注(4)]；待反应平稳后，再加入 45mL 水；并用冰水浴冷却，待大量结晶析出后抽滤，用冰水洗涤结晶两次，得到粗乙酰水杨酸。

（二）粗产品的纯化

将乙酰水杨酸的粗产物移至另一锥形瓶中。加入 25mL $NaHCO_3$ 溶液（饱和），搅拌，直至无 CO_2 气泡产生，抽滤，用少量水洗涤，将洗涤液与滤液合并，并弃去滤渣（聚合物等副产物）。

先在烧杯中放入约 5mL 盐酸（浓）并加入 10mL 水，配好盐酸溶液，再将上述滤液倒入烧杯中，乙酰水杨酸沉淀析出，冰水冷却，使结晶完全析出，抽滤，冷水洗涤，压干滤饼，水蒸气干燥。必要时用乙酸乙酯重结晶。称重，计算产率，用显微熔点测定仪测定熔点。

纯乙酰水杨酸为白色针状结晶，熔点为 134～136℃。

（三）产品纯度的检验

取几粒结晶加入盛有 5mL 水的试管中，加入 1～2 滴三氯化铁溶液（10g/L），观察有无颜色反应。若无颜色反应，产品较纯，若呈颜色反应，则产品中有水杨酸。

五、附注

（1）仪器要全部干燥，药品也要实现经干燥处理，醋酐要使用新蒸馏的，收集 139～140℃的馏分。

（2）水杨酸可以形成分子内氢键，加入浓硫酸，可以破坏分子内氢键，使水杨酸与乙酸酐可以在较低温度下反应。否则必须加热到 150～160℃才能进行。

（3）反应温度不宜超过 90℃，否则将有多聚物等副产物的生成。

（4）加水的目的是为了分解过量的乙酸酐,乙酸酐与水会剧烈分解,所以加入时特别小心。

六、思考题

（1）在制备过程中应注意哪些问题才能保证有较高的产率？

（2）本实验能否用乙酸来替代乙酸酐？

（3）纯的乙酰水杨酸不会与三氯化铁溶液发生显色反应。然而，在乙醇-水混合溶剂中经重结晶的乙酰水杨酸，有时反而会与三氯化铁溶液发生显色反应，这是为什么？

VI 胺类化合物的制备

实验 28 对甲苯胺的制备（6 学时）

一、实验目的

（1）学习通过还原反应从对硝基甲苯制备对甲苯胺的原理和方法。

（2）进一步熟练回流、电动搅拌实验操作。

二、实验原理

对甲苯胺是生产染料和医药中间体。可通过还原反应从对硝基甲苯制备对甲苯胺，反应式如下：

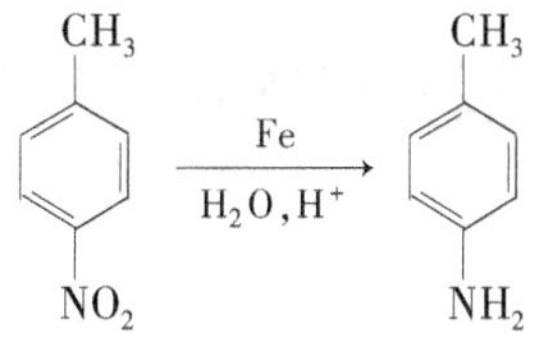

三、实验仪器和药品

仪器：半微量磨口实验仪器 1 套，温度计，移量管，电热套，吸滤瓶，布氏漏斗，循环水式多用真空泵，电子天平，显微熔点测定仪，其他玻璃仪器。

药品：铁粉，NH_4Cl，对硝基甲苯，甲苯，Na_2CO_3 溶液（50g/L），盐酸（5%，m），NaOH 溶液（200g/L）。

四、实验内容

（一）粗对甲苯胺的合成

在 100mL 三颈瓶中，分别装配搅拌器和冷凝管。瓶中放入 9.5g 铁粉，1.5g NH_4Cl 及 35mL 水[附注(1)]，开动搅拌器，用电热套小火加热 15min，移去火源，稍冷后加入 6g 对硝基甲苯，另一侧口用塞子塞住，在搅拌下加热回流 1.5h，冷至室温。

（二）粗产品的纯化

向三颈瓶中加入 5mL Na_2CO_3 溶液（50g/L）[附注(2)]和 25mL 甲苯，搅拌 5min，以提取产物和未反应的原料。真空过滤，用 5mL 甲苯洗涤铁屑、残渣[附注(3)]，滤液转入分液漏斗中，分出甲苯层后，水层用 10mL 甲苯萃取一次。合并甲苯层，用 15mL、15mL、10mL 盐酸（5%，m）萃取三次。合并盐酸溶液，在搅拌下往盐酸溶液中分批加入 200g/L NaOH 溶液，调节 pH＝9 左右，溶液中有对甲苯胺析出。真空过滤收集对甲苯胺产品，用少量水洗涤。滤液用 15mL 甲苯萃取，将沉淀及甲苯萃取液倒入蒸馏烧瓶中，先在电热套上用小火加热至 111℃ 左右蒸出甲苯，再在铁丝网上加热蒸馏（用什么冷凝管），收集 198～207℃ 的馏分[附注(4)]，冷却后得白色固体，称重并计算产率，用显微熔点测定仪测定产品熔点。

纯对甲苯胺为无色晶体，常含有一分子结晶水。熔点为 45℃，沸点 200.3℃。

五、附注

（1）本实验系以铁-盐酸作为还原剂，其中盐酸由氯化铵水解而得：

$$NH_4Cl + H_2O \Longrightarrow HCl + NH_4OH$$

（2）此目的为控制 pH 值在 7～8 之间，但应避免碱性过强而产生胶状氢氧化铁。

（3）三颈瓶中的残液及真空过滤所得残液应及时倒入有水的废物缸内，三颈瓶可用浓硫酸洗涤。

（4）对甲苯胺除用蒸馏法外，还可用乙醇-水混合溶剂进行重结晶。但后者得到的产物为对甲苯胺的混合物，熔点 42～43℃。

六、思考题

（1）为什么反应完毕后，反应液常显碱性？加入 50g/L 碳酸钠溶液的目的何在？

（2）本实验如何分离有机物和无机物？又如何分离产物和未作用的原料？

（3）试设计通过重结晶提纯粗对甲苯胺的方案。

实验 29　对氨基苯磺酸的制备（4 学时）

一、实验目的

（1）掌握磺化反应的基本操作及原理。

（2）了解氨基的简单检验方法。

（3）巩固回流、重结晶等基本操作。

二、实验原理

对氨基苯磺酸是一种重要的染料中间体，它可用于酸性橙Ⅱ、酸性嫩黄 2G、酸性媒介黄棕 4G、酸性媒介深黄 GG、直接黄 GR、活性黄 K-RN、艳红 K-10B、艳红 K-2G、枣红 K-DG 及紫 K-3R 等的合成；可用于制造印染助剂，如溶解盐 B、荧光增白剂 BG、荧光增白剂 BBU、防染盐 H 等，还可用于农药杀菌剂，防治小麦锈病，另外还是香料、食品色素、医药建材等行业的理想原料中间体。

苯胺与浓硫酸混合，先生成苯胺硫酸盐，经加热脱水生成苯胺磺酸，苯胺磺酸在高温条件下重排成对氨基苯磺酸。

三、实验仪器和药品

仪器：半微量磨口实验仪器 1 套，温度计，移量管，电热套，吸滤瓶，布氏漏斗，循环水式多用真空泵，电子天平，制冰机，其他玻璃仪器。

药品：苯胺，硫酸（浓），活性炭。

四、实验内容

（一）粗对氨基苯磺酸的合成

在 50mL 烧瓶中加入 5mL 新蒸馏的苯胺，装上空气冷凝管，滴加 9mL 硫酸（浓）[附注(1)]。电热套加热[附注(2)]，在 180~190℃反应约 1.5h，检查反应完全后[附注(3)]，停止加热，放冷至室温。

（二）粗产品的纯化

将混合物在不断搅拌下倒入 50mL 盛有冰水的烧杯中，析出灰白色对氨基苯磺酸，抽滤，水洗，热水重结晶得产品[附注(4)]。

纯对氨基苯磺酸是一种白色至灰白色粉末，在空气中吸收水分后变为白色结晶体，带有一个分子的结晶水，温度达 100℃时即失去结晶水，熔点为 288℃，在 300℃时开始分解碳化。

五、附注

（1）苯胺加入后，烧瓶用冷水冷却，在摇动下分批加入浓硫酸，避免反应物碳化。

（2）先加热不要太快，防止苯胺氧化。一定要加沸石，防止局部过热，避免反应物碳化及苯胺氧化。

（3）可用 100g/L NaOH 溶液测试，若得澄清溶液则反应完全。

（4）产品在水中的溶解度大，重结晶时注意加水的量不要过多，否则没产品析出。

六、思考题

（1）对氨基苯磺酸较易溶于水，而难溶于苯及乙醚，试解释。

（2）反应产物中是否会有邻位取代物？若有，邻位和对位取代产物，哪一种较多？说明理由。

Ⅶ　偶氮化合物的制备

实验 30　甲基橙的制备（4 学时）

一、实验目的

通过此实验掌握重氮化反应和偶合反应的原理和实验操作,巩固盐析和重结晶的原理和操作。

二、实验原理

甲基橙是一种酸碱指示剂,在中性或碱性介质中呈黄色,在酸性介质中(pH < 3.0)呈红色。

$$H_2N-\!\!\!\fbox{}\!\!\!-SO_3H + NaNO_2 \longrightarrow H_2N-\!\!\!\fbox{}\!\!\!-SO_3Na + HNO_2 \xrightarrow{\text{重氮化反应}}$$

$$\left[NaO_3S-\!\!\!\fbox{}\!\!\!-N\!\!\equiv\!\!N\right]^{+} OH^{-} \xrightarrow[\text{偶合反应}]{\fbox{}-N(CH_3)_2} NaO_3S-\!\!\!\fbox{}\!\!\!-N\!\!=\!\!N-\!\!\!\fbox{}\!\!\!-N(CH_3)_2$$

三、实验仪器和药品

仪器:半微量磨口实验仪器 1 套,温度计,移量管,电热套,吸滤瓶,布氏漏斗,循环水式多用真空泵,电子天平,电动搅拌机,制冰机,其他玻璃仪器。

药品:对氨基苯磺酸,亚硝酸钠,N,N-二甲苯胺,乙醇,NaOH(1.0mol/L),盐酸(1.0mol/L)。

四、实验内容

（一）粗甲基橙的合成

在干燥 50mL 三口烧瓶上安装电动搅拌机[附注(1)]、滴液漏斗,回流冷凝管,在三口烧瓶中加入 2.5g 对氨基苯磺酸、1.0g 亚硝酸钠和 30mL 水,搅拌使固体溶解,生成重氮盐。用移量管量取 1.8mL N,N-二甲苯胺和 2 倍体积的乙醇（用同一移量管）,加入滴液漏斗中,一边搅拌,一边用滴液漏斗加入混合液,滴加完毕后还需搅拌 30min,再在三口烧瓶中加入 3mL 1.0mol/L NaOH 溶液,继续搅拌 2min,将该混合物冷却,静置,待片状结晶出现后过滤,得到甲基橙粗品[附注(2)]。

（二）粗产品的纯化

将滤饼连同滤纸移到装有 10mL 热水的烧瓶中,微微加热并且不断搅拌[附注(3)],滤饼几乎全部溶解后,取出滤纸,溶液冷至室温,然后在冰水浴中再冷却,使甲基橙晶体析出完全。真空过滤收集结晶,结晶依次用少量乙醇洗涤[附注(4)],得到橙色的小叶片甲基橙结晶。产品在 65～75℃下烘干[附注(5)],称量并计算产率。甲基橙是一种盐,没有明确的熔点。

溶解少许甲基橙于水中,加几滴稀盐酸溶液,接着用稀的 NaOH 溶液中和,观察颜色变化。

五、附注

（1）也可以用人工搅拌。

（2）现行高等院校化学实验教材中,甲基橙系由对氨基苯磺酸、亚硝酸钠和盐酸,经低温（0～5℃）重氮化反应生成重氮盐,再与 N,N-二甲苯胺偶合而成。本实验对甲基橙合成实验做了较大的改进，即采用一步法常温下合成甲基橙。该方法是充分利用对氨基苯磺酸本身的酸性（$pK_a = 3.23$）来完成重氮化，省去了外加酸，减少了试剂消耗，且条件易于控制，操作简便，实验时间缩短。

（3）初析出的甲基橙颗粒较细，吸滤速度很慢。加热溶解，让其自然冷却后析出的晶体较大，便于吸滤。

（4）乙醇洗涤的目的是使其快速干燥。

（5）产品宜迅速干燥，湿的甲基橙久放后，在空气阳光作用下颜色很快变深。烘时温度也不宜太高，否则也会变质，颜色加深。

六、思考题

请简述传统低温法合成甲基橙的方法步骤，并谈谈一步法常温合成甲基橙的优点。

实验 31 甲基红的制备（5 学时）

一、实验目的

（1）掌握甲基红制备的原理及实验方法。

（2）进一步熟悉过滤，洗涤，重结晶等基本操作。

（3）了解和掌握重氮盐的控制条件，重氮盐偶联反应的条件。

二、实验原理

甲基红是一种酸碱指示剂，变色范围为 pH 4.4 ~ 6.2，颜色由红变黄。

重氮化反应中酸的用量通常比理论量多 0.5 ~ 1mol。因为重氮盐在酸性介质中较稳定，同时也为防止重氮盐和未反应的胺进行偶联。而邻氨基苯甲酸的重氮盐是一个例外，它不需要用过量的酸，因为该重氮盐生成的内盐比较稳定。重氮盐和芳香族叔胺或酚类均可起偶联反应，生成具有 $C_6H_5—N \equiv N—C_6H_5$ 结构的有色偶氮化合物。介质的酸碱性对偶联反应的速度影响很大。重氮盐和酚的偶联反应在中性或弱碱性中进行。重氮盐与芳香胺的偶联反应宜在中性或弱酸性中进行。偶联反应通常也在较低的温度下进行。

反应式：

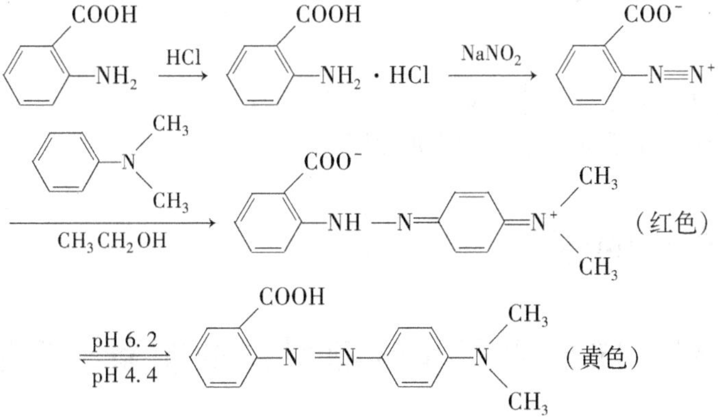

三、实验仪器和药品

仪器：半微量磨口实验仪器 1 套，温度计，移量管，电热套，吸滤瓶，布氏漏斗，循环水式多用真空泵，电子天平，制冰机，其他玻璃仪器。

药品：邻氨基苯甲酸，亚硝酸钠（140g/L），N,N-二甲基苯胺，盐酸（1 + 1），乙醇（95%），甲醇，甲苯。

四、实验内容

（一）邻氨基苯甲酸盐酸盐的合成

在100mL烧杯中加入3g邻氨基苯甲酸［附注(1)］和12mL的盐酸(1 + 1)，加热使其溶解。冷却后析出白色针状邻氨基苯甲酸盐酸盐。抽滤，将结晶放在表面皿上晾干，得邻氨基苯甲酸盐酸盐。

（二）重氮盐的合成

取1.7g邻氨基苯甲酸盐酸盐，放入100mL锥形瓶中，加30mL水使其溶解。将溶液在冰浴中冷却到5～10℃，倒入5mL溶有亚硝酸钠水溶液（140g/L）中，振荡，即制得重氮盐溶液，放在冰浴中备用［附注(2)］。

（三）甲基红的合成

在另一锥形瓶中，加入1.2mL N,N-二甲基苯胺、12mL乙醇（95%），摇匀后倒入上述制备的重氮盐溶液中，用塞子塞紧瓶口，将锥形瓶自冰水浴中移出，用力振荡片刻，放置后即有甲基红析出。放置2～3h［附注(3)］后抽滤，得到红色无定形固体。以少量甲醇洗涤，干燥，得粗甲基红产品。

（四）产品纯化

按每1g甲基红用15～20mL甲苯的比例，将粗品用甲苯重结晶。滤出结晶，用少量甲苯洗一次，干燥后称重，并计算产率。

五、附注

（1）若邻氨基苯甲酸溶液颜色较深，可用活性炭脱色。

（2）重氮化反应是放热反应，而且大多数重氮盐极不稳定，室温下即会分解，所以必须严格控制反应温度。重氮盐溶液不宜长期保存，最好制备好后立即使用。通常不需分离，可直接用于下一步合成。

（3）甲基红的完全析出较慢，须放置2h以上，最好过夜。甲基红沉淀极难过滤，如果长时间放置沉淀可凝成大块，若用水浴加热，令其溶解，并在热水浴中缓缓冷却，放置2～3h，这样可得到较大颗粒的结晶。

六、思考题

（1）什么是偶联反应，结合本实验讨论偶联反应的条件。

（2）试解释甲基红在酸碱介质中的变色原因。

Ⅷ　杂环化合物的制备

实验32　呋喃甲醇和呋喃甲酸的制备（5学时）

一、实验目的

学习由呋喃甲醛制备呋喃甲醇和呋喃甲酸的原理方法，从而加深对坎尼查罗（Cannizzaro）

反应的认识。

二、实验原理

呋喃甲醇主要用途是用于合成树脂和加工染料，而呋喃甲酸则是广泛用作医药、香料的中间体，也可作防腐剂和杀菌剂。

在浓的强碱作用下，不含 α-活泼氢的醛类可以发生分子间自身氧化还原反应，一分子醛被氧化成酸，而另一分子醛则被还原为醇，此反应称为坎尼查罗（Cannizzaro）反应。反应实质是羰基的亲核加成。呋喃甲醇和呋喃甲酸可以通过 Cannizzaro 反应制备得到：

$$2 \quad \text{（呋喃环）} CHO \xrightarrow{\text{浓 NaOH}} \text{（呋喃环）} CH_2OH + \text{（呋喃环）} COONa$$

$$\text{（呋喃环）} COONa \xrightarrow{H^+} \text{（呋喃环）} COOH$$

在 Cannizzaro 反应中，通常使用 50% 的浓碱，其中碱的物质的量比醛的物质量多一倍以上，否则反应不完全，未反应的醛与生成的醇混在一起，通过一般蒸馏很难分离。

三、实验仪器和药品

仪器：半微量磨口实验仪器 1 套，温度计，移量管，电热套，吸滤瓶，布氏漏斗，循环水式多用真空泵，电子天平，显微熔点测定仪，阿贝折光仪，制冰机，其他玻璃仪器。

药品：呋喃甲醛，NaOH（330g/L），盐酸 25%，乙醚，刚果红试纸。

四、实验内容

（一）半微量合成步骤

按照图 2-20（c）装配蒸馏装置，取 10mL 呋喃甲醛进行蒸馏提纯［附注（1）］，收集 155 ~ 162℃的馏分，新蒸馏的呋喃甲醛为无色或淡黄色的液体。

准确量取蒸馏过的呋喃甲醛 8.2mL 置于 250mL 烧杯中，将烧杯浸入冰水浴中至 5℃左右。在搅拌下由滴液漏斗慢慢滴入 8mL 330g/L NaOH 溶液，保持反应温度在 8 ~ 12℃之间［附注（2）］。NaOH 溶液加完后（约 20 ~ 30min）。在室温下放置 30min，并经常搅拌使反应完全［附注（3）］，得一黄色浆状物。

（二）产品的精制

在搅拌下加入适量的水（约 8mL），使沉淀完全溶解［附注（4）］，此时溶液呈暗褐色。并将溶液倒入分液漏斗中，每次用 7.5mL 乙醚萃取四次。合并乙醚萃取液，加入约 2g 无水 Na$_2$CO$_3$ 或无水 MgSO$_4$ 干燥。把干燥后的乙醚溶液分批倒入蒸馏瓶中。先用水浴蒸去乙醚，再用电热套将呋喃甲醇蒸出。收集 169 ~ 172℃的馏分。称重并计算产率。测定产品沸点和折光率。

纯呋喃甲醇的沸点为 171℃，99.75kPa(750mmHg)，折光率为 $n_D^{25} = 1.4868$。

经乙醚萃取后的水溶液内主要含呋喃甲酸钠，在搅拌下用 25% 盐酸酸化致使刚果红试纸变蓝后［约需 7~8mL，附注（5）］，充分冷却，使呋喃甲酸析出完全。真空过滤，用少量水洗涤 1~2 次。粗产品用约 18mL 水重结晶，得白色针状结晶的呋喃甲酸，称重计算产率，用显微熔点测定仪测定熔点。

呋喃甲酸的熔点为 133～134℃［附注（6）］。

五、附注

（1）呋喃甲醛放过久会变成棕褐色甚至黑色，同时往往含有水分，因此使用前需蒸馏提纯。最好在减压下蒸馏，收集 54～55℃，2.26kPa（17mmHg）的馏分。

（2）反应混合物的两相不互溶，因此要充分搅拌。反应放热，必须控制 NaOH 加入速度。若温度太低，则反应开始很慢，并可能积累一些 NaOH 致使突然发生猛烈反应，局部温度剧升，影响产量及纯度。

（3）加完 NaOH 溶液后，若反应液已变成黏稠物已无法搅拌时，就不再搅拌即可往下进行。

（4）加水过多会损失一部分产品。

（5）酸要加够，使呋喃甲酸充分游离出来，这是影响呋喃甲酸收率关键。

（6）测熔点时，约于 125℃开始软化，完全熔融温度约为 132℃。一般实验产品的熔点约为 130℃。

六、思考题

（1）在制备过程中，为什么要把反应温度控制在 8～12℃之间？

（2）试比较 Cannizzaro 反应与羟醛反应在醛的结构上有何不同。

（3）本实验中两种产物是根据什么原理分离提纯的？

（4）怎样利用 Cannizzaro 反应，将呋喃甲醛全部转化成呋喃甲醇？

实验 33　8-羟基喹啉的制备（6 学时）

一、实验目的

（1）学习 8-羟基喹啉的制备原理和方法。

（2）巩固回流加热和水蒸气蒸馏等基本操作。

二、实验原理

8-羟基喹啉广泛用于金属的测定和分离，是制备染料和药物的中间体，其硫酸盐和铜盐络合物是优良的杀菌剂。

Skraup 反应是合成杂环化合物——喹啉类化合物的重要方法。8-羟基喹啉可由邻氨基苯酚、邻硝基苯酚、甘油和浓硫酸加热而得。浓硫酸的作用是使甘油脱水生成丙烯醛，并使邻氨基苯酚与丙烯醛的加成物脱水成环。邻硝基苯酚为弱氧化剂，能将成环产物 8-羟基-1,2-二氢喹啉氧化成 8-羟基喹啉，邻硝基苯酚本身则还原成邻氨基酚，也参与缩合反应。

$$\begin{array}{c} CH_2-OH \\ | \\ HC-OH \\ | \\ H_2C-OH \end{array} + H_2SO_4 \xrightarrow{-H_2O} \begin{array}{c} CHO \\ | \\ CH \\ || \\ CH_2 \end{array} + H_2O$$

反应中重要的是甘油基本无水（不超过 0.5%），所有的反应用的仪器均须干燥。因为，如果体系存在有水，可促使 H_2SO_4 稀释，达不到脱水生成丙烯醛的目的，影响产率。

三、实验仪器和药品

仪器：半微量磨口实验仪器 1 套，温度计，移量管，电热套，吸滤瓶，布氏漏斗，循环水式多用真空泵，电子天平，制冰机，显微熔点测定仪，其他玻璃仪器。

药品：邻氨基苯酚，邻硝基苯酚，无水甘油，硫酸（浓），碳酸钠溶液（饱和），乙醇-水（4:1），氢氧化钠。

四、实验内容

（一）8-羟基喹啉的合成

在 100mL 圆底烧瓶中加入 9.5g（7.5mL）无水甘油[附注（1）]、1.8g 邻硝基苯酚和 2.8g 邻氨基苯酚，摇振，使之充分混合。在振荡下慢慢滴入 4.5mL 硫酸（浓）。装上回流冷凝管，在电热套上用小火加热。当溶液微沸时，立即移去火源[附注（2）]。反应大量放热，待反应缓和后，继续小火加热，保持反应物微沸回流 1.5～2h。

（二）产品的精制

稍冷后，进行水蒸气蒸馏，以除去未反应的邻硝基苯酚。待瓶内液体冷却后，慢慢加入由 6g 氢氧化钠和 6mL 水配成的溶液，摇匀后，再小心滴入碳酸钠溶液（饱和），使反应液呈中性[附注（3）]。然后进行水蒸气蒸馏，收集含有 8-羟基喹啉的馏液 200～250mL。馏出液在冷却过程中不断有晶体析出，待充分冷却后抽滤、洗涤，干燥后得粗品。粗品可用约 25mL 乙醇-水（4:1）混合溶剂进行重结晶[附注（4）]，得 8-羟基喹啉产品，称重计算产率[附注（5）]，用显微熔点测定仪测定熔点。

纯 8-羟基喹啉为白色或淡黄色晶体或结晶性粉末，露光变黑。有石炭酸气味。熔点为 75～76℃，沸点 266.6℃。

五、附注

（1）可将普通甘油在通风橱内置于瓷蒸发皿中加热至 180℃，冷却至 100℃ 左右，即可放入盛有硫酸的干燥器中备用。

（2）此反应为放热反应，溶液呈微沸时，表示反应已经开始，若继续加热，反应将过于激烈，会使溶液冲出容器。

（3）第二步水蒸气蒸馏是蒸出产物和邻羟基苯胺，8-羟基喹啉既溶于酸又溶于碱而成盐，成盐后将不被水蒸气蒸出，所以在之前的中和至关重要，应该在加入氢氧化钠后，足以使 8-羟基喹啉硫酸盐（包括原料邻羟基苯胺硫酸盐）中和，所以此步骤检测 pH 值大于 7（约 7~8），如果过高，会成为酚钠盐析出，影响产物的产率。中和恰当时，瓶内析出的 8-羟基喹啉沉淀最多。

（4）由于 8-羟基喹啉难溶于水。重结晶时，向滤液中慢慢滴加蒸馏水，即有 8-羟基喹啉结晶析出，但应控制水的加入量。

（5）产率以邻氨基苯酚计算，不考虑邻硝基苯酚部分转化后参与反应的量。

六、思考题

（1）为什么第一次水蒸气蒸馏要在酸性条件下进行，而第二次又要在中性条件下进行？

（2）在 Skraup 合成中，如果用对甲苯胺、β-萘胺或邻苯二胺作原料，应分别得到什么产物？

IX　其他有机化合物的制备

实验 34　室温固相研磨法合成 4-甲氧基苯甲醛
缩邻氨基苯甲酸席夫碱（4 学时）

一、实验目的

（1）学习室温固相研磨法合成 4-甲氧基苯甲醛缩邻氨基苯甲酸席夫碱原理和方法。

（2）掌握室温固相研磨操作方法。

二、实验原理

席夫碱类化合物及其配合物具有抗结核、抗癌、抗菌等药理作用，广泛应用于治疗、合成、生化反应、催化、生物调节剂、热敏或者压敏材料中的染料、聚合物改性、分析试剂、螯合剂等方面。固相有机合成反应是绿色合成的重要组成部分，它不使用溶剂，具有高选择性、高产率、工艺过程简单和不污染环境、节约溶媒、减少能耗和无爆燃性等优点，已成为发展绿色化学与技术的新途径和开发制备绿色材料和产品的重要手段。本实验利用固相合成反应转化率高及中间产物的分离提纯简单的优点，以邻氨基苯甲酸和 4-甲氧基苯甲醛为原料，采用室温固相研磨合成法一步合成了 4-甲氧基苯甲醛缩邻氨基苯甲酸席夫碱。反应式如下：

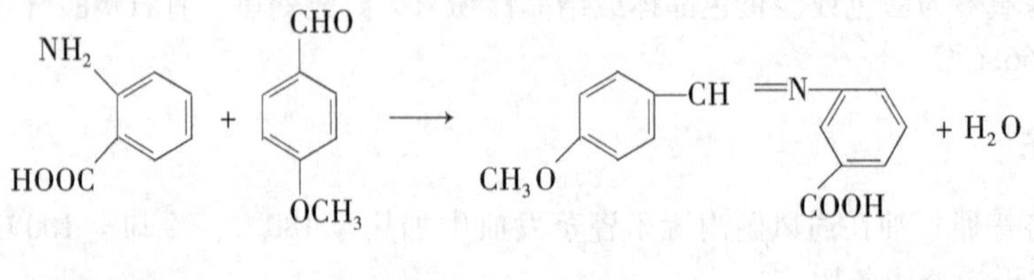

三、实验仪器和药品

仪器：半微量磨口实验仪器 1 套，温度计，移量管，电热套，吸滤瓶，布氏漏斗，循环水式多用真空泵，电子天平，显微熔点测定仪，玛瑙研钵，烘箱，其他玻璃仪器。

药品：邻氨基苯甲酸（经无水乙醇重结晶），乙醇，4-甲氧基苯甲醛。

四、实验内容

按物质的量比 1∶1 称取 2mmol 的邻氨基苯甲酸和 2mmol 的 4-甲氧基苯甲醛［附注(1)］于玛瑙研钵内，在通风柜中小心研磨约 0.5~1h ［期间滴加少量乙醇溶剂润湿，见附注(2)］，研磨初期，混合固体颜色渐渐变成浅黄色粉末，继续研磨，颜色逐渐加深，变成黄色粉末，说明反应基本完成。然后放入 105℃ 烘箱内恒温烘干脱水 1h，转移到小烧杯中，加乙醇洗涤、抽滤、烘干，几乎定量地得到席夫碱固体粉末粗品，用无水乙醇重结晶，称重计算产率，用显微熔点测定仪测定熔点［附注(3)］。

纯 4-甲氧基苯甲醛缩邻氨基苯甲酸席夫碱熔点为 140.2~141.0℃。

五、附注

（1）其他芳香醛化合物也可发生反应。

（2）在室温固相研磨法合成邻氨基苯酚或酸类芳醛类席夫碱的过程中，不时地滴加少量溶剂使固体粉末初步润湿，能很好地促进固相反应的发生。溶剂的作用有：1）对部分反应物具有溶解作用，使宏观固体颗粒转化为高浓度的局部反应物溶液，增加了分子接触机会而引发固相反应；2）少量溶剂的存在能减少非电解质席夫碱之间因摩擦而产生静电，防止因静电使固体粉末在研磨时发生互斥而飞扬。

（3）传统席夫碱的合成采用溶液合成法，需要有机溶剂和加热，一般需在甲醇或乙醇溶液中加热搅拌回流 1~3h 才能形成产物沉淀，要使反应较完全要回流 2h 以上，还需分水，操作不便，耗能、耗时较多，且因加热回流时间较长，易引起一些活泼芳环氧化，产率降低，副产物增多，甚至于难以分离提纯。

六、思考题

谈谈固相研磨合成法的优点。

实验 35 一锅法合成苯甲醛缩氨基脲 （8 学时）

一、实验目的

（1）学习一锅法合成苯甲醛缩氨基脲的原理和方法。
（2）掌握一锅法的操作技术与方法。

二、实验原理

苯甲醛缩氨基脲是一种重要的精细化工中间体，主要用于合成尿道感染抗菌药物呋喃坦啶。苯甲醛缩氨基脲传统的合成方法存在多步骤、操作繁琐、原料成本高、副产物多、废液污染环境等缺点。最近这几十年来，一锅合成法的进展带给了传统有机合成方法以新的希望。一锅合成法（one-potreaction），即将多步反应或多次操作置于一锅内合成。它包括：联反应、多米诺反应、一瓶多组分反应、偶联反应、多反应中心的双向或多点并行反应形式。由于不再分离许多中间产物，因而具有高效、高选择性、条件温和等特点，是一种清洁的合成技术。采用这一方法可以大大减少人力的投入，特别是在工业上的改革将带给人们更大的好处，而且几乎所有的一锅法的改进都是符合绿化学的要求。本实验在传统合成法的基础上，以尿素和水合肼为原料合成氨基脲，不经成盐分离，直接与苯甲醛缩合制备目标化合物。该方法操作简单，原料成本低，总收率高，且不产生含肼废水，有利于工业化生产。合成反应式如下：

$$H_2NNH_2 \cdot H_2O + NH_2CONH_2 \longrightarrow H_2NCONHNH_2 + NH_3 \cdot H_2O$$

三、实验仪器和药品

仪器：常量磨口实验仪器 1 套，温度计，移量管，电热套，水浴锅，吸滤瓶，布氏漏斗，循环水式多用真空泵，电子天平，烘箱，显微熔点测定仪，其他玻璃仪器。

药品：水合肼（50%，m），尿素，苯甲醛，盐酸（浓），无水乙醇。

四、实验内容

称取水合肼(50%，m)100g 和 120g 尿素于 250mL 三口瓶中，搅拌，水浴加热至 98～101℃，回流 3～4h 后[附注(1)]，冷却至室温，用 50mL 浓盐酸调 pH 值为 3～4，于 1.5h 内滴加苯甲醛与无水乙醇混合物 [$V(C_6H_5CHO)：V(C_2H_5OH) = 83：83$，见附注（2）]，立即有白色沉淀生成，加毕，在室温下剧烈搅拌 2h，加热回流 1h，冷却过滤得白色针状晶体，即为目标化合物苯甲醛缩氨基脲，称重计算产率，用显微熔点测定仪测熔点。

纯苯甲醛缩氨基脲熔点为 222℃。

五、附注

（1）反应时间小于 3h，产物会呈黄色，这是由于未耗尽的水合肼与下步加入的苯甲醛反应形成一种黄色副产物苯甲醛腙。

（2）苯甲醛过量，产物收率要有所减少，其原因是苯甲醛用量增加时，乙醇用量随之增加，产物在混合物中的溶解量也就略有增加。

六、思考题

谈谈一锅法合成的优点。

实验 36　二甲酸钾的绿色合成（3 学时）

一、实验目的

（1）学习无溶剂法合成二甲酸钾的原理和方法。
（2）掌握无溶剂法的操作技术与方法。

二、实验原理

二甲酸钾（KDF）是甲酸钾与甲酸分子的缔合物，是 2001 年欧盟批准使用的第一种用于替代抗生素促生长剂的绿色饲料添加剂。研究表明，二甲酸钾能够有效抑制动物体内的有害细菌，提高营养物质消化率，提高饲料适口性、饲料转化率及动物日增重，减少疾病。它本身具有很好的安全性。中国农业部于 2005 年批准二甲酸钾在饲料中使用，2006 年 1 月欧盟全面禁止在饲料中使用抗生素促生长剂，二甲酸钾作为替代抗生素促生长剂的新型绿色饲料添加剂有着巨大的潜在市场。本实验在传统合成方法的基础上，从清洁生产的角度出发，在不外加溶剂的条件下，以甲酸和氢氧化钾为原料一步合成二甲酸钾的工艺。反应具有很好的原子经济性，合成过程不外加任何溶剂，省去了浓缩分离步骤，使二甲酸钾产品收率大为提高，能降低设备投资与能耗，基本无"三废"排放，是一条符合绿色化学原理的合成路线。反应式如下：

$$2H-\overset{O}{\underset{\|}{C}}-OH + KOH \longrightarrow H-\overset{O}{\underset{\|}{C}}-OH \quad H-\overset{O}{\underset{\|}{C}}-OK$$

三、实验仪器和药品

仪器：常量磨口实验仪器 1 套，温度计，移量管，电热套，水浴锅，吸滤瓶，布氏漏斗，循环水式多用真空泵，磁力搅拌器，制冰机，显微熔点测定仪，电子天平，烘箱，其他玻璃仪器。

药品：甲酸（质量分数≥88.0%），氢氧化钾（质量分数≥82.0%）。

四、实验内容

将 10.0mL 甲酸加入到配有温度计与冷凝回流装置的 100mL 三口圆底烧瓶中［附注(1)］，在室温、磁力搅拌条件下，缓慢加入固体片状氢氧化钾 7.78g。控制加料速度使反应混合物的温度保持在（60±1）℃。加料结束后，将烧瓶置于 60℃ 恒温水浴中，继续搅拌反应一段时间［约 0.5h，见附注(2)］。反应产物在室温（20~25℃）冷却、结晶，在 60℃ 电热恒温干燥箱中干燥，最后经磨细得到二甲酸钾产品。称重计算产率，用显微熔点测定仪测定熔点。

二甲酸钾为白色或微黄色结晶或结晶性粉末，干燥无味，易溶于水，熔点为 109℃。

五、附注

（1）甲酸过量有利于产品收率的提高，这是因为甲酸易挥发的缘故。

（2）甲酸与氢氧化钾的中和反应放热强烈，因此通过控制加料速度来控制反应放热强度。加料结束后，反应物温度逐渐降低，需通过外加热源保持所需的反应温度。

六、思考题

查阅二甲酸钾传统合成方法的相关文献，谈谈本实验从哪些方面提高了合成方法的绿色化程度。

实验 37　相转移催化剂：三乙基苄基
氯化铵的合成（3 学时）

一、实验目的

（1）掌握利用半微量合成方法制备相转移催化剂的原理。

（2）掌握亲核取代反应的条件和提纯方法。

二、实验原理

相转移催化（Pase T ran sferCatalyst）反应属于两相反应，一相是盐、酸、碱的水溶液或固体，另一相是溶有反应物的有机介质溶液。通常这两相反应由于互不相溶，水相（或固相）中的阴离子与有机相中的反应物之间的反应速度很慢，甚至不起反应。利用相转移催化剂，可将反应物从一相转移到另一相中，随着碰撞几率的增加，反应加速，从而使离子化合物与不溶于水的有机物质在低极性溶剂中顺利地发生了反应。由于相转移催化剂的催化优点，近年来日趋广泛地应用于有机合成中。

苄基三乙基氯化铵，又名三乙基苄基氯化铵，简称 TEBA，是一种季铵盐，具有季铵盐的性质，易溶于水而不溶于非极性溶剂，在有机合成中用作相转移催化剂，用于烷基化反应、氧烷基化反应、氮烷基化反应、硫基化反应、置换化反应、缩合化反应、加成反应、卡宾反应、羰基反应、环化反应以及制备金属有机化合物等。三乙基苄基氯化铵的合成反应式如下：

$$\bigcirc\!\!-CH_2Cl + (C_2H_5)_3N \xrightarrow[\triangle]{ClCH_2CH_2Cl} \bigcirc\!\!-CH_2N\!\!-(C_2H_5)_3Cl^-$$

该反应是一个亲核取代反应，三乙胺分子中氮上的孤对电子与苄氯发生亲核取代。

三、实验仪器和药品

仪器：半微量磨口实验仪器 1 套，温度计，移量管，电磁搅拌器，吸滤瓶，布氏漏斗，循环水式多用真空泵，电子天平，真空干燥箱，干燥器，制冰机，显微熔点测定仪，其他玻璃仪器。

药品：氯化苄，三乙胺，1,2-二氯乙烷。

四、实验内容

在干燥的 50mL 三口瓶中[附注(1)]，装上电磁搅拌器和回流冷凝管，向瓶中加入 2.7mL 新蒸过的氯化苄[附注(2)]、3.5mL 三乙胺和 9.5mL 1,2-二氯乙烷。然后回流搅拌 0.5～1.0h，将反应液冷却，析出结晶[附注(3)]。待晶体全部析出后抽滤，并用少量的 1,2-二氯乙烷洗涤 2 次，压干，在 100℃下真空干燥，称重，计算产率，用显微熔点测定仪测定熔点。所得产品须迅速置于干燥器中保存，以免在空气中潮解。

三乙基苄基氯化铵为白色晶体，熔点为 180～191℃。

五、附注

(1) 所用仪器均须干燥，反应系统尽量避免水汽进入。

(2) 久置的氯化苄常伴有苄醇和水，使用前应重新蒸馏。

(3) 要充分冷却，以保证结晶析出完全。

六、思考题

(1) 反应体系中含水会对本实验有什么影响？

(2) 季铵盐为什么可以催化水溶性无机盐和有机化合物之间的非均相反应？

实验 38　安息香的绿色合成（4 学时）

一、实验目的

(1) 学习安息香缩合反应的原理。

（2）了解维生素 B_1 的催化原理。

二、实验原理

安息香一般通过安息香缩合反应制备。安息香缩合反应一般采用氰化钾（钠）作催化剂，在碳负离子作用下，两分子苯甲醛缩合生成二苯羟乙酮。但氰化物是剧毒品，易对人体产生危害，操作困难，且"三废"处理困难。20 世纪 70 年代后，开始采用具有生物活性的辅酶维生素 B_1 代替氰化物作催化剂进行缩合反应。以维生素 B_1 作催化剂具有操作简单、节省原料、耗时短、污染小等特点。

维生素 B_1 又称硫胺素或噻胺，它是一种辅酶。其结构如下：

硫胺素分子中最主要的部分是噻唑环，噻唑环 C2 上的氢原子由于受到氮原子和硫原子的影响，具有明显的酸性，在碱的作用下，质子容易被除去，产生的负碳离子作为活性中心。然后与苯甲醛作用生成中间体，达到催化效果。

VB_1 在反应中作为催化剂使用，它的质量对反应产生直接的影响，VB_1 通常在酸性条件下稳定，易吸水，在水溶液中易被氧化失效。同时光、金属离子（如铜、铁、锰等）均可加速 VB_1 的氧化，氢氧化钠溶液中噻唑环易开环失效。

安息香分子式 $C_6H_5CH(OH)COC_6H_5$，又称苯偶姻、二苯乙醇酮或 2-羟基-2-苯基苯乙酮。安息香分子中含有羰基和羟基两种官能团，可分别进行该两种基团的反应。安息香可用作生产聚酯树脂的催化剂，并可用于生产润湿剂、乳化剂和药品。安息香合成反应式如下：

三、实验仪器和药品

仪器：半微量实验仪器 1 套，温度计，移量管，试管，吸滤瓶，布氏漏斗，循环水式多用真空泵，电子天平，真空干燥箱，干燥器，制冰机，显微熔点测定仪，其他玻璃仪器。

药品：维生素 B_1，苯甲醛，95% 乙醇，氢氧化钠（100g/L）。

四、实验内容

于 50mL 圆底烧瓶中加入 0.9g（0.0034mol）维生素 B_1、2mL 水及 7mL 95% 乙醇，溶解后将烧瓶置于冰浴中冷却[附注（1）]；另取 2.5mL 氢氧化钠（100g/L）于试管中同样置于冰浴中冷却，10min 后，在冷却下边振摇边将试管中的氢氧化钠溶液滴加到烧瓶中，调节反应液 pH 值为 9～10[附注（2）]。量取 5mL（5.2g，0.05mol）新蒸苯甲醛加入上述反应液中[附注（3）]，于烧瓶中加入沸石，装上回流冷凝管，在 67～75℃ 水浴上加热 1.5h 后[附注（4）]，冷却至室温即有浅黄色结晶析出，在冷水浴中充分冷却使结晶析出完全[附注（5）]，抽滤，用 20mL 冷水分两次洗涤结晶，干燥，得粗品。可用 95% 乙醇重结晶[附注（6）]，得白色针状结晶，称重，计算产率，用显微熔点测定仪测定熔点。

纯安息香的熔点为 137℃。

五、附注

（1）维生素 B_1 在碱性条件下，温度高时易开环失效，所以加碱前要在冰浴中充分冷却。

（2）反应溶液 pH 值保持在 9～10 之间，实验成功的关键是控制好 pH 值。这是由于 VB_1 生成的碳负离子的条件必须是在碱性条件下方可成立，如果溶液的 pH 值保持在中性或偏酸性，都不利于负碳离子的生成。

（3）苯甲醛应新蒸，防止其中含有苯甲酸，与氢氧化钠发生反应。

（4）加热时控制好温度，不要加热到沸腾。

（5）若产物呈油状物析出，可重新加热使成均相，再缓慢冷却析晶。

（6）重结晶 1g 粗产品约需 6mL 95% 乙醇。

六、思考题

（1）为什么要向维生素 B_1 溶液中加入稀氢氧化钠溶液，若用浓碱将发生什么变化？

（2）为什么加入苯甲醛后，反应混合物的 pH 值要保持 9～10，pH 值过低有什么不好？

（3）试述安息香缩合、醇醛缩合及歧化反应有何不同。

实验 39　狄尔斯-阿尔德反应（4 学时）

一、实验目的

（1）掌握环加成反应。

（2）进一步练习巩固合成固体产物的操作方法。

二、实验原理

α，β-不饱和羰基化合物与共轭二烯烃发生环加成称为狄尔斯-阿尔德反应。本实验用的 α，β-不饱和羰基化合物为顺丁烯二酸酐，共轭二烯烃为蒽，反应式如下：

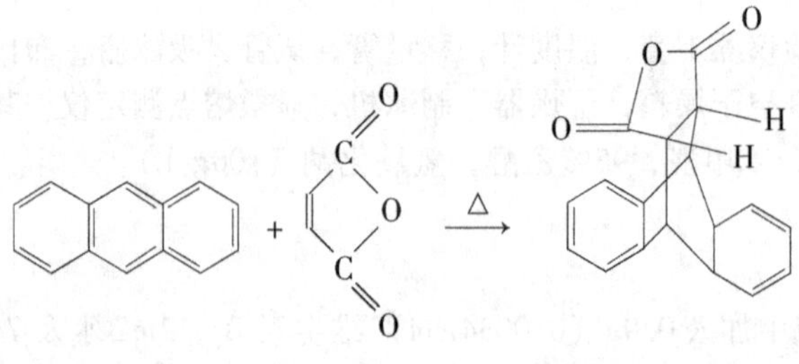

三、实验仪器和药品

仪器：半微量磨口实验仪器 1 套，温度计，移量管，吸滤瓶，布氏漏斗，循环水式多用真空泵，制冰机，电子天平，真空干燥箱，显微熔点测定仪，其他玻璃仪器。

药品：蒽，顺丁烯二酸酐，二甲苯。

四、实验内容

在 50mL 干燥圆底烧瓶［附注（1）］中加入 2g 纯蒽、1g 马来酸酐［附注（2）］和 25mL 无水二甲苯[附注(3)]，连接回流冷凝管。加热回流 25min，停止加热。趁热经一预热过的布氏漏斗过滤，滤液放冷，抽滤分出固体产物，在真空干燥箱内干燥[附注(4)]。称重，计算产率，用显微熔点测定仪测定熔点。

产品称为 9,10-二氢蒽-9,10-内桥-11,12-丁二酸酐，为无色晶体，熔点为 258～259℃。

五、附注

（1）用干燥的烧瓶可使反应液呈均相。

（2）马来酸酐如放置过久将部分分解，故用时应用三氯甲烷重结晶。纯马来酸酐的熔点为 53℃。

（3）混合二甲苯，用作反应物的溶剂。

（4）经抽滤分出的固体产物要在真空干燥箱内进一步干燥，因产物在空气中吸收水分发生部分水解，同时对熔点的测定也造成困难。

六、思考题

为什么蒽与顺丁烯二酸酐可发生狄尔斯-阿尔德反应，且反应一般发生在蒽的 9,10 位上？

第五章 有机化合物的性质实验

实验 40　烷、烯、炔的性质（2 学时）

一、实验目的

(1) 掌握烷、烯、炔的化学性质。
(2) 熟悉乙炔的制备方法、化学性质及鉴别方法。

二、实验原理

烷、烯、炔都是烃类。烷烃在一般情况下比较稳定，在特殊条件下可发生取代反应等。而烯烃和炔烃由于分子中具有不饱和双键（—C＝C—）和三键（ —C≡C— ），所以表现出加成、氧化等特征反应。具有 R—C≡CH 结构的炔烃，因含有活泼氢，能与重金属离子，如亚铜离子、银离子形成炔基金属化合物，故能够与烯烃和具有 R—C≡C—R 结构的炔类相区别。

三、实验仪器和药品

仪器：试管，酒精灯，试管夹，烧杯，玻璃棒，125mL 和 50mL 蒸馏瓶，125mL 分液漏斗。
药品：溴/四氯化碳（2%，m），环己烷，高锰酸钾（5g/L），市售煤油，碳化钙，NaCl 溶液（饱和），重铬酸钾，H_2SO_4（浓），Na_2CO_3 溶液（50g/L），H_2SO_4 溶液（20%，m），$AgNO_3$溶液（100g/L），氨水（2%，m），Cu_2Cl_2，氯化铵，氨水（浓），羟氨盐酸盐，碱性品红，盐酸（浓），Na_2SO_3，HgO。

四、实验内容

（一）烷烃的性质

在两支干燥试管中，各加入 2mL 溴的四氯化碳溶液（2%，m），然后各加入 3～4 滴环己烷摇匀。其中一支放在黑暗地方（柜内），另一支放在阳光（或日光灯）下光照 15～20min，试比较管中样品颜色有什么变化？为什么？

另取一支试管，加入 0.5mL 环己烷。再滴入 1～2 滴高锰酸钾溶液（5g/L）。观察颜色是否变化。

（二）烯烃的性质（以市售煤油为代表）

一般市售煤油含有少量不饱和烃，如 2，4-二甲基-2-戊烯等，故可用来代替烯烃，在两支干燥试管中，加入 3～4 滴市售煤油，其中一支加入 2mL 溴的四氯化碳（2%，m），另一支试管加入 1～2 滴 $KMnO_4$ 溶液（5g/L），边加边摇动，观察现象[附注(1)]。与烷烃的性质比较，解释之。

（三）乙炔的制备与性质
1. 乙炔的制备

如图 5-1 所示，在 125mL 干燥的蒸馏瓶中放入小块碳化钙约 10g，配一个双孔胶塞，一孔插入一个 125mL 分液漏斗，另一孔插入一根平衡管，将分液漏斗与蒸馏瓶相连，平衡管与分液漏斗上口相连，以平衡蒸馏瓶内和漏斗中的压力（为什么）。用橡胶管和导气管取 20～30mL NaCl 溶液（饱和），慢慢从分液漏斗滴入蒸馏瓶，立即有乙炔气体产生。为了除去乙炔中夹杂的硫化氢、磷化氢等气体，须将生成的气体通过盛有重铬酸钾的浓硫酸溶液的洗气装置。本实验应在通风橱内进行，并远离火源，以免爆炸。

2. 性质实验

将洗气瓶逸出的乙炔气体通入下列溶液：

（1）Br_2/CCl_4 溶液（2%，m）2mL。

（2）0.5mL $KMnO_4$ 溶液（5g/L）与 1mL Na_2CO_3 混合液溶液（5g/L）、0.5mL $KMnO_4$ 溶液（5g/L）和 5 滴 H_2SO_4（20%，m）混合液。

（3）2mL 银氨溶液。其配制方法如下：取 1.5 mL $AgNO_3$ 溶液（100g/L），滴加氨水（2%，m）到沉淀恰好溶解为止，所得的澄清液即为银氨溶液。

（4）2mL 氯化亚铜氨溶液。其配制方法为：1）1.5g 氯化亚铜与 3g 氯化铵溶解在 20mL 氨水（浓）中，用水稀释至 30mL；2）5g 羟胺盐酸盐溶解在 50mL 水中；使用时将 1）和 2）等体积混合。

（5）用玻璃棒取少量（3）和（4）产生的沉淀放在石棉网上，加热，若发生爆炸，说明产生的沉淀是乙炔银和乙炔铜［附注(2)］。

（6）如图 5-2 所示，试管中装有 3mL 蒸馏水和 1mL 希夫试剂［附注(3)］，试管外面用冰水冷却。将装有 20mL $HgSO_4$ 溶液（1g HgO 与 5mL H_2SO_4 溶液（20%，m）作用而得）的 50mL 蒸馏瓶放在石棉网上小心加热至约 80℃后，通入经洗涤过的乙炔。

注意观察以上各试管中颜色变化及沉淀产生，试说明之。

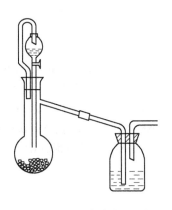

图 5-1 乙炔制备装置图

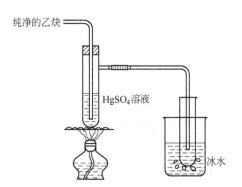

图 5-2 乙炔水化反应装置

五、附注

（1）溴颜色消失为不饱和键的正反应。但是有些烯烃和溴不反应或反应很慢，因此在鉴定未知物时，如果这个试验为负反应，最好再做高锰酸钾溶液试验，以免漏检。另易氧化的化合物如醛、酚和芳胺等，也能使高锰酸钾溶液褪色。

（2）若乙炔混有硫化氢、砷化氢等杂质时，沉淀物中往往夹杂黑色与黄色的物质。

（3）希夫试剂（Schiff 试剂）：品红与二氧化硫反应得到的无色溶液称希夫试剂，又称品红醛试剂。希夫试剂可用来鉴别醛酮。醛和希夫试剂作用后，溶液呈紫红色，通常酮不与希夫试剂反应。把 0.05g 碱性品红研细，溶于含 0.5mL 浓盐酸的 50mL 水中，再加入 0.5g Na_2SO_3 固体，搅拌后，静置，直到红色褪去。

六、思考题

（1）用电石制备的乙炔为什么会有臭味，如何去除？若不除去，对其性质实验有何影响？

（2）在乙炔的制备实验中，为什么是用饱和 NaCl 溶液与 CaC_2 反应制乙炔而不是直接用水与 CaC_2 反应？

（3）如果实验室瓶装电石已呈粉末状，能否用来制取乙炔，为什么？

实验 41　芳烃的性质（2 学时）

一、实验目的

（1）掌握芳烃的化学性质。

（2）应用所学的理论知识和实验技术鉴别芳烃。

二、实验原理

在苯的结构中，虽然含有不饱和键，但由于在环状共轭体系中电子密度平均化的结果，它的化学性质比烯烃、炔烃稳定，不易发生加成反应和氧化反应，却易发生取代反应，构成了苯和其他芳香烃的特征反应。但苯的同系物如甲苯能被高锰酸钾氧化成苯甲酸，从而使高锰酸钾溶液褪色。

三、实验仪器和药品

仪器：试管，酒精灯，试管夹，烧杯，玻璃棒，60W 以上的灯泡。

药品：苯，甲苯，环己烯，高锰酸钾溶液（50g/L），硫酸溶液（10%，m），H_2SO_4（浓），HNO_3（浓），萘，乙酰苯胺的醋酸：水(9∶1) 溶液（0.2mol/L），氯苯的醋酸：水(9∶1) 溶液（0.2mol/L），对硝基苯酚的醋酸：水(9∶1) 溶液（0.2mol/L），苯酚的醋酸：水(9∶1) 溶液（0.2mol/L），苯的醋酸：水(9∶1) 溶液（0.2mol/L），溴的醋酸：水(9∶1) 溶液（0.05mol/L），Br_2/CCl_4 溶液（3%，m），苯氯甲烷，氯仿，无水三氯化铝，$AgNO_3$ 溶液（50g/L）。

四、实验内容

（一）高锰酸钾溶液实验

在 3 支试管中分别加入 0.5mL 苯、甲苯、环己烯，再分别加入 0.2mL 高锰酸钾溶液（50g/L）和 0.5mL 硫酸溶液（10%，m），剧烈振荡（必要时在水浴上加热）几分钟，观察并比较三者与氧化剂作用的现象，并说明原因。

（二）磺化反应

1. 单环芳烃的磺化

向两支分别盛有 1mL 苯和 1mL 甲苯的干燥试管中各加入 H_2SO_4（浓）3mL，各配单孔塞子一个，孔中插入一根玻管，再将试管放在热水中（不超过 30℃）中加热，时常摇动试管，仔细观察哪支试管内的分层先消失。当分层都消失后，将试管内的反应混合物分别倒入两个装有

10mL 水的小烧杯里，稍轻搅拌后，观察现象并解释之。

2. 萘的磺化

取干燥试管一支，加入 1g 萘，加热熔化，稍冷后加入 H_2SO_4（浓）1mL，再在酒精灯上小心加热 1～2min，加热时不断振摇，直至成为均匀的液体。冷却后，在制得的深色黏稠液中加水 2mL，微热使溶，再冷至 15～20℃，观察现象，并解释之。

通过上述两个实验，比较三者的磺化何者容易，并说明之。

（三）硝化反应

在两支干燥的试管中分别加入 1.5mL HNO_3（浓），2mL H_2SO_4（浓），充分混合后，将热的混酸用水冷却至室温后。慢慢分别滴加 1mL 苯、甲苯，滴加要不断振荡[附注（1）]，如果放热过多，应在冷水冷却，控制温度不超过 50℃，3～5min 后把混合液倾入盛有 20mL 冷水的烧杯中搅拌，静止，观察现象。

（四）卤代反应

1. 芳环上的卤代反应

在 5 支试管中分别加入乙酰苯胺、苯、氯苯、对硝基苯酚、苯酚的醋酸∶水（9∶1）溶液（0.2mol/L）各 2mL，将这些试管放在 400mL 装有温水（35℃±2℃）的烧杯中，另将一支装有 10mL 溴的醋酸∶水（9∶1）溶液（0.05mol/L）的试管放在同一温水中，使这些试管放置 5min 以达到水温。

分别加入 2mL 温度已达 35℃溴的醋酸∶水（9∶1）溶液（0.05mol/L）于 5 支试管中，用玻璃棒迅速混合，并注意褪色的时间（以秒计），记录所用时间（溶液变为无色或淡黄色即达到终点）。比较其相对速度。

2. 芳环侧链上的卤代

取干燥试管两支，各加入甲苯 1mL 溴 Br_2/CCl_4 溶液（3%，m）10 滴，摇匀后将一支放在阳光下（如果没有阳光，可用镁光或 60W 以上的灯光照射），另一支用黑纸包住放在黑暗处（如柜子中），稍等片刻，取出，向试管口吹气，观察现象。

取两条滤纸条分别插入上述两支试管中，将其一端浸湿，然后取出在空气中略为晾干，小心嗅其气味，有何不同（溴化苄有刺激性气味，有催泪性）。

3. 苯环上卤素和侧链上卤素活泼比较

在两支干净试管中分别加入氯苯、苯氯甲烷各 0.5mL 及蒸馏水各 2mL，加热至沸，再各滴加 $AgNO_3$ 溶液（50g/L）0.3mL，观察并比较现象，结果如何？

（五）傅克烃基化反应

在一支干燥洁净的试管中，各加入 2mL 氯仿和 3 滴无水苯，摇匀，斜执试管，使管壁润湿，再沿管壁加少许无水三氯化铝，使一部分粉末粘在管壁上，观察粘在管壁上的粉末和溶液的颜色[附注（2）]。

五、附注

（1）要做好这个实验，关键在于要充分摇动，这是因为芳烃和混酸很难互溶。

（2）芳香族化合物，包括芳香族卤化物，在三氯化铝存在下能与氯仿反应。呈现各种颜色。颜色与三芳甲基正离子的结构有关。如苯及其同系物、芳香族卤化物为橙至红色，萘为蓝色，蒽为绿色，而联苯和菲为紫红色等。要及时观察颜色，否则易发生变化。

六、思考题

（1）为什么烷基苯和环己烯能被 $KMnO_4$ 氧化而苯却不行？

（2）试问用什么方法鉴别苯环上卤素和侧链卤素，用什么方法鉴别苯和甲苯？

（3）从实验结果，按使苯环在醋酸中溴化的活性降低的次序排列—NHCOCH$_3$、—H、—Cl、—OH 等基团。

实验 42　卤代烃的性质（2 学时）

一、实验目的

（1）掌握卤代烃的主要化学性质。

（2）进一步加深理解卤代烃结构与反应活泼性的关系。

二、实验原理

卤代烃分子中的 C—X 键比较活泼，—X 可以被—OH、—NH$_2$、—CN 等取代，也可与硝酸银醇溶液作用，生成不溶性的卤化银沉淀。

烃基的结构和卤素的种类是影响反应的主要因素，分子中卤素活泼性越大，反应进行越快。各种卤代烃卤素的活泼顺序如下：R-I > R-Br > R-Cl；RCH =CHCH$_2$X，PhCH$_2$X > R-X > RCH =CHX，Ph-X。

三、实验仪器和药品

仪器：试管，酒精灯，试管夹，烧杯，玻璃棒，铁架台。

药品：AgNO$_3$ 乙醇溶液（饱和），1-氯丁烷、2-氯丁烷、2-氯-2-甲基丙烷，1-溴丁烷，溴化苄，溴苯，1-碘丁烷，2-氯丁烷、2-氯-2-甲基丙烷，NaOH 溶液（150g/L），硝酸（3mol/L），AgNO$_3$ 溶液（20g/L），KOH，乙醇，溴乙烷，Br$_2$/CCl$_4$ 溶液（2%，m），高锰酸钾溶液（50g/L），硫酸溶液（10%，m），NaI 丙酮溶液（15%，m）。

四、实验内容

（一）与 AgNO$_3$ 溶液作用

1. 不同烃基结构的反应

（1）在 3 支干燥试管中，各加入 AgNO$_3$ 乙醇溶液（饱和）约 1mL，再分别加入 2~3 滴 1-氯丁烷、2-氯丁烷、2-氯-2-甲基丙烷，振动试管，观察有无沉淀析出。若 10min 后仍无沉淀析出，可在水中加热煮沸后再观察之。比较其现象，写出活性次序［附注（1）］。

（2）在 3 支干燥试管中加入 AgNO$_3$ 乙醇溶液（饱和）各 1mL，再分别加入 2~3 滴 1-溴丁烷、溴化苄、溴苯，如上述方法观察现象，写出活性次序。

2. 不同卤原子的反应

在 3 支干燥试管中各加入 AgNO$_3$ 乙醇溶液（饱和）1mL，再分别加入 2~3 滴 1-氯丁烷、1-溴丁烷、1-碘丁烷，按上述操作方法进行实验，观察现象（沉淀生成速度与颜色），写出活性次序。

（二）与稀碱作用

1. 不同烃基的反应

取 3 支试管各放入 10~15 滴 1-氯丁烷、2-氯丁烷、2-氯-2-甲基丙烷，然后分别加入 1~2mL NaOH 溶液（150g/L），用小火加热至沸。为了减少卤代烃的挥发，加热要缓和，要从液面开始，逐渐下移到试管底部，并不断摇动试管，冷却后取出一部分水溶液，加入等体积的硝酸(3mol/L)（为什么）再滴加几滴 AgNO₃ 溶液（20g/L），观察现象，写出活性次序。

2. 不同卤原子的反应

取 3 支试管各加入 10～15 滴 1-氯丁烷、1-溴丁烷、1-碘丁烷，然后分别加入 1～2mL NaOH 溶液（150g/L），按上述操作方法进行实验，观察现象，写出活性次序。

（三）卤代烃的消去反应

取大试管一支，加入 KOH 固体 1g，乙醇 4～5mL，微微加热，当 KOH 全部溶液后，再加入溴乙烷 1mL，振摇均匀，塞上带有玻璃导管的塞子，试管固定在铁架台，导管两端分别插入装有 2mL Br₂/CCl₄ 溶液（2%，m）和酸性 KMnO₄ 溶液（1mL 高锰酸钾溶液（50g/L）和 1mL 硫酸溶液（10%，m））两支小试管中，加热溴乙烷溶液，试管中有气泡产生，说明有乙烯生成，观察小试管中溶液颜色的变化。

（四）卤素的互换反应

在两支干燥试管中分别装 NaI 丙酮溶液（15%，m）1mL 再各加入 2～3 滴 1-氯丁烷和 1-溴丁烷，振摇，在室温中静置 3min，观察有无沉淀生成，若无沉淀生成，将试管再放在 50℃ 水浴中加热 6min 后，再进行观察，解释现象［附注(2)］。

五、附注

（1）这类反应为 S_N 历程 1。

（2）这类反应为 S_N 历程 2。

六、思考题

（1）卤代烷与 AgNO₃ 作用时，为什么要用 AgNO₃ 乙醇溶液？

（2）卤原子在不同反应中的活性为什么总是 $I^- > Br^- > Cl^-$？

（3）为什么卤代烷消去反应用 KOH 醇溶液而不用 KOH 水溶液？

实验 43　醇、酚、醚的性质（2 学时）

一、实验目的

（1）掌握醇、酚、醚的主要化学性质。

（2）加深理解醇、酚、醚结构与性质的关系。

二、实验原理

醇和酚相同之处是分子都含有羟基，但由于醇分子中的羟基是与脂肪烃基相连，而酚分子中的羟基是与苯环直接相连的，所以两者的性质具有明显的区别。

各种醇的性质与羟基的数目、烃基的结构有密切关系。醇的化学性质大体有下列三类：（1）醇羟基上的氢原子被取代；（2）各种醇的氧化作用；（3）醇分子内或分子间的脱水作用。

酚羟基的氢原子比醇羟基中的氢原子活泼，酚类水溶液中可电离而产生氢离子，呈弱酸性。大多数酚类或含有酚羟基的化合物与三氯化铁作用呈特有的颜色反应。

醚的化学性质比较稳定。

三、实验仪器和药品

仪器：试管，酒精灯，试管夹，烧杯，玻璃棒，铁架台。

药品：甲醇，乙醇，正丁醇，正己醇，钠，酚酞溶液，$KMnO_4$ 溶液（5g/L），叔丁醇，卢卡斯试剂，盐酸（浓），NaOH 溶液（50g/L），$CuSO_4$ 溶液（100g/L），甘油，苯酚水溶液（饱和），蓝色石蕊试纸试，苯酚，Na_2CO_3 溶液（50g/L），$NaHCO_3$ 溶液（50g/L），苦味酸，溴水（饱和），KI 溶液（10g/L），苯，H_2SO_4 溶液（3mol/L），$KMnO_4$ 溶液（1g/L），$FeCl_3$ 溶液（100g/L），邻苯二甲酸酐，H_2SO_4（浓），仲辛醇，乙醚，KSCN 溶液（100g/L）。

四、实验内容

（一）醇的性质

1. 溶解性

在 3 支试管中各加入 2mL 水，再分别加甲醇、乙醇、正丁醇各 10 滴，振摇并观察溶解情况。如已溶解再加 10 滴，观察之，可得出什么结论？

2. 醇钠的生成与溶解

在两支干燥试管中各加入 1mL 无水乙醇和正己醇，再加入 2～3 粒黄豆大小切除外皮的金属钠，观察反应速度有何差异？放出什么气体？如何检验气体？当液体逐渐变稠时，反应减慢，这时可微热加速反应进行，待金属钠完全消失后（若有剩余的钠，用镊子将钠取出，放在酒精中破坏）。放冷，即析出醇钠晶体，再加 5mL 水，并滴入 2 滴酚酞溶液，观察结果［附注（1）］。

3. 醇的氧化

在试管中加入 1mL $KMnO_4$ 溶液（5g/L）和 0.5mL 乙醇，摇动试管，并用小火加热，观察现象。

4. 与卢卡斯试剂作用

在 3 支干燥试管中各加入 1mL 正丁醇、仲丁醇、叔丁醇，然后立即加入 10mL 卢卡斯试剂［附注（2）］，试管口塞上塞子，振荡后静置，温度最后保持在 26～27℃观察其变化，注意观察起初 5min 至 1h 后，混合物有何变化，记下混合物变浑浊和出现分层的时间，请解释之。

对于有作用的样品，再用 1mL 盐酸（浓）替代卢卡斯试剂，做同样的试验，比较结果。

5. 多元醇和氢氧化铜的作用

在两支试管中各加入 3mL NaOH 溶液（50g/L）和 5 滴 $CuSO_4$ 溶液（100g/L），配制成新鲜的 $Cu(OH)_2$，再分别加入乙醇和甘油各 5 滴，振荡试管，观察现象［附注（3）］。

（二）酚的性质

1. 酚的酸性

（1）取苯酚的饱和水溶液 1 滴，以蓝色石蕊试纸试之，结果如何？

（2）取试管 3 支，各加入苯酚少许（约 0.3g），再分别加入 NaOH 溶液（50g/L）和 Na_2CO_3 溶液（50g/L）及 $NaHCO_3$ 溶液（50g/L）各 1mL，观察 3 支试管中发生的现象有何不同，解释之。

（3）取少量苦味酸（2,4,6-三硝基苯酚）晶体，按（1）、（2）操作方法重做一遍，观察现象有何不同并解释。

2. 酚的溴化

取苯酚水溶液（饱和）2 滴入试管中，用水稀释至 2mL，逐滴加入溴水（饱和），直到析出的白色沉淀转变为淡黄色沉淀为止，将混合物煮沸 1～2min 以除去过量的溴，放置，冷却后又有沉淀析出，再在此混合物中滴加 KI 溶液（10g/L）数滴及苯 1mL，用力振摇，观察现象并写出以上各步的反应方程式。

3. 酚的氧化

取苯酚水溶液（饱和）1mL，加入 H_2SO_4 溶液（3mol/L）1mL，摇匀后再加 $KMnO_4$ 溶液（1g/L）0.5mL，振摇，观察现象，解释之。

4. 酚与 $FeCl_3$ 的作用

取苯酚水溶液（饱和）3mL 放入试管中，逐滴滴入 $FeCl_3$ 溶液（100g/L），观察颜色变化。

5. 酚酞的生成

在一干燥试管中加入 0.2g 邻苯二甲酸酐和等量的苯酚，再加 10 滴 H_2SO_4（浓），小心加热，混合物溶解并有气体放出时，停止加热冷却酚酞（固体），然后加入 2mL 水溶解，取此溶液 2 滴加入 1mL 水中，再加入数滴 NaOH 溶液（50g/L），结果如何？

（三）醚的性质——𰾊盐的生成及对铁的萃取

（1）在试管中加入 $FeCl_3$ 溶液（100g/L）3mL，加仲辛醇 2mL，振荡，有何现象？以 2mL 乙醚代替仲辛醇重复以上实验，结果如何？

（2）在试管中加入 $FeCl_3$ 溶液（100g/L）3mL，边摇边滴加浓盐酸 2mL，再过量 5 滴；此溶液分成两份，一份内加仲辛醇 2mL，另一份内加乙醚 2mL，振摇，有何现象产生，与(1)比较有何不同？

分别将上层有机相用滴管吸出移入盛有 2mL 水的试管中（两份操作相同），振摇后加 2 滴 KSCN 溶液（100g/L），有何现象？

五、附注

（1）本试验可检查羟基是否存在，提供醇的分类信息，但只适用于水溶性的醇，如 6 个碳原子以下的一元醇及多元醇。

（2）卢卡斯试剂的配制：把 34g 熔融过的无水 $ZnCl$ 溶于 23mL 浓盐酸中。配制时，需加搅拌，并把容器放在冰水浴中冷却，以防 HCl 逸出。此试剂一般是临用时配制。

（3）该反应为邻位二元或多元醇的特征反应。

六、思考题

（1）在乙醇与钠反应的实验中，为什么要用无水乙醇，而醇的氧化试验中可用 95% 的乙醇？

（2）为什么卢卡斯试剂能鉴别伯醇、仲醇、叔醇？

（3）在无任何条件下，苯与溴不能作用，而苯酚与溴极易发生反应，为什么？

（4）如何从机理上解释乙醚及仲辛醇对铁的萃取？

实验 44　醛酮的性质（2 学时）

一、实验目的

（1）掌握醛、酮的主要化学性质。

（2）掌握鉴别羰基化合物的一般方法。

二、实验原理

醛（RCHO）和酮（RCOR）都含有羰基（C ═O），结构的相似表现在化学性质方面具有一些共性反应，但醛的羰基是与一个烃基和一个氢原子相连，而酮的羰基则与两个烃基相连，由于结构上的差异又使醛和酮在化学反应方面各有其特殊性。如醛类比酮类活泼，醛类能被弱氧化剂氧化。

三、实验仪器和药品

仪器：试管，酒精灯，试管夹，烧杯，分液漏斗，玻璃棒，铁架台。

药品：$NaHSO_3$ 溶液（饱和），乙醛，丙酮，乙醇，2,4-二硝苯肼试剂，苯乙酮，乙醛溶液（40%，m），NaOH 溶液（200g/L），甲醛，丙醛，乙醇（95%），异丙醇，I_2-KI 溶液，NaOH 溶液（50g/L），斐林溶液Ⅰ和Ⅱ，苯甲醛，$AgNO_3$ 溶液（50g/L），氨水（2%，m），硫酸（浓），甲基异丁酮，盐酸（浓），$FeCl_3$ 溶液（100g/L），KSCN 溶液（100g/L）。

四、实验内容

（一）加成反应

1. 与亚硫酸氢钠加成

在两支试管中各加入 2mL 新配制的 $NaHSO_3$ 溶液（饱和），再分别加入 1mL 乙醛、1mL 丙酮，振荡，将试管用冷水冷却，放置数分钟，观察有无晶体析出，必要时加乙醇 1~2mL，摇匀，静置 2~3min，观察现象。

2. 与氨的衍生物作用

在 3 支试管中各加入 1mL 2,4-二硝苯肼试剂［附注（1）］，再分别加入 5 滴乙醛、苯乙酮、丙酮，振荡试管，静止，观察现象。若无沉淀生成，可微热半分钟再振荡，观察现象［附注（2）］。

（二）醛酮的 α 氢原子的反应

1. 羟醛缩合

在一支试管中加入乙醛溶液（40%，m）1~2mL，再加入 NaOH 溶液（200g/L）0.5mL，摇匀，在小火上加热观察溶液颜色的变化，嗅其气味并说明原因。

2. 碘仿反应

在 5 支试管中分别加入 5 滴甲醛、乙醛、丙醛和乙醇（95%）、异丙醇。然后各加入 I_2-KI 溶液［附注（3）］1mL，再各加入 NaOH 溶液（50g/L），振荡至红色消失为止。注意试管中有无沉淀析出？是否嗅到碘仿的气味？如果出现乳白色浊液，可把试管放在 50~60℃ 水浴中温热几分钟，再观察结果，并说明原因。

（三）氧化反应

1. 与斐林试剂［附注（4）］作用

在大试管中将斐林溶液Ⅰ和Ⅱ各 4mL 混合均匀，再平均分到 4 支小试管中，然后分别加入 4~6 滴甲醛、丙醛、丙酮、苯甲醛，振荡后，把试管放在温水浴中加热 2~3min，观察颜色变化及是否有红色沉淀生成［附注（5）］。

2. 与托伦试剂［附注（6）］作用

在一洁净的试管中加 3mL $AgNO_3$ 溶液（50g/L）与 NaOH 溶液（50g/L）1 滴，然后一边摇动试管，一边滴加氨水（2%，m），直到起初生成的 Ag_2O 沉淀恰好溶解为止。把配好的溶液装到4支小试管中，再分别加入2滴甲醛、乙醛、丙酮、苯甲醛，振荡后静止，几分钟后，若没有什么变化，把试管放在 $50 \sim 60℃$ 的水浴中温热几分钟，观察有无银镜生成（实验后立即加 HNO_3 数滴以溶解金属银）。

（四）与品红醛（希夫）试剂［附注（7）］的反应

在3支试管中，各加入1mL品红醛试剂，然后分别滴加 $1 \sim 2$ 滴甲醛、乙醛、丙酮、振摇后，观察颜色变化，再在变色的溶液中加入硫酸，观察颜色变化［附注（8）］。

（五）盐的形成及对金属离子的萃取

取5mL甲基异丁酮（MIBK）置于一个60mL分液漏斗中，再加入0.5mL盐酸（浓），用力振摇1min，静止后观察现象（发生了什么变化）。

另取一支试管加1mL $FeCl_3$ 溶液（100g/L），边摇边加盐酸（浓）1mL，直至溶液颜色稍深，将此溶液转入上述分液漏斗中，再用力振荡1min，静置后观察现象，分去下层溶液（什么溶液）并将分液漏斗下口冲洗干净（用滴管吸水后注入，然后让其自然流出，反复多次）。再向分液漏斗内加入5mL水，振荡1min，静止后观察现象。取下层溶液约1mL于试管中，并滴加 $1 \sim 2$ 滴 KSCN 溶液（100g/L），观察现象。试用反应式把上述操作过程中所发生的反应表示出来。

五、附注

（1）2，4-二硝基苯肼试剂配制：2，4-二硝基苯肼1g溶于7.5mL H_2SO_4（浓），将此酸性溶液加入75mL乙醇（95%）中，最后用蒸馏水稀释到250mL，必要时过滤后再用；此试剂对非水溶性的样品也适用，因为其中含有乙醇。或将0.25g 2，4-二硝基苯肼加到含浓硫酸42mL与水50mL的混合液中，在水浴上加热使其溶解，冷却后，加蒸馏水稀释至250mL。依此法配得的试剂不含乙醇，仅适用于水溶性的样品；又因其浓度极稀，故仅适用作定性分析的试剂。

（2）析出结晶的颜色往往与醛、酮分子的共轭链有关，非共轭的羰基化合物一般生成黄色沉淀，共轭的羰基化合物则生成橙至红色沉淀。

（3）I_2-KI溶液的配制：先将25g碘化钾溶于100mL蒸馏水中，再加12.5g碘，搅拌溶解即可。

（4）斐林试剂的配制：

1）斐林试剂 I 液：溶解3.5g五水硫酸铜溶于50mL蒸馏水中，加2滴 H_2SO_4（浓），混合均匀，浑浊时过滤。

2）斐林试剂 II 液：将17g酒石酸钾钠晶体溶于20mL热水中，加入NaOH溶液（200g/L）20mL，加水稀释至100mL。

（5）斐林溶液呈深蓝色与醛共热后溶液依次有下列变化蓝色→绿色→黄色→红色；芳醛不能与斐林溶液反应；甲醛被氧化成甲酸仍具有还原性，能将 Cu_2O 继续还原为金属铜，呈暗红色粉末或铜镜。

（6）托伦试剂的配制：取1.5mL $AgNO_3$ 溶液（100g/L），滴加氨水（2%，m）到沉淀恰好溶解为止，所得澄清溶液。

（7）希夫试剂的配制：把0.05g碱性品红研细，溶于含0.5mL盐酸（浓）的50mL水中，再加入0.5g Na_2SO_3 固体，搅拌后，静置，直到红色退去。品红是一种红色的三苯甲烷类染料，这类化合物颜色的产生，主要由于分子中具有醌型及较长的共轭结构。品红的水溶液与亚硫酸作用，生成无色溶液，此溶液称为品红亚硫酸试剂或希夫试剂。

（8）除甲醛外，其他与希夫试剂显紫红色的醛类加入浓硫酸后，其紫红色都会消退。

六、思考题

（1）鉴别醛和酮有哪些简便的方法？
（2）丙酮和 $NaHSO_3$ 溶液（饱和）反应时，为什么要用纯丙酮才能生成沉淀？
（3）写出甲醛与碘及氢氧化钠反应的反应式。
（4）在醛类中只有什么醛能起卤仿反应，鉴别时，为什么选用碘仿反应而不选用溴仿或氯仿反应？

实验 45　羧酸及其衍生物的性质（2 学时）

一、实验目的

（1）掌握羧酸及其衍生物的主要化学性质。
（2）进一步加深理解羧酸及其衍生物的结构与性质的关系。

二、实验原理

含有羧基（—CO_2H）的化合物称羧酸，羧酸可视为烃分子的一个或几个氢原子被羧基取代后的产物。根据烃基的种类又分饱和羧酸、不饱和羧酸、芳香羧酸三类。若羧酸分子中含有卤素、羟基、氨基、羰基，则分别称为卤代酸、羟基酸、氨基酸、羰基酸。羧酸的性质不仅取决于羧基，还与烃基、其他官能团、数目、相对位置和空间排列等有关。

羧酸的衍生物有酯、酰卤、酰胺、酸酐等。

三、实验仪器和药品

仪器：试管，酒精灯，试管夹，烧杯，玻璃棒，分液漏斗，铁架台。
药品：甲酸，乙酸，草酸，刚果红试纸，石灰水，硫酸（浓），硫酸（5%，m），$KMnO_4$ 溶液（5g/L），C_7-C_8 的脂肪酸，NaOH 溶液（1mol/L），$FeCl_3$ 溶液（100g/L），盐酸（6mol/L），2,4-二硝基苯肼，柠檬酸，苯酚，乙酰氯，$AgNO_3$ 溶液（1g/L），NaCl 溶液（饱和），乙酸酐，无水乙醇，NaOH 溶液（100g/L），苯胺。

四、实验内容

（一）羧酸中羟基的性质
1. 酸性
将甲酸、乙酸各 10 滴及草酸 0.5g 各溶于 2mL 水中，然后用洗净的玻璃棒分别蘸取相应的酸液在同一条刚果红试纸上画线，比较各线的颜色和深浅程度。
2. 分解作用
（1）加热分解。甲酸与醋酸分别放置于带有导管的小试管中，导管的末端伸入另一试管中所盛有的 1~2mL 石灰水内，加热样品，观察现象。
用相同的仪器装置，以 0.5g 草酸样品，加热草酸，等石灰水变混后将导管从石灰水中取出，用火在导管口点燃，观察现象。
（2）与硫酸（浓）共热分解。

利用前述仪器装置，将甲酸 0.5mL 与草酸 0.5g 分别放置两根带有导管的小试管中，各加 H_2SO_4（浓）1mL，混合均匀后，分别加热，观察现象并比较结果。

（二）与氧化剂作用

在 3 支装有导管的小试管中分别加入 0.5mL 甲酸、0.5mL 醋酸、0.5g 草酸，再分别加入 1mL 1:5 的硫酸（5%，m）与 2~3mL $KMnO_4$ 溶液（5g/L），加热至沸，将导管末端伸入石灰水中，观察现象。

（三）羧酸盐的形成——脂肪酸对金属的萃取

取 10mL C_7-C_8 的脂肪酸置于 60mL 分液漏斗中，加入 2mL NaOH 水溶液（1mol/L），振荡 1min，静置，再加入 5mL $FeCl_3$ 溶液（100g/L），振摇 2min，静置，待分层后观察现象。分去水层，用等体积水洗涤有机相，分液弃去水相，再加 5mL 盐酸（6mol/L）洗涤所得的有机相，Fe^{3+} 离子被反萃而进入水相，用 KSCN 溶液（100g/L）检验。

（四）羧酸中羧基的性质

取 2,4-二硝基苯肼 1mL，加入醋酸 1~2 滴，观察有无沉淀生成并说明理由。

（五）羟基酸与金属离子的配合作用

取 1mL 柠檬酸置于试管中，滴入 $FeCl_3$ 溶液（100g/L）和苯酚溶液 1 滴，观察现象。

（六）羧酸衍生物的性质

1. 酰氯与酸酐的反应

（1）水解反应：

1）打开乙酰氯的瓶塞，向瓶口吹气，有何现象，为什么？

在盛有 2mL 蒸馏水的试管中加入乙酰氯 3~4 滴［附注（1）］，振摇，用手摸试管底部，并观察现象，在所得的溶液中加 $AgNO_3$ 溶液（1g/L）数滴，观察现象。

2）在盛有 2mL 蒸馏水的试管中，加入乙酸酐 3~4 滴，振摇，观察现象，若不溶解，微热，观察现象。

（2）醇解反应：

1）在一干燥试管中加入无水乙醇 1mL，在振摇下慢慢滴入乙酰氯 1mL，加完后静置 2min，然后加入 NaCl 溶液（饱和）2mL，观察液面有无分层并嗅其气味。

2）在一干燥试管中加入无水乙醇和乙酸酐各 1mL，加热 2~3min，然后加入 NaCl 溶液（饱和）2mL，再用 NaOH 溶液（100g/L）中和，观察液面有无分层并嗅其气味。

（3）胺解反应：

取干燥试管两支，加入新蒸馏过的苯胺 0.5mL，再分别滴加乙酰氯、醋酸酐各 0.5mL，振摇并用玻璃棒搅拌，用手摸试管底部有无放热，反应结束后，加水 2~3mL，观察现象。

2. 酰胺的水解反应

（1）碱性水解。取乙酰胺晶体 0.2g，加入 100g/L NaOH 溶液 2mL，振摇后加热至沸，嗅其气味并用湿的红色石蕊试纸放在试管口，检验有无氨气产生。这是鉴定酰胺简便方法。

（2）酸性水解。取乙酰胺 0.2g 和 H_2SO_4（1.5mol/L）2mL，振摇后加热至沸，嗅一下出来的蒸气有无醋酸的气味，冷却后加入 NaOH 溶液（100g/L）至碱性，再加热，嗅其气味［附注（2）］并用湿润的红色石蕊纸放在试管口检验其蒸气。

3. 酯的水解反应

在 A、B、C 三支试管中，各加入乙酸乙酯 6 滴，再向 A 加蒸馏水 5.5mL，B 加 H_2SO_4（3mol/L）0.5mL 和蒸馏水 5mL，C 加 NaOH 溶液（100g/L）1.5mL 和蒸馏水 4mL，摇匀后把 3 支

试管放入 70～80℃ 的水浴中加热并时加摇动。几分钟后，注意比较 3 支试管中乙酸乙酯气味消失的速度，说明原因。

4. 乙酰乙酸乙酯的性质

（1）酮的性质——与 2,4-二硝基苯肼加成。取 2,4-二硝基苯肼试剂 1mL，加入乙酰乙酸乙酯 3～4 滴，振摇片刻，观察现象。

（2）烯醇的性质——与 $FeCl_3$ 和 Br_2 反应。取蒸馏水 2mL，加入乙酰乙酸乙酯 3～4 滴，振摇后加入 $FeCl_3$ 溶液（100g/L）2～3 滴，反应液呈紫色，再加入溴水数滴，反应液变无色，但放置片刻后又显紫色，解释上述变化过程［附注（3）］。

五、附注

（1）乙酰氯和水、乙醇反应剧烈，并有爆破声，滴加时小心，以免液体飞溅。

（2）相对分子质量小的胺的气味和氨相似。有些芳胺有毒，所以闻的时间不宜过长。

（3）因有烯醇式存在，加 $FeCl_3$ 溶液后显紫红色。再加溴水后，溴与烯醇式双键加成，最终使烯醇式转变为酮式的溴代衍生物。烯醇式即不存在，原与 $FeCl_3$ 溶液所显的颜色也就消失，但因酮式与烯醇间有一定的动态平衡关系，又有一部分酮式转变为烯醇式，它与反应液中的 $FeCl_3$ 溶液作用又重显紫红色。

六、思考题

（1）根据实验结果，比较酰氯、酸酐水解反应活性大小。

（2）为什么当乙酰氯、酸酐进行醇解反应时，要加饱和 NaCl 溶液才能使反应混合物分层？

（3）乙酰乙酸乙酯具有什么结构点，怎样用实验说明它在常温下存在互变异构平衡？

实验 46　胺的性质（2 学时）

一、实验目的

（1）学习胺的主要化学性质。
（2）了解鉴定胺的一般方法。

二、实验原理

胺可看作氨（NH_3）分子中的氢原子被烃基取代的产物，—NH_2 称为氨基，它与脂肪烃基相连为脂肪胺，与芳基相连则称为芳胺。按氢原子被烃基取代的数目又分为伯胺、仲胺、叔胺。

胺具有弱碱性，可与酸成盐，胺类性质较活泼。由于不同的烃基结构对氨基的影响不同，所以脂肪胺和芳香胺在性质上亦有差别。

三、实验仪器和药品

仪器：试管，酒精灯，试管夹，烧杯，玻璃棒，铁架台。

药品：苯胺，盐酸（浓），二苯胺，乙醇，正丙胺，100g/L $NaNO_2$，二乙胺，三乙胺，N,N-二甲基苯胺,碘甲烷，$K_2Cr_2O_7$ 溶液（饱和），H_2SO_4 溶液（3mol/L），氢氧化钠溶液（100g/L），苯磺酸乳盐酸（6mol/L），N235，仲辛醇，碘化煤油，$CuCl_2$ 溶液（100g/L），$MgCl_2$ 溶液（100g/L），乙二胺四乙酸二钠，$CuSO_4$ 溶液（50g/L），$CoSO_4$ 溶液（50g/L）。

四、实验内容

（一）碱性

（1）在 0.5mL 水中滴加苯胺 1 滴，振摇并观察现象。再加盐酸（浓）1～2 滴，振摇后观察结果，最后用水稀释，溶液呈透明状。

（2）取二苯胺晶体数粒，加 0.5mL 乙醇，使其溶解，然后加水 1mL，溶液有何现象？再滴加盐酸（浓），又有何现象？然后用水稀释此酸性溶液，又有何现象？

（二）苯胺的溴化作用

加苯胺 1 滴入 0.5～5mL 水中，振荡使其溶解，取此苯胺水溶液 2mL，加溴水（饱和），观察有何变化[附注(1)]。

（三）与亚硝酸的作用——伯胺、仲胺、叔胺的区别

（1）取正丙胺 5 滴，在搅拌下加入 0.5mL 盐酸（浓），再滴加 $NaNO_2$ 溶液（100g/L），有 N_2 放出，证明为伯胺。

（2）取二乙胺 5 滴，在搅拌下加入 0.5mL 盐酸（浓），再滴加 $NaNO_2$ 溶液（100g/L）至反应物呈浑浊状，并有黄色油状物析出，搅拌，冷却，油滴很快成固状沉淀。

（3）取三乙胺 3 滴，在搅拌下加入 0.5mL 盐酸（浓），再滴入 $NaNO_2$ 溶液（100g/L），观察现象。

（四）季铵盐的生成

取试管一支，加入 N，N-二甲基苯胺和碘甲烷各 5 滴，小心加热约 2min，冷却，用玻璃棒摩擦壁加速结晶。晶体析出后取出，用滤纸吸去液体，加蒸馏水试验晶体是否溶解。

（五）苯胺的氧化

取试管一支，加蒸馏水 4mL 和苯胺 1 滴，再加 $K_2Cr_2O_7$ 溶液（饱和）2～3 滴和 H_2SO_4 溶液（3mol/L）0.5mL，振荡，观察反应中颜色的变化。

（六）兴斯堡试验

在 3 支试管中各加入 1mL 苯胺、N-甲基苯胺、N，N-二甲基苯胺，分别加入氢氧化钠溶液（100g/L）2mL，再加入苯磺酰氯 3～4 滴，塞住管口用力振摇后，在小火上微热（不要煮沸）。放冷、过滤，滤液加入水 5mL，溶解者表明为苯磺酰胺钠盐，再往此溶液中加盐酸（6mol/L）使呈酸性，用玻璃棒摩擦管壁，析出沉淀者为伯胺，如果滤渣不溶于水，加浓盐酸 5 滴，用力振摇后，滤渣溶解者为叔胺，不溶解为仲胺[附注(2)]。

（七）胺类对金属的萃取

先配制混合有机相（以体积比计算）：20% N235 加 7% 仲辛醇，加 73% 碘化煤油，配成总体积为 10mL，以备作下列试验。

（1）取 $CuCl_2$ 溶液（100g/L）2mL，滴加盐酸（浓）12mL 混合均匀，再加有机相 2mL 充分振摇，静置观察有何现象？

（2）以 $MgCl_2$ 溶液（100g/L）代替 $CuCl_2$ 溶液（100g/L），重复上述实验，有何现象？

（八）氨羧络合剂的性质

用小匙取乙二胺四乙酸二钠粉末一匙，溶入 5mL 水中，然后分装入两个试管中，在一支中加入 $CuSO_4$ 溶液（50g/L）10 滴，另一支加 $CoSO_4$ 溶液（50g/L）10 滴，各有何现象产生？

五、附注

（1）有时反应液也常呈粉红色，此系溴水将部分苯胺氧化产生了复杂的有色产物。

（2）为了便于比较，三个样品应同时进行试验。应当注意：反应液中如叔胺浓度太大，反应温度过高，反应时间过长，也可能会产生少量不溶性产物。

六、思考题

（1）在胺的碱性实验中，二苯胺加酸后，最后加水稀释，析出的白色沉淀是何物？

（2）苯胺和溴的作用，你如何用取代基对苯环取代反应的难易程度的影响？解释之。

（3）鉴别伯胺、仲胺、叔胺有几种方法，哪一种比较好？脂肪族伯胺和芳香族伯胺、脂肪族叔胺和芳香族叔胺又是如何鉴别的？

第六章　绿色化合成新技术实验

实验 47　电化学还原马来酸合成丁二酸（3 学时）

一、实验目的

（1）学习电化学有机合成的方法和原理。

（2）掌握电化学还原马来酸合成丁二酸的原理和实验操作。

二、实验原理

丁二酸俗称琥珀酸，广泛用于医药、农药、合成材料、香料及食品加工等领域，是一种重要的化工原料。合成丁二酸的化学方法有多种，如醇的氧化、醛的氧化、顺丁烯二酸（俗称马来酸）的催化加氢等。化学方法合成丁二酸，副反应多，不容易获得高收率、高纯度的产品，且"三废"污染严重。与化学方法相比，电化学合成法有很多优点，如反应条件温和，常温、常压即可；副反应容易控制，副产物少；反应母液可以循环使用，从而降低了"三废"污染。

电化学合成丁二酸的基本原理是以顺丁烯二酸为原料，在阴极上进行电还原加氢反应制得，反应如下：

阴极反应

$$\begin{matrix} CHCOOH \\ \| \\ CHCOOH \end{matrix} + 2H^+ + 2e \longrightarrow \begin{matrix} CH_2COOH \\ | \\ CH_2COOH \end{matrix}$$

阳极反应

$$H_2O \longrightarrow 2H^+ + \frac{1}{2}O_2 + 2e$$

总反应

$$\begin{matrix} CHCOOH \\ \| \\ CHCOOH \end{matrix} + H_2O \longrightarrow \begin{matrix} CH_2COOH \\ | \\ CH_2COOH \end{matrix} + \frac{1}{2}O_2$$

阴极电还原加氢反应所需要的 H^+ 是由阳极上水的电氧化反应提供，所以电能利用率比较高。

合成丁二酸的电化学技术，目前有隔膜法、无隔膜法、成对电合成法等。

丁二酸无隔膜电合成工艺流程如图 6-1 所示。

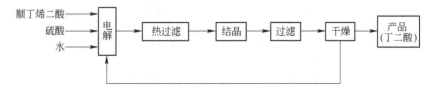

图 6-1　丁二酸无隔膜电合成工艺流程

三、实验仪器和药品

仪器：无隔膜玻璃电解槽，不锈钢，PbO_2/Pb，磁力搅拌器，直流稳压电源。

药品：顺丁烯二酸（1.5mol/L），硫酸（1.0mol/L）。

四、实验内容

在单室带有磁子搅拌的无隔膜玻璃电解槽中进行恒电流电解，以铅基二氧化铅为阳极，不锈钢为阴极，以 1.0mol/L 的硫酸为支持电解质［附注(1)］，顺丁烯二酸的浓度为 1.5mol/L，在 60～70℃ 的温度下进行电解；取出电解槽电解液，冷却到室温后即可析出丁二酸晶体，过滤，干燥，得到产品。称重，计算产率以及电流效率［附注(2)］。

五、附注

（1）硫酸作为支持电解质，可以降低槽电压，节约能源。

（2）电流效率是实际生成物质的量与按法拉第定律计算应生成物质的量之比。也可以按生成一定量物质所必需的理论电量与实际消耗的总电量之比计算。

六、思考题

（1）为什么电流效率总小于 100%？

（2）根据电子的得失，电化学合成分为哪两大类？阳极发生什么反应，阴极发生什么反应？

（3）电化学合成对电极有什么要求？

实验 48　电化学法制备对氨基苯甲酸（3 学时）

一、实验目的

（1）进一步学习电化学有机合成的方法和原理。

（2）掌握电化学还原对硝基苯甲酸合成对氨基苯甲酸的原理和实验操作。

二、实验原理

对氨基苯甲酸既是一种重要的化工原料又是一种重要的化工产品，如用于脂类、叶酸等有机合成；染料工业作活性染料和偶氮染料中间体；合成高分子材料及医药行业等。

对氨基苯甲酸电化学合成，是以对硝基苯甲酸为原料，酸性介质中，阴极还原制得，反应如下：

阴极反应

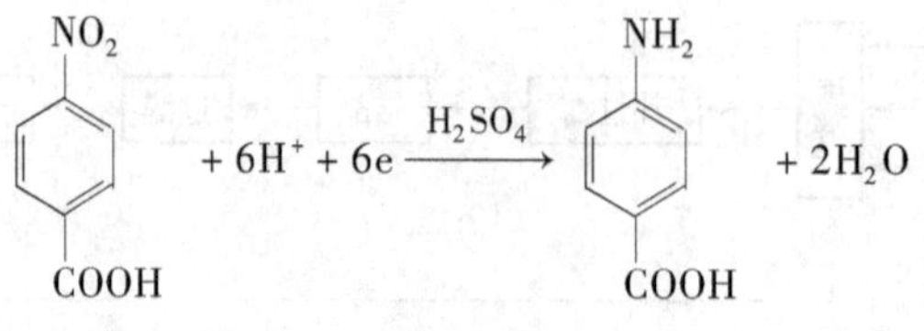

阴极副反应

$$2H^+ + 2e \longrightarrow H_2 \uparrow$$

阳极反应

$$4H_2O \longrightarrow 4H^+ + 4OH^-$$

$$4OH^- \longrightarrow O_2 + 2H_2O + 4e$$

阴极副反应尽可能避免，因为氢气的放出，会降低电流效率。

电解装置如图6-2所示。

三、实验仪器和药品

仪器：烧杯，量筒，电热套，布氏漏斗，保温漏斗，短颈玻璃漏斗，吸滤瓶，循环水式多用真空泵，滤纸，电子天平，磁力搅拌器。

药品：对硝基苯甲酸，铅合金（阴极），钛网上涂 RuO_2（阳极），RaneyNi 粉（100 目），乙醇，盐酸（3.2mol/L）。

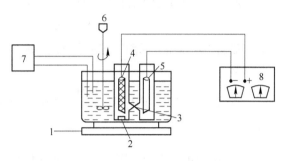

图 6-2　电解装置

1—磁力搅拌器；2—磁子；3—隔膜；4—阳极；5—阴极；
6—搅拌器；7—控温器；8—稳压稳流直流电源

四、实验内容

将对硝基苯甲酸的乙醇-水溶液[0.125mol/L,附注（1）]，放入电解槽中，加入盐酸（3.2mol/L），少量 Ni 粉[附注（2）]，铅合金作阴极，钛网上涂 RuO_2 作阳极，50℃下恒电流电解。电解结束后，趁热过滤，滤液冷却后，析出结晶，即为对氨基苯甲酸。水重结晶，得纯品，干燥，称重，计算收率及电流效率。

五、附注

（1）水和乙醇混合溶液，有利于原料对硝基苯甲酸的溶解，有利于电解反应。

（2）加镍可以加速电解反应的进行，不使 H^+ 放电反应的发生。

六、思考题

（1）热过滤可以除去什么物质？

（2）本实验有副反应吗，如何避免副反应的发生？

（3）为什么选择水重结晶？

实验 49　微波法合成正丁醚（2 学时）

一、实验目的

（1）了解微波辐射在化学和其他领域的发展和应用。

（2）学习微波辐射下合成有机化合物的方法及特点。

（3）掌握微波法制备正丁醚方法和实验操作。

二、实验原理

醚的制备方法主要有两种，一种是醇的脱水：

$$R-OH + R-OH \longrightarrow ROR + H_2O$$

这种方法主要用于制取简单醚，以醇为原料，催化剂可以使用硫酸、氧化铝等。

另一种方法是威廉姆森合成法，即醇（酚）钠与卤代烃作用，主要是合成不对称醚。

$$R-ONa + R-X \longrightarrow ROR' + NaX$$

正丁醚属于简单醚，采用丁醇脱水方式制取。反应如下：

反应式

$$2CH_3CH_2CH_2CH_2OH \xrightarrow{H_2SO_4} CH_3CH_2CH_2CH_2OCH_2CH_2CH_2CH_3 + H_2O$$

副反应

$$CH_3CH_2CH_2CH_2OH \xrightarrow{H_2SO_4} CH_3CH_2CH=CH_2 + H_2O$$

三、实验仪器和药品

仪器：实验专用微波炉，圆底烧瓶，空气冷凝管，分水器，冷凝管，分液漏斗，量筒，循环水式多用真空泵，阿贝折光仪。

药品：正丁醇，硫酸（浓），沸石，食盐溶液（饱和），氯化钙溶液（饱和）。

四、实验内容

（一）微波反应

在 100mL 圆底烧瓶中依次加入 31mL 正丁醇、4.5mL H_2SO_4（浓）和少许沸石，摇匀。将圆底烧瓶置于微波炉内的玻璃平台上，用空气冷凝管穿过微波炉顶的小孔与其相连。空气冷凝管的上口接分水器[附注(1)]，再接水冷凝管。使用 400W 微波[附注(2)]辐射 20min[附注(3)]。

（二）分离纯化

反应结束后，将微波炉内的反应瓶取出，冷至室温，先用 15mL 食盐（饱和）洗一次，再分别用 15mL $CaCl_2$ 溶液（饱和）洗两次，用无水 $CaCl_2$ 干燥 30min 后，减压（水泵）蒸馏收集 107~110℃ 的馏分，即为无色透明液体正丁醚。称重，计算产率，并测定折光率。纯正丁醚折光率为 $n^{20}1.3992$。

五、附注

（1）本实验利用恒沸混合物蒸馏方法，分水器的作用是将反应生成的水层上面的有机层不断流回到反应烧瓶中，而将生成的水除去。

（2）微波功率 400W 左右适宜，功率过大，正丁醚的产量会降低，有利于副产物丁烯的生成。

（3）微波辐射时间以 20min 左右为宜，辐射时间过长，易碳化，影响正丁醚的产量。

六、思考题

（1）计算理论上应分出的水量，并记录实际出水量，比较二者是否一致。

（2）结合本实验说明微波辐射合成有机化合物有什么特点？

（3）说明用饱和食盐水和饱和氯化钙溶液洗涤的目的。

实验 50　微波法合成二苯甲酮（2 学时）

一、实验目的

（1）进一步了解微波辐射在化学和其他领域的发展和应用。

（2）进一步学习微波辐射下合成有机化合物的方法及特点。

（3）掌握微波法制备二苯甲酮的方法和实验操作。

二、实验原理

二苯甲酮是一种多用途的化工产品，用于医药中间体、香料定香剂、高分子材料的紫外线吸收剂、薄膜涂层的光敏剂等。

由二苯甲烷合成二苯甲酮的反应式如下：

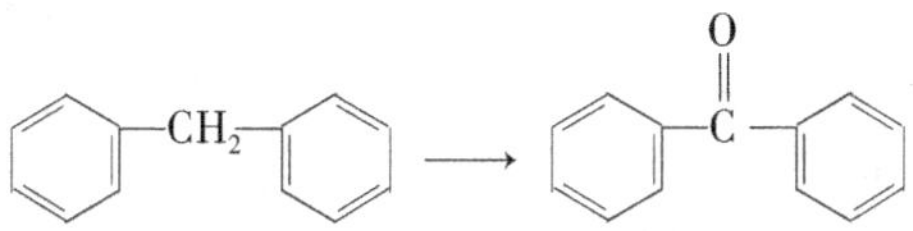

三、实验仪器和药品

仪器：实验专用微波炉，电子天平，烧瓶，旋转蒸发器。

药品：二苯甲烷，过氧化氢，醋酸铁，石油醚（$60 \sim 90 \text{℃}$）。

四、实验内容

（一）微波反应

在 50mL 烧瓶中，依次加入 0.168g（1mmol）二苯甲烷、5mL 过氧化氢、0.09g（0.4mmol）醋酸铁以及 10mL 醋酸[附注(1)]，摇匀后，加入少许沸石。将烧瓶置于微波炉内的玻璃平台上，使用 365W 微波[附注(2)]辐射 20min[附注(3)]。

（二）分离纯化

反应结束后，将微波炉内的反应瓶取出，冷至室温，过滤除去醋酸铁和沸石。旋转蒸发除去醋酸溶剂。产物冷却后固化，用石油醚（$60 \sim 90 \text{℃}$）重结晶，得到白色晶体。称重，计算产率。

五、附注

（1）醋酸可以提高二苯甲烷的溶解度，有利于反应物充分接触；醋酸还可以增加反应体系吸收微波能的能力。

（2）微波功率 365W 左右适宜，功率过大，会增加副产物的生成量。

（3）微波辐射时间以 20min 左右为宜，辐射时间过长，易碳化，影响二苯甲酮产量。

六、思考题

（1）除了微波法外，合成二苯甲酮还有哪些方法？

（2）微波是电磁波，其波长及频率在什么范围？

（3）影响微波辐射合成反应的因素有哪些？

（4）辐射时间越长越好吗，辐射强度越强越好吗？说明原因。

实验 51　超临界二氧化碳流体萃取南瓜籽油（3 学时）

一、实验目的

（1）了解超临界流体的性质和特点。

（2）学习超临界二氧化碳流体的特性。

（3）掌握超临界二氧化碳流体萃取南瓜籽油的方法和实验操作。

二、实验原理

南瓜籽油中含有丰富的亚油酸、油酸等多种不饱和脂肪酸以及生理活性物质，如植物甾醇、矿物质、氨基酸、维生素等，是一种新型保健油。

超临界流体是指热力学状态处于临界点 CP（Pc、Tc）之上的流体，临界点是气、液界面刚刚消失的状态点，超临界流体具有十分独特的物理化学性质，它的密度接近于液体，黏度接近于气体，而扩散系数大、黏度小、介电常数大等特点，使其分离效果较好，是很好的溶剂。超临界流体萃取过程，就是利用这一特性，快速高效的完成分离任务。

超临界萃取剂选择 CO_2，基于以下考虑：

（1）操作范围广，便于调节。

（2）选择性好，可通过控制压力和温度，有针对性地萃取所需成分。

（3）操作温度低，在接近室温条件下进行萃取，这对于热敏性成分尤其适宜，萃取过程中排除了空气氧化和见光反应的可能性，萃取物能够保持其自然风味。

（4）从萃取到分离一步完成，萃取后的 CO_2 不残留在萃取物中。

（5）CO_2 无毒、无味、不燃、价廉易得，且可循环使用。

（6）萃取速度快。

三、实验仪器和药品

仪器：超临界二氧化碳流体萃取装置，植物粉碎机，真空干燥箱，电子天平，罗维朋比色仪，阿贝折光仪。

药品：南瓜籽仁，二氧化碳气体（纯度不小于 99.9%）。

四、实验内容

（一）超临界 CO_2 流体萃取装置及流程

超临界 CO_2 萃取装置如图 6-3 所示。A 瓶中装粉碎后的南瓜籽仁样品，当超临界点的压缩 CO_2 气体通过南瓜籽仁时，携带走大量的萃取化合物，形成超临界"溶液"，此时压力为 10 ~ 40MPa，气体膨胀进入 B 瓶，在 5 ~ 10MPa 的压力下，油脂化合物被提取分离，不带提取物的

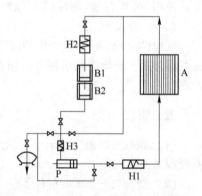

图 6-3　超临界 CO_2 萃取装置

A—萃取釜；B1、B2—分离釜，其中装有液态 CO_2；P—泵（用于液化气体）；

H1 ~ H3—热交换器

纯 CO_2 从 B 瓶中释放出来，通过泵压缩回 A 瓶中，如此反复，便可得到油脂。

（二）原料及预处理

将饱满、外壳为黄白色的南瓜籽，在真空干燥箱中恒温 40℃ 干燥 3h，带壳在粉碎机中粉碎成细粉，过 20 目筛，备用。

（三）实验步骤

称取 50g 粉碎的南瓜籽仁细粉，投入 A 瓶中密封。升温至 45℃，升压到 30MPa，调节 CO_2 流量为 30kg/h，萃取 3h，由分离釜 B 得到产品。萃取后精确称取南瓜籽蛋白粉和籽油，计算籽油的萃取率；然后进行籽油质量评价。

（四）南瓜籽油质量检测方法

（1）酸值的测定：滴定法［附注（1）］；

（2）过氧化物值的测定：碘量法［附注（2）］；

（3）色泽的测定：采用罗维朋比色仪测定［附注（3）］；

（4）折光指数：采用阿贝折光仪测量。

五、附注

（1）酸值是评价油品酸败程度的指标之一。定义为中和 1g 油脂游离脂肪酸，消耗氢氧化钾的质量数。精确称取南瓜籽油 2.00g 于 100mL 锥形瓶中，另取一个锥形瓶不加南瓜籽油做空白参考。在上述两个锥形瓶中各加入 50mL 混合溶液（95% 乙醇：乙醚 = 1：1，体积比），各加入 1~2 滴酚酞指示剂，用 KOH 标准溶液（0.1mol/L）滴定至淡红色 1min 不褪色为终点，记录 KOH 溶液（0.1mol/L）的用量。按下列公式计算酸值（或酸价）：

$$酸值 = \frac{c(V_2 - V_1) \times 56.1}{W}$$

式中 c——标准 KOH 浓度，mol/L；

V_2——样品消耗 KOH 的毫升数，mL；

V_1——空白所用 KOH 的毫升数，mL；

56.1——KOH 的相对分子质量；

W——样品质量，g。

（2）过氧化值是反映油品氧化程度的指标。准确称取 2.00g 南瓜籽油于 100mL 锥形瓶中，加入 20mL 氯仿-冰乙酸混合液，轻轻摇动使油脂溶解，加入 1mL 饱和碘化钾溶液，摇匀，加塞，置暗处放置 5min，取出立即加水 50mL，充分摇匀，加入 1mL 淀粉指示剂，用硫代硫酸钠溶液（0.01mol/L）滴定至蓝色消失，记下体积。另取一个锥形瓶不加南瓜籽油做空白参考。按下列公式计算过氧化物值（过氧化值）：

$$过氧化值 = \frac{1000(V_1 - V_2)c}{2W}$$

式中 V_1——试样用去硫代硫酸钠溶液的体积，mL；

V_2——空白试样用去硫代硫酸钠溶液的体积，mL；

c——硫代硫酸钠溶液浓度，mol/L；

W——样品质量，g；

0.1269——1mg 当量硫代硫酸钠相当碘的克数。

（3）色泽（又称色度）是植物油加工最重要的外观指标，我国植物油国家标准中对不同种类、等级的植物油色泽是以罗维朋比色计进行测定，并制定了相应的指标。

罗维朋比色计主要由比色槽，比色槽托架，碳酸镁反光镜，乳白灯泡，观察管以及红色、黄色、蓝色、灰色的标准颜色色阶玻璃片等部件组成，如图6-4所示。

比色槽有两种规格，厚度为25.4mm比色槽用于普通植物油色泽测定，厚度为133.4mm的比色槽用于色拉油、高级烹调油等浅色油的测定。

标准颜色玻璃片有红色、黄色、蓝色及灰色四种。红色玻璃片号码由0～70组成，分为三组，一组为0.1～0.9，二组为1～9，三组为10～70；黄色玻璃片号码也由0～70组成，同样分为三组；蓝色玻璃片号码由0.1～40组成，分为三组；灰色玻璃片号码由0.1～3组成，分为两组。标准颜色玻璃片中常用的是红、黄两种。

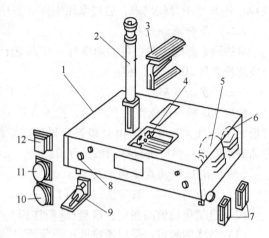

图6-4　罗维朋比色计

1—比色箱；2—观察管；3—透明样品架；4—有色玻璃架；
5—灯泡；6—计时数字钟；7—比色槽；8—开关；
9—固体样品架；10—标准白板；11—粉末样品盘；
12—胶体样品盘

通过调节黄色、红色的标准颜色色阶玻璃片与油样的色泽进行比色，比至二者色泽相当时，分别读取黄色、红色玻璃片上的数字作为罗维朋色值即油脂的色泽值。

操作方法：首先放平仪器，从配件盒中拿出观察管并将其插入仪器中（必须确保观察反射镜正对仪器），将两个碳酸镁反光镜片分别放入仪器的两个孔上，接通电源，交替按下 ON/OFF 按钮，检查光源是否完好。取澄清（或经过滤）的试样注入比色槽中，样品量应达到距离比色槽上口约5mm处，再将比色槽置于比色槽托架上并按下托架上固定比色槽位置的保持夹，然后将比色槽托架置于比色计中。

按质量标准固定黄色玻璃片色值，按下 ON/OFF 按钮，打开光源，移动红色玻璃片调色，直至玻璃片颜色与样品完全相同为止。如果油样有青绿色，则须配入蓝色玻璃片，这时移动红色玻璃片，使配入蓝色玻璃片的号码达到最小值为止。记取与黄、红（或者黄、红、蓝）色玻璃片相对应的各自总色值，即为被测油样的色值。结果注明不深于黄多少号和红多少号，同时标明所用比色槽的厚度。

六、思考题

（1）如何标定实验中所用的硫代硫酸钠溶液、氢氧化钠溶液的浓度？

（2）测定油脂酸价时，装油的锥形瓶和油样中均不得混有无机酸，这是为什么？

（3）超临界二氧化碳流体有什么优点？

（4）评价食用油脂的指标有哪些？

实验52　超声波法制备苯亚甲基苯乙酮（2学时）

一、实验目的

（1）了解超声化学的一般原理、方法和应用。

（2）学习超声仪器的操作和使用。

（3）掌握超声技术制备苯亚甲基苯乙酮的方法和实验操作。

二、实验原理

苯亚甲基苯乙酮是由苯甲醛与苯乙酮在氢氧化钠碱性溶液催化下进行羟醛缩合而成。

反应式：

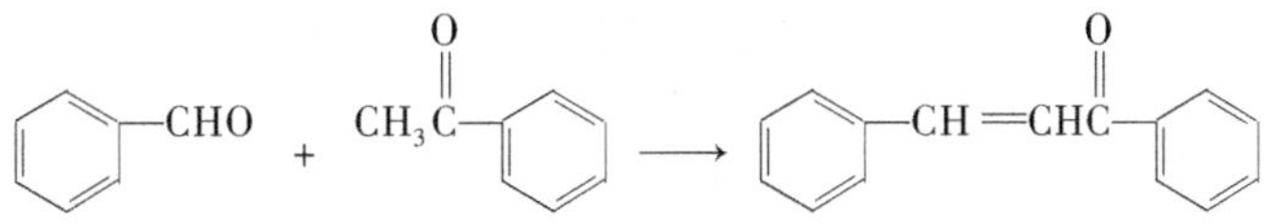

三、实验仪器和药品

仪器：超声波发生器，锥形瓶。

药品：氢氧化钠溶液（100g/L），乙醇，苯乙酮，苯甲醛。

四、实验内容

在 50mL 锥形瓶中，依次加入 6.3mL 氢氧化钠水溶液（100g/L）［附注（1）］、7.5mL 乙醇（95%）、3mL（3g，25mmol）苯乙酮，摇匀。冷却至室温，再加入 2.5mL（2.65g，25mmol）新蒸的苯甲醛［附注（2）］。将锥形瓶放在超声波清洗槽中，使反应瓶中的液面略低于清洗槽水面，启动超声波发生器，于 25～30℃［附注（3）］反应 30～35min，有结晶析出。停止反应，于冰浴中冷却，使结晶完全。抽滤，冷水洗涤产品至中性，得到粗产品。粗产品用乙醇（95%）重结晶，干燥，称重，计算产率。

五、附注

（1）超声波法中，催化剂氢氧化钠的用量只有经典化学法的一半。如果用量太大，会生成大量的聚合物，影响收率。

（2）苯甲醛在空气中或见光，会变黄；使用时必须重蒸，得到无色或浅黄色液体。

（3）反应温度高于 30℃，或低于 15℃，对反应均不利。

六、思考题

（1）本实验为什么使用稀的氢氧化钠水溶液，使用浓度大的氢氧化钠水溶液是否可以？

（2）超声波是一种能量比较低的机械波，并不能改变化合物的结构或使化学键活化。那么，超声波促进化学反应的原因是什么？

（3）总结超声化学反应的特点。

实验 53　相转移催化制备 2,4-二硝基苯酚（3 学时）

一、实验目的

（1）学习相转移催化法的基本原理和技术。

（2）掌握聚乙二醇相转移催化剂的使用方法和催化原理。

（3）掌握相转移催化制备 2,4-二硝基苯酚的方法和实验操作。

二、实验原理

在醋酸介质中，以聚乙二醇-400（PEG-400）为相转移催化剂，用硝酸铈铵直接将苯酚转化为2,4-二硝基苯酚。

反应式：

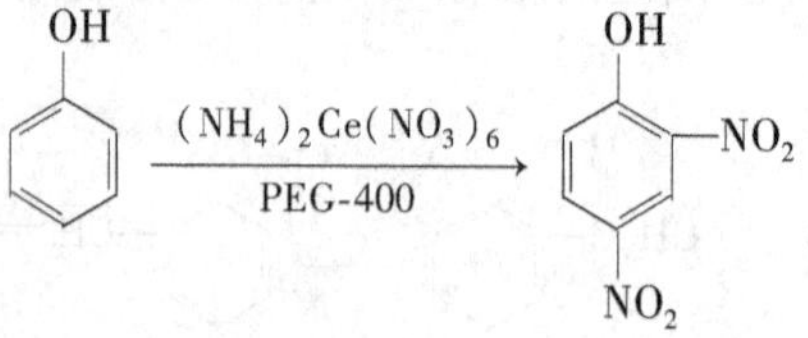

三、实验仪器和药品

仪器：显微熔点测定仪，真空干燥箱，圆底烧瓶，电子天平，磁力搅拌器，滴液漏斗，循环水多用真空泵，制冰机。

药品：聚乙二醇-400，硝酸铈铵，醋酸，苯酚。

四、实验内容

在50mL圆底烧瓶中加入0.0941g（1mmol）苯酚、5mL醋酸（90%，体积分数）、0.5mL聚乙二醇-400，在磁力搅拌下滴加将0.5754g（1.05mmol）硝酸铈铵溶于2mL水的溶液［附注（1）］，大约4min滴加完毕。然后加热至50℃［附注（2）］，反应1.5h。反应结束后，将反应物倒入适量冰水中，有黄棕色固体析出。真空抽滤，蒸馏水洗涤沉淀2～3次，得粗产品。用甲醇重结晶，真空干燥后得黄色固体。称重，计算产率，用显微熔点测定仪测定熔点。

五、附注

（1）硝酸铈铵用量以1.05mmol为宜；用量过大，有利于副产物生成，影响收率。

（2）反应温度大于60℃时，有利于副产物生成，影响收率。

六、思考题

（1）本实验有哪些副反应？

（2）聚乙二醇为什么可以作为相转移催化剂？

（3）氯化苄基三乙基铵可以作相转移催化剂吗？

（4）反应结束后为什么要用水稀释？

实验54　相转移催化法制备苯甲醇（3学时）

一、实验目的

（1）进一步学习相转移催化法的基本原理和技术。

（2）进一步掌握聚乙二醇相转移催化剂的使用方法和催化原理。

（3）掌握相转移催化制备苯甲醇的方法和实验操作。

二、实验原理

在聚乙二醇-1000相转移催化剂存在下，氯化苄与羧酸盐反应生成苄酯，然后用氢氧化钠水解，得到苯甲醇。

反应式：

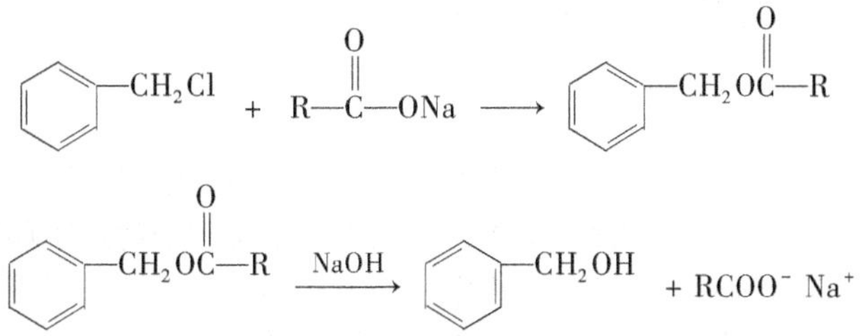

三、实验仪器和药品

仪器：三口烧瓶，分液漏斗，量筒，电热套，电动搅拌器，循环水多用真空泵，电子天平，阿贝折光仪。

药品：氯化苄、乙酸钠、氢氧化钠、聚乙二醇-1000。

四、实验内容

1. 乙酸苄酯的制备

在 250mL 三口烧瓶中，依次加入 50mL 氯化苄，65g 乙酸钠［附注（1）］，2g 聚乙二醇-1000，开动搅拌器，加热升温至回流。回流 2.5h 后，冷却至室温后，转入分液漏斗，静置分层。将含有乙酸苄酯的有机相分出，进行下一步水解。

2. 苯甲醇的制备

将 1. 中分出的有机相放入三口烧瓶中，补加少量相转移催化剂聚乙二醇-1000，加入氢氧化钠溶液（300g/L）30mL，开动搅拌器，升温至 100℃ 左右，水解 1h。冷至室温，转入分液漏斗中，静置分层。分出有机相，得到苯甲醇粗产品。粗产品减压蒸馏得到纯产品［附注（2）］。称重，计算产率，测定折光率。

五、附注

（1）本实验使用的原料有氯化苄和乙酸钠，为了提高收率，其中一种原料是过量的。

（2）苯甲醇沸点为 204.7℃，常压蒸馏既消耗能源又浪费时间；最好减压蒸馏。

六、思考题

（1）实验中的乙酸钠，可以用甲酸钠代替吗，说明理由。

（2）除了聚乙二醇外，还有哪些化合物可以做相转移催化剂？

（3）本实验使用氯化苄为原料，除此之外，还有哪些方法可以制备苯甲醇？

（4）判断本实验哪种原料是过量的，并说明理由。

实验 55 纳米二氧化钛薄膜光催化氧化降解苯胺（4 学时）

一、实验目的

（1）了解纳米二氧化钛光催化降解环境中有机污染物的现状。

（2）学习纳米二氧化钛光催化氧化降解苯胺的原理。

（3）掌握纳米二氧化钛薄膜光催化氧化降解苯胺的方法和实验操作。

（4）掌握固定床式反应装置的使用及实验操作。

二、实验原理

苯胺是一种常见的环境污染物，主要来源于农药、染料、塑料和医药等行业。不仅是强致癌物，而且对人体血液和神经的毒性也很大，所以消除苯胺污染物对于环保和人类健康有重要的意义。二氧化钛具有活性高、化学性能稳定、价廉易得等优点，采用负载型纳米二氧化钛光催化降解环境中的有机污染物已经成为近年来污染治理技术新的研究热点。

苯胺光降解的中间产物主要有偶氮苯、硝基苯和氨基酚。经过有羟基自由基发生夺氢和亲电加成作用，最终降解为硝酸根离子、二氧化碳和水，从而消除了苯胺对环境的污染。

降解过程如图 6-5 所示。

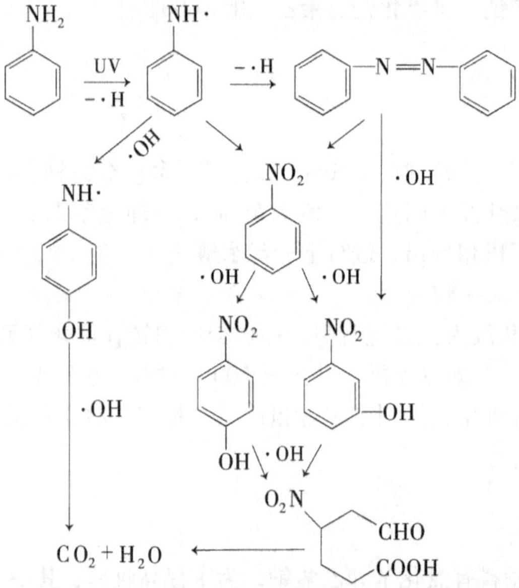

图 6-5　苯胺的光催化降解历程

三、实验仪器和药品

仪器：烧杯，量筒，电子天平，马弗炉，匀胶机，300W 高压汞灯，固定床式反应装置，紫外分光光度计。

药品：钛酸四丁酯，无水乙醇，硝酸（浓），过氧化氢，石英载体，十二烷基苯磺酸钠，苯胺。

四、实验内容

（一）纳米 TiO_2 薄膜的制备（溶胶-凝胶法）

室温下将钛酸四丁酯 $[Ti(OC_4H_9)_4]$ 和无水乙醇按 1∶4 的比例混合，充分搅拌下缓慢加入少量硝酸（浓），调节 pH 值为 3。强烈搅拌下滴加 3 倍于 $[Ti(OC_4H_9)_4]$ 的去离子水，加入体积比约为2%的稳定剂十二烷基苯磺酸钠，继续搅拌至浅黄色透明的 TiO_2 溶胶出现。待胶液陈化24h使用。

将预先经酸碱处理后的石英载体浸入溶胶中，采用浸渍-提拉法涂膜，以1mm/s的速率向上缓慢提拉出液面，空气中晾干后放置于马弗炉中，以5℃/min升温至500℃，保持1h后，自然冷却。即得到透明的石英负载的 TiO_2 薄膜。重复4次，得到负载层数为4的 TiO_2 薄膜[附注(1)]。

（二）光催化降解

将透明石英负载的 TiO_2 光催化剂[附注(2)]薄膜放在固定床式反应装置（也可以用烧杯代替）中的套管结构上，加入800mL苯胺溶液（50mg/L）作为模拟废水，通过循环冷凝控制温度30℃左右，氧气流量为 $0.15m^3/h$ ，过氧化氢的用量为30%[附注(3)]，反应液循环量为100mL/min，光源为300W高压汞灯。计时，每20min取样一次，在紫外分光光度计测定样品的吸光度[附注(4)]，共取样5次。在210～270nm波长处有苯胺特征吸收峰。

五、附注

（1）TiO_2 负载层数大于4时，会降低催化剂的透光性能，从而降低光催化的反应速率。

（2）在光催化领域中研究最多的材料是二氧化钛，TiO_2 是一种 n 型氧化物半导体，其禁带宽度为3.2eV。对光具有敏感性，在光的照射下产生光生电子和空穴对，能够引发吸附物种的氧化还原反应。

（3）加入过氧化氢可以大幅度加快苯胺的光降解率。使用量合适时，有利于羟基自由基的形成；使用量过大，则又成为羟基自由基的清除剂，不利于降解反应。

（4）苯胺在210～270nm波长处有特征吸收峰，随着降解反应的进行，吸光度值逐渐降低，直到最后，苯胺吸收峰完全消失。

六、思考题

（1）工业废水除了化学方法处理外，还有哪些处理方法？
（2）与其他方法比较，光催化降解有什么优点？
（3）预测 TiO_2 光催化剂的使用寿命。

实验56 光化学合成苯片呐醇（3学时）

一、实验目的

（1）了解光化学反应的基本原理、方法和应用。
（2）掌握光化学合成苯片呐醇的方法和实验操作。

二、实验原理

苯片呐醇由二苯甲酮经过光化学还原制取。当二苯甲酮受到光激发时，原子中非键轨道上的 n 电子发生跃迁，使羰基呈现双游离基性质。这种活泼的双游离基很容易从质子溶剂分子中获得一个氢原子，形成单游离基，即二苯基羟甲基游离基。两个二苯基羟甲基游离基相遇就会偶联生成苯片呐醇。

反应历程如下：

三、实验仪器和药品

仪器：具塞试管，电子天平，烧杯，250W 汞弧灯，显微熔点测定仪。

药品：二苯甲酮，异丙醇，醋酸。

四、实验内容

（一）光化学反应

将 2.8g 二苯甲酮和 20mL 异丙醇加入具塞试管内，温水浴使二苯甲酮溶解，然后滴加 1 滴醋酸[附注（1）]，充分振荡后再补加异丙醇至试管口，以使反应在无空气条件下进行[附注（2）]。用玻璃塞将试管塞住，并将试管放置于烧杯内，在 250W 汞弧灯下照射 3h 左右，有晶体析出。

（二）分离纯化

反应完成后，冰浴中冷却使晶体完全析出。过滤，用少量异丙醇洗涤晶体，干燥后得到苯片呐醇粗产品。用少量醋酸重结晶，过滤，干燥，得到纯产品。称重，计算产率，用显微熔点测定仪测定熔点。

五、附注

（1）玻璃具有微弱的碱性，会使苯片呐醇变成二苯甲酮和二苯甲醇，影响收率；加 1 滴醋酸可以克服碱性的影响。

（2）空气中的氧会消耗光化学反应中产生的自由基，使反应速度减慢。

六、思考题

（1）制备苯片呐醇还有哪些方法？

（2）本实验有副反应吗？如果有，试着写出。

（3）光化学合成有机化合物有什么优点？

第七章　设计实验

设计性实验是指给定实验目的、要求和实验条件，由学生自行设计实验方案并加以完成的实验。设计性实验具有：（1）实验技能的综合性；（2）实验操作的独立性；（3）实验过程的研究性三大特点。在组织实施设计性实验时，为培养学生的组织能力与团队精神，可把学生组成 4 人以上的设计小组，模拟实行科研管理方法——组长负责制；组员分工。

设计性实验中的过程可分为以下几个步骤：

（1）选题。为了设计性实验达到预期目的选题十分重要。设计性实验题目选择时应注意：1）题目要有一定的理论意义和实用价值；2）注意适当的难度和学生的"个性"。选题的方法主要是：1）教师推荐与学生自拟相结合；2）实行学生自主选题。

（2）查阅文献资料。充分了解前人的研究工作及进展状况，在此基础上整理文献资料，为自己设计路线提供思路。

（3）设计实验方案。设计实验方案时应注意：方案必须切合实际，具有可操作性；尽量选择原料易得，反应条件温和，催化剂价廉，后处理方便，收率高及环境友好的方案。设计的实验方案应包括设计具体操作步骤等内容，如：1）列出所需药品名称，实验仪器和设备；2）画出实验装置图；3）确定原料投料量；4）控制合成过程的方法与措施，如如何投料？温度控制在何范围？反应终点如何判断？5）产品的精制方法，如如何拿到纯产品？产品纯度如何检定等。方案一般需经过教师认可。

（4）实施实验。学生根据自己的实验方案，进实验室进行实验。

（5）总结实验结果，写出报告。实验总结报告采取小论文格式，可包括：1）实验的目的与意义；2）方案设计的理论依据；3）实验的路线与步骤；4）数据记录处理与结果讨论；5）实验结论；6）人员分工；7）对实验的建议与要求；8）列出参考文献。

实验 57　利用绿色化原则，设计由苯及其衍生物合成苯甲酸（4 学时）

一、实验目的

（1）了解绿色合成在有机化学实验中的重要性及应用。
（2）了解有机合成设计的理论和方法。
（3）掌握具体有机化合物的设计思路，并利用绿色化原则加以选择。
（4）设计苯甲酸的合成线路，并选择比较合适的路线。

二、设计提示

合成苯甲酸，使用的原料一般是苯的衍生物，如甲苯、苯甲醛、苯甲醇、苯甲酰卤、苄卤、苯乙酮、苯甲腈等。

方法一：甲苯的氧化

$$\text{（甲苯）} \xrightarrow{\text{KMnO}_4} \text{（苯甲酸 COOH）}$$

方法二：苯甲醛的氧化

$$\text{（CHO）} \xrightarrow[\text{室温}]{\text{KMnO}_4/\text{CH}_3\text{COCH}_3\text{-H}_2\text{O}} \text{（COOH）}$$

方法三：苯甲醇的氧化

$$\text{PhCH}_2\text{OH} \xrightarrow[\text{7\%，Na}_3\text{PO}_4\text{，buffer-MeCN}]{\text{2eq-NaClO}_2\text{，NaOH 2\%}} \text{PhCOOH}$$

方法四：苯甲醛的歧化

$$\text{（CHO）} \xrightarrow{\text{NaOH}} \text{（CH}_2\text{OH）} + \text{（COOH）}$$

方法五：苯甲酰卤的水解

$$\text{（COX）} \xrightarrow{\text{H}_2\text{O}} \text{（COOH）}$$

方法六：苄卤的氧化

$$\text{（CH}_2\text{X）} \xrightarrow[\text{Na}_2\text{CO}_3]{\text{KMnO}_4} \text{（COOH）}$$

方法七：苯乙酮的卤仿反应

$$\text{（COCH}_3\text{）} \xrightarrow{\text{X}_2/\text{NaOH}} \text{（COCX}_3\text{）} \xrightarrow{\text{NaOH}} \text{（COOH）}$$

方法八：苯甲腈的水解

$$\text{（CN）} \xrightarrow{\text{H}_2\text{O}} \text{（COOH）}$$

　　按照《有机化学》课程中学习到的方法，可以列出以上 8 种制备苯甲酸的合成路线。需要从中选择一条进行实验，如何选择？从绿色合成的角度来看，首先原料及所用试剂价格便宜、容易获得、利用率高；其次实验操作简单、反应时间短、安全可靠、污染程度小。

甲苯来源广，价格便宜，所以选择由甲苯氧化苯甲酸为宜。氧化剂使用高锰酸钾，由于高锰酸钾是水溶性的，通常情况下与油溶性的甲苯反应不完全，反应时间长，产率不高。加入相转移催化剂（PTC），可加速或使互不相溶的两相物质发生反应。相转移催化剂通常是季铵盐类、冠醚类、非环多醚类等。季铵盐类如四甲基溴化铵、四丁基溴化铵、十六烷基三甲基溴化铵、三乙基苄基溴化铵等。反应原理如下：

$$\text{\Large$\bigcirc$}\!-\!CH_3 \xrightarrow[\text{PTC}]{\text{KMnO}_4} \text{\Large$\bigcirc$}\!-\!COOH$$

三、实验要求

（1）查阅相关文献，设计利用氧化法，采用相转移催化剂合成苯甲酸的绿色化实验方案。
（2）根据实验方案进行实验，制备苯甲酸。
（3）给出结构表征可采用的仪器及方法。
（4）根据实验方法和实验结果写一篇小论文。

实验 58　乙酰苯胺的绿色合成方法设计（4 学时）

一、实验目的

（1）学习酰化反应的原理及其在合成中的应用。
（2）学习设计反应线路，并能够综合考虑并选择合适的路线。

二、设计提示

胺的酰化反应在有机合成中有重要的意义。酰化试剂可以选择酰卤、酸酐或羧酸。具体到合成乙酰苯胺，乙酰化试剂可以选择乙酰氯、乙酸酐或乙酸。实验中选择什么物质作为乙酰化试剂呢？按照我们在有机化学中学习到的知识，酰化速度为：乙酰氯＞乙酸酐＞乙酸。

乙酰氯与胺的反应通常是放热的，有时甚至极为激烈，通常在冰冷却下进行反应；另外，乙酰氯易水解，实验操作要求严格。

乙酸酐的活性比乙酰氯弱，与胺的反应速度比乙酰氯慢。通常需要酸作为催化剂，如硫酸、过氧酸等。此外，乙酸酐与胺反应容易产生副产物二乙酰苯胺，不容易控制。

乙酸与苯胺的反应是可逆的，虽然速度慢，但通过加入催化剂和脱水剂，可以加快反应速度。

从原料价格看，乙酸成本较低；另外，乙酰氯和乙酸酐刺激性均比乙酸大。

综合上述因素，选择乙酸作为酰化试剂比较合适。

以苯胺和醋酸为原料合成乙酰苯胺的反应式如下：

$$\text{\Large$\bigcirc$}\!-\!NH_2 \ + CH_3OOH \ \Longrightarrow \ \text{\Large$\bigcirc$}\!-\!NHCOCH_3 \ + H_2O$$

针对该反应是可逆的特点，可以采取一些措施提高产率。如醋酸过量、及时将生成的水从反应体系中除去等等。

三、实验要求

（1）查阅相关文献，设计利用乙酸和苯胺为原料合成乙酰苯胺的绿色化实验方案。

（2）根据实验方案进行实验，制备乙酰苯胺。

（3）给出结构表征可采用的仪器及方法。

（4）根据实验方法和实验结果写一篇小论文。

实验 59　肉桂酸的绿色合成方法设计（4 学时）

一、实验目的

（1）了解缩合反应的主要类型和用途。

（2）掌握 Perkin 反应和 Knoevenagel-Doebner 反应的基本原理及合成肉桂酸的方法。

（3）掌握在微波辐射下合成肉桂酸的实验操作。

（4）了解微波辐射在有机合成中的应用。

二、设计提示

肉桂酸，也称桂皮酸、3-苯基丙烯酸，是一种重要的有机合成中间体，用途广泛。目前制备肉桂酸的方法有两种，即 Perkin 反应和 Knoevenagel-Doebner 反应。

Perkin 反应：芳香醛和酸酐在碱性催化剂作用下，发生羟醛缩合作用，生成不饱和芳香酸的反应。反应式如下：

$$\text{C}_6\text{H}_5\text{—CHO} + (\text{CH}_3\text{CO})_2\text{O} \xrightarrow[170\sim180℃]{\text{CH}_3\text{COOK}} \text{C}_6\text{H}_5\text{—CH=CHCOOH} + \text{CH}_3\text{COOH}$$

Knoevenagel-Doebner 反应：芳香醛与丙二酸二乙酯的亚甲基发生缩合，缩合物在室温下或于 100℃ 加热即可脱羧，生成不饱和芳香酸的反应。反应原理如下：

$$\text{C}_6\text{H}_5\text{—CHO} + \text{CH}_2(\text{COOH})_2 \xrightarrow{\text{Py}} \text{C}_6\text{H}_5\text{—CH=CHCOOH} + \text{CO}_2 + \text{H}_2\text{O}$$

上述两种制备肉桂酸的方法，采用传统的加热方式，反应时间都比较长。从绿色化实验的角度看，尽量采用其他加热方式，以便缩短反应时间。

因此选择在微波辐射下进行 Knoevenagel-Doebner 反应，是符合绿色化学理念的。

三、实验要求

（1）查阅相关文献，设计利用微波辐射下进行 Knoevenagel-Doebner 反应制备肉桂酸的绿色化实验方案。

（2）根据实验方案进行实验，制备肉桂酸。

（3）给出结构表征可采用的仪器及方法。

（4）根据实验方法和实验结果写一篇小论文。

实验 60 α-呋喃甲酸的绿色合成方法设计（4 学时）

一、实验目的

（1）学习和了解有机合成中酸的合成方法。
（2）学习催化氧化制备 α-呋喃甲酸的原理及实验操作。

二、设计提示

α-呋喃甲酸又名糠酸，常用作杀菌剂、防腐剂、硬化剂，漆工业用它代替苯甲酸抛光，同时它也是合成 α-呋喃甲酸酯类香料必不可少的原料。

制备 α-呋喃甲酸的方法有多种，其中以空气中的氧气作为氧化剂、氧化银为催化剂的方法较为适合大规模工业化生产，但产率不高，加上 $AgNO_3$ 较贵，不便于实验室合成 α-呋喃甲酸。教材中合成 α-呋喃甲酸的实验，一般采用 Canniz zaro 反应，该方法中由于所用碱的浓度太高（430g/L），使得溶液中含较高浓度的 NaCl，导致产品中易混入 NaCl，影响产品的质量。

本设计实验选用廉价的 CuO 作催化剂，用糠醛为原料合成 α-呋喃甲酸，氧化装置较为简单，可操作性强，可得到较高的产率，便于在实验室中合成 α-呋喃甲酸。反应式如下：

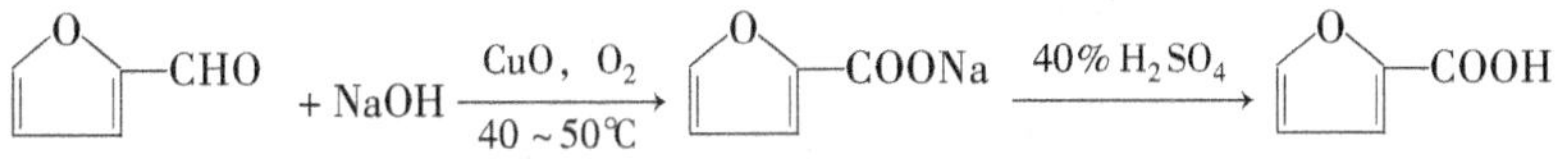

三、实验要求

（1）查阅相关文献，设计利用催化氧化合成 α-呋喃甲酸的绿色化实验方案。
（2）根据实验方案进行实验，制备 α-呋喃甲酸。
（3）给出结构表征可采用的仪器及方法。
（4）根据实验方法和实验结果写一篇小论文。

附 录

附录 1　常用元素相对原子质量表

附表 1　常用元素相对原子质量

元素符号	相对原子质量	元素符号	相对原子质量
银 Ag	107.868	镁 Mg	24.306
铝 Al	20.98154	锰 Mn	54.933
钡 Ba	137.33	氮 N	14.0067
溴 Br	79.904	钠 Na	22.99
碳 C	12.011	镍 Ni	58.69
钙 Ca	40.08	氧 O	15.9994
氯 Cl	35.434	磷 P	30.9733
铬 Cr	51.996	铅 Pb	207.2
铜 Cu	63.546	钯 Pd	106.42
氟 F	18.9948	铂 Pt	195.08
铁 Fe	55.847	硫 S	32.06
氢 H	1.0079	硅 Si	28.0855
汞 Hg	200.59	锡 Sn	118.69
碘 I	126.9045	锌 Zn	65.38
钾 K	39.0983		

附录2　常用液体干燥剂

使用干燥剂应注意，所用干燥剂不能溶解于被干燥液体，不能与被干燥物体发生化学反应，也不能催化被干燥液体发生其他反应。如碱性干燥剂不能用以干燥酸性液体；强碱干燥剂不可用以干燥醛、酮、酯、酰胺类物质，以免催化这些物质的缩合或水解；氯化钙不宜用于干燥醇类、胺类，以免与之形成配合物等。附表2列出了干燥各类有机物所适用的干燥剂。

附表2　干燥各类有机物所适用的干燥剂

有机物类型	适用的干燥剂
醇	$MgSO_4$、K_2CO_3、Na_2SO_4、$CaSO_4$、CaO
醛	$MgSO_4$、Na_2SO_4、$CaSO_4$
酮	$MgSO_4$、Na_2SO_4、K_2CO_3、$CaSO_4$
卤代烃	$CaCl_2$、$MgSO_4$、Na_2SO_4、$CaSO_4$、P_2O_5
有机胺类	$NaOH$、KOH、K_2CO_3、CaO
有机酸	$MgSO_4$、Na_2SO_4、$CaSO_4$
酯	Na_2SO_4、$CaCl_2$
酚	Na_2SO_4
烷烃、芳烃、醚	$CaCl_2$、$CaSO_4$、P_2O_5、Na

附录3　一些常用试剂的配制

一、希夫试剂的配制（品红醛试剂）

在 10mL 热水中溶解 0.02g 品红盐酸盐，冷却后加入 0.2g 亚硫酸氢钠和 0.2mL H_2SO_4，加蒸馏水稀释至 20mL 备用。

二、卢卡试剂的配制

把 34g 深融过的无水 $ZnCl_2$ 溶于 23mL 浓盐酸中。配制时，需加搅拌，并把容器放在冰水浴中冷却，以防 HCl 逸出。

三、2,4-二硝基苯肼的配制

2,4-二硝基苯肼 1g 溶于 7.5mL 浓 H_2SO_4 中，将此酸性溶液加入 75mL 95% 乙醇中，最后用蒸馏水稀释至 250mL，必要时过滤后再用；此试剂对非水溶性的样品也适用，因为其中含有乙醇。或将 0.25g 2,4-二硝基苯肼加入到含浓硫酸 42mL 与水 50mL 的混合液中，在水浴上加热使其溶解，冷却后，加蒸馏水稀释至 250mL。依此法配得的试剂含乙醇，仅适用于水溶性的样品；又因其浓度极稀，故仅适用于做定性分析的试剂。

四、斐林试剂的配制

（一）斐林试剂 I 液
将 3.5g 五水硫酸铜溶于 50mL 蒸馏水中，加 2 滴浓 H_2SO_4，混合均匀，浑浊时过滤。
（二）斐林试剂 II 液
将 17g 酒石酸钾钠晶体溶于 20mL 热水中，加入 200g/L NaOH 溶液 20mL，加水稀释至 100mL。

五、银氨溶液的配制

取 1.5mL $AgNO_3$ 溶液（100g/L），滴加氨水（2%，m）到沉淀恰好溶解为止，所得澄清溶液。

六、氯化亚铜氨溶液的配制

取 1g Cu_2Cl_2，加入 2mL 氨水（浓）和 10mL 水，用力摇匀后静置片刻，倾出溶液并投入小块铜片，贮存备用，溶液应是无色的，如果带有蓝色（Cu^{2+}），则在使用前加入几滴盐酸羟胺溶液(200g/L)使蓝色褪去。

附录4 化学试剂纯度与分级标准

一、试剂规格

试剂规格又称试剂级别或类别。一般按实际的用途或纯度、杂质含量来划分规格标准。目前，国外试剂厂生产的化学试剂的规格趋向于按用途划分。

例如，德国伊默克公司生产的硝酸有13种规格：最低浓度为65%（密度约1.40g/cm³）的特纯试剂硝酸、双硫腙试验通过的最低浓度为65%（密度约1.40g/cm³，Hg的最高浓度0.0000005%）的保证试剂（GR）硝酸、双硫腙试验通过的最低浓度为65%（密度约1.40g/cm³）的保证试剂（GR）硝酸、最低浓度为65%（密度约1.40g/cm³）的光学与电子学专用特纯（Selecti-pur）硝酸、100%（密度约1.52）的保证试剂（GR）硝酸、100%（密度约1.42g/cm³）的光学与电子学专用特纯（Seletipur）发烟硝酸、重氢度小于99%的重氢试剂硝酸-di（在D_{20}中，不小于65%DNO_3）、滴定用0.1mol/L硝酸溶液和滴定用1mol/L硝酸溶液。

伊默克公司还按用户的需要生产各种规格的试剂，如生化试剂、默克诊断试剂、医学研究、农业和环境监测试剂等等。

试剂规格按用途划分的优点简单明了，从规格即可知此试剂的用途，用户不必在使用哪一种纯度级和试剂上反复考虑。

我国的试剂规格基本上按纯度划分，共有高纯、光谱纯、基准、分光纯、优级纯、分析和化学纯等7种。国家和主管部门颁布质量指标的主要有优级纯、分析纯和化学纯3种。

（1）优级纯又称一级品，这种试剂纯度最高，杂质含量最低，适合于重要精密的分析工作和科学研究工作，用绿色瓶签。

（2）分析纯又称二级品，纯度很高，略次于优级纯，适合于重要分析及一般研究工作，用红色瓶签。

（3）化学纯又称三级品，纯度与分析纯相差较大，适用于工矿、学校一般分析工作，用蓝色瓶签。

纯度远高于优级纯的试剂称为高纯试剂。高纯试剂是在通用试剂基础上发展起来的，它是为了专门的使用目的而用特殊方法生产的纯度最高的试剂。它的杂质含量要比优级试剂低2~4个或更多个数量级。因此，高纯试剂特别适用于一些痕量分析，而通常的优级纯试剂就达不到这种精密分析的要求。

目前，除对少数产品制定国家标准外（如高纯硼酸、高纯冰乙酸、高纯氢氟酸等），大部分高纯试剂的质量标准还很不统一，在名称上有高纯、特纯、超纯、光谱纯等不同叫法。根据高纯试剂工业专用范围的不同，可将其分为以下几种：

（1）光学与电子学专用高纯化学品，即电子级（Electronicgrade）试剂。

（2）金属-氧化物-半导体（Metal-Oxide-Semiconductor）电子工业专用高纯化学品，即MOS试剂（读作：摩斯试剂）。一般用于半导体，电子管等方面，其杂质最高含量为$(0.01 \sim 10) \times 10^{-4}\%$，有的可降低到$10^{-9}$数量级。尘埃等级达到$(0 \sim 2) \times 10^{-7}\%$。

（3）单晶生产用高纯化学品。

（4）光导纤维用高纯化学品。

此外，还有仪器分试剂、特纯试剂（杂质含量低于1/1000000~1/1000000000级）、特殊高纯度的有机材料等。将化学试剂纯度和规格、英文及其缩写符号汇集成表，见附表3。

附表 3　化学试剂纯度和规格、英文及其缩写符号

中　文	英　文	缩写或简称
优级纯试剂	guaranteed reagent	GR
分析纯试剂	analytial reagent	AR
化学纯试剂	chemical pure	CP
实验试剂	laboratory reagent	LR
纯	pure	Purum Pur
高纯物质（特纯）	extra pure	EP
特纯	purissimum	Puriss
超纯	ultra pure	UP
精制	purifed	Purif
分光纯	ultra violet pure	UV
光谱纯	spectrum pure	SP
闪烁纯	scintillation pure	
研究级	research grade	
生化试剂	biochemical	BC
生物试剂	biological reagent	BR
生物染色剂	biological stain	BS
生物学用	for biological purpose	FBP
组织培养用	for tissue medium purpose	
微生物用	for microbiological	FMB
显微镜用	for microscopic purpose	FMP
电子显微镜用	for electron microscopy	
涂镜用	for lens blooming	FLB
工业用	technical grade	Tech
实习用	pratical use	Pract
分析用	pro analysis	PA
精密分析用	super special grade	SSG
合成用	for synthesis	FS
闪烁用	for scintillation	Scint
电泳用	for electrophoresis use	
测折光率用	for refractive index	RI
显色剂	developer	
指示剂	indicator	Ind
配位指示剂	complexon indicator	Complex ind
荧光指示剂	fluorescene indicator	Fluor ind
氧化还原指示剂	redox indicator	Redox ind
吸附指示剂	adsorption indicator	Adsorb ind
基准试剂	primary reagent	PT

中　文	英　文	缩写或简称
光谱标准物质	spectrographic standard substance	SSS
原子吸收光谱	atomic adsorption spectorm	AAS
红外吸收光谱	infrared adsorption spectrum	IR
核磁共振光谱	nuclear magnetic resonance spectrum	NMR
有机分析试剂	organic analytical reagent	OAS
微量分析试剂	micro analytical standard	MAS
微量分析标准	micro analytical standard	MAS
点滴试剂	spot-test reagent	STR
气相色谱	gas chromatography	GC
液相色谱	liquid chromatography	LC
高效液相色谱	high performance liquid chromatography	HPLC
气液色谱	gas liquid chromatography	GLC
气固色谱	gas solid chromatography	GSC
薄层色谱	thin layer chromatography	TLC
凝胶渗透色谱	gel permeation chromatography	GPC
层析用	for chromatography purpose	FCP

二、试剂标准

各国生产化学试剂的大公司，均有自己的试剂标准，我国也有我国的化学试剂标准。近年来，我国化学试剂标准委员会正在逐步修正我国的试剂标准，尽可能与国际接轨，统一标准。

（一）我国的化学试剂标准

我国的化学试剂标准分国家标准、部颁标准和企业标准三种。

1. 国家标准

标准由化学工业部提出，国家标准局审批和发布，其代号是"GB"，系取自"国标"两字的汉语拼音的第一个字母。其编号采用顺序号加年代号，中间用一横线分开，都用阿拉伯数字。如 GB 2299—80 高纯硼酸，表示国家标准 2299 号，1980 年颁布。

《中华人民共和国国家标准·化学试剂》制订、出版于 1965 年，1971 年编成《国家标准·化学试剂汇编》出版，1978 年增订分册陆续出版。1990 年又以《化学工业标准汇编·化学试剂》（第 13 册）问世。它将化学试剂的纯度分为 5 级，即高纯、基准、优级纯、分析纯和化学纯，其中优级纯相当于默克标准的保证试剂（BR）。

《中华人民共和国国家标准·化学试剂》是我国最权威的一部试剂标准。它的内容除试剂名称、形状、分子式、相对分子质量外，还有：技术条件（试剂最低含量和杂质最高含量等）、检验规则（试剂的采样和验收规则）、试验方法、包装及标志等 4 项内容。

2. 部颁标准

部颁标准由化学工业部组织制定、审批和发布，报送国家标准局备案，其代号是"HG"，系取自"化工"两字的汉语拼音的第一个字母，编号形式与国家标准相同。

除部颁标准外，还有部颁暂行标准，是化工部发布暂行的标准，代号是"HGB"，取自

"化工部"三个汉字拼音的第一个字母,编号形式与国家标准相同。

3. 企业标准

企业标准由省化工厅(局)或省、市级标准局审批、发布,在化学试剂行业或一个地区内执行。企业标准的代号采用分数形式"Q/HG",Q、HG各系取自"企""化工"的汉语拼音的第一个字母,编号形式与国家标准相同。

在这三种标准中,部颁标准不得与国家标准相抵触;企业标准不得与国家标准和部颁标准相抵触。

(二) 国外几种重要化学试剂标准

对我国化学试剂工业影响较大的国外试剂标准有:默克标准、罗津标准和ACS规格,现简介如下。

1. 默克标准

默克标准前身为1888年出版的伊默克公司化学家克劳赫(Krauch)博士编著的《化学试剂纯度检验》,此书附有"伊默克公司和保证试剂"一览表,表中罗列了当时该公司生产的130个分析试剂。到1939年又出版了第5版修订本。根据这一传统,在1971年,伊默克公司出版了《默克标准(Merck Standards)》(德文)。这本书,不仅叙述了每一种默克保证试剂(GR)中杂质的最高极限,还详细的叙述了最有效的测定方法。因此,深受所有试剂用户的欢迎,被称为"检验大全"。在1971年出版的《默克标准》中共收入保证试剂(GR)570余种。

伊默克是世界上第一个制订和公布试剂标准的公司,也是第一个用百分数表示试剂最低含量和杂质最高允许含量的公司。可以说,世界上试剂标准的基本款式是由伊默克最早确立的。

2. 罗津标准

罗津标准全称为《具有试验和测定方法的化学试剂及其标准(Reagent Chemical and Standards with methods of testing and assaying)》,作者约瑟夫·罗津(Joseph Rosin)为美国化学学会会员,美国药典修订委员会前任首席化学家和伊默克公司化学指导。该标准自1937年出版以来,经1946年、1955年、1967年多次修订,不断增补试剂品种。1967年出版的第5版《罗津标准》共收入分析试剂约570种。

《罗津标准》是当前世界上最有名的一部学者标准。

3. ACS规格

ACS规格全称为《化学试剂-美国化学学会规格(Reagent Chemical-Americal Chemical Society Specifications)》,由美国化学学会分析委员会编纂。类似于《ACS规格》的早期文本是1917年出现的,并应用于1921年出版的《工业和工程化学(Industrial and Engineering Chemistry)》杂志中的4种化学试剂(氢氧化铵、盐酸、硝酸和硫酸)。《ACS规格》现在的款式始于1924~1925年。1941年以分册的形式出版了《ACS规格》。最终将校订本和新的试剂品种收集成为一本书的,是1950年版的《ACS规格》。接着是1955年和1960年版,第4版(1968年)和第5版(1974年)、第6版(1981年)、第7版(1986年)。

《ACS规格》是当前美国最有权威性的一部试剂标准。

附录5　常用有机溶剂的纯化

一、丙酮

沸点56.2℃，折光率1.3588，相对密度0.7899。普通丙酮常含有少量的水及甲醇、乙醛等还原性杂质。其纯化方法有：

（1）于250mL丙酮中加入2.5g高锰酸钾回流，若高锰酸钾紫色很快消失，再加入少量高锰酸钾继续回流，至紫色不褪为止。然后将丙酮蒸出，用无水碳酸钾或无水硫酸钙干燥，过滤后蒸馏，收集55~56.5℃的馏分。用此法纯化丙酮时，须注意丙酮中含还原性物质不能太多，否则会过多消耗高锰酸钾和丙酮，使处理时间增长。

（2）将100mL丙酮装入分液漏斗中，先加入4mL硝酸银溶液（100g/L），再加入3.6mL 1mol/L氢氧化钠溶液，振摇10min，分出丙酮层，再加入无水硫酸钾或无水硫酸钙进行干燥。最后蒸馏收集55~56.5℃馏分。此法比方法（1）要快，但硝酸银较贵，只宜做小量纯化用。

二、四氢呋喃

沸点67℃（64.5℃），折光率1.4050，相对密度0.8892。四氢呋喃与水能混溶，并常含有少量水分及过氧化物。如要制得无水四氢呋喃，可用氢化铝锂在隔绝潮气下回流（通常1000mL约需2~4g氢化铝锂）除去其中的水和过氧化物，然后蒸馏，收集66℃的馏分（蒸馏时不要蒸干，将剩余少量残液倒出）。精制后的液体加入钠丝并应在氮气氛中保存。处理四氢呋喃时，应先用小量进行试验，在确定其中只有少量水和过氧化物，作用不致过于激烈时，方可进行纯化。四氢呋喃中的过氧化物可用酸化的碘化钾溶液来检验。如过氧化物较多，应另行处理为宜。

三、二氧六环

沸点101.5℃，熔点12℃，折光率1.4424，相对密度1.0336。二氧六环能与水任意混合，常含有少量二乙醇缩醛与水，久贮的二氧六环可能含有过氧化物（鉴定和除去参阅乙醚）。二氧六环的纯化方法，在500mL二氧六环中加入8mL浓盐酸和50mL水的溶液，回流6~10h，在回流过程中，慢慢通入氮气以除去生成的乙醛。冷却后，加入固体氢氧化钾，直到不能再溶解为止，分去水层，再用固体氢氧化钾干燥24h。然后过滤，在金属钠存在下加热回流8~12h，最后在金属钠存在下蒸馏，压入钠丝密封保存。精制过的1，4-二氧六环应当避免与空气接触。

四、吡啶

沸点115.5℃，折光率1.5095，相对密度0.9819。分析纯的吡啶含有少量水分，可供一般实验用。如要制得无水吡啶，可将吡啶与几粒氢氧化钾（钠）一同回流，然后隔绝潮气蒸出备用。干燥的吡啶吸水性很强，保存时应将容器口用石蜡封好。

五、石油醚

石油醚为轻质石油产品，是低相对分子质量烷烃类的混合物。其沸程为30~150℃，收集的温度区间一般为30℃左右。有30~60℃、60~90℃、90~120℃等沸程规格的石油醚。其中含有少量不饱和烃，沸点与烷烃相近，用蒸馏法无法分离。石油醚的精制通常将石油醚用其体积的浓硫酸洗涤 2~3 次，再用硫酸(10%，m)加入高锰酸钾配成的饱和溶液洗涤，直至水层中的紫色不再消失为止。然后再用水洗，经无水氯化钙干燥后蒸馏。若需绝对干燥的石油醚，可加入钠丝（与纯化无水乙醚相同）。

六、甲醇

沸点 64.96℃，折光率 1.3288，相对密度 0.7914。普通未精制的甲醇含有 0.02% 丙酮和 0.1% 水。而工业甲醇中这些杂质的含量达 0.5%~1%。为了制得纯度达 99.9% 以上的甲醇，可将甲醇用分馏柱分馏。收集 64℃ 的馏分，再用镁去水（与制备无水乙醇相同）。甲醇有毒，处理时应防止吸入其蒸气。

七、乙酸乙酯

沸点 77.06℃，折光率 1.3723，相对密度 0.9003。乙酸乙酯一般含量为 95%~98%，含有少量水、乙醇和乙酸。可用下法纯化：

于 1000mL 乙酸乙酯中加入 100mL 乙酸酐，10 滴浓硫酸，加热回流 4h，除去乙醇和水等杂质，然后进行蒸馏。馏液用 20~30g 无水碳酸钾振荡，再蒸。产物沸点为 77℃，纯度可达 99% 以上。

八、乙醚

沸点 34.51℃，折光率 1.3526，相对密度 0.71378。普通乙醚常含有 2% 乙醇和 0.5% 水，久藏的乙醚常含有少量过氧化物。

过氧化物的检验和除去：在干净的试管中放入 2~3 滴浓硫酸，1mL 20g/L 碘化钾溶液（若碘化钾溶液已被空气氧化，可用稀亚硫酸钠溶液滴到黄色消失）和 1~2 滴淀粉溶液，混合均匀后加入乙醚，出现蓝色即表示有过氧化物存在。除去过氧化物可用新配制的硫酸亚铁稀溶液（配制方法是 $FeSO_4 \cdot 7H_2O$ 60g、100mL 水和 6mL 浓硫酸），将 100mL 乙醚和 10mL 新配制的硫酸亚铁溶液放在分液漏斗中洗数次，至无过氧化物为止。

醇和水的检验和除去：乙醚中放入少许高锰酸钾粉末和一粒氢氧化钠。放置后，氢氧化钠表面附有棕色树脂，即证明有醇存在。水的存在用无水硫酸铜检验。先用无水氯化钙除去大部分水，再经金属钠干燥。其方法是：将 100mL 乙醚放在干燥锥形瓶中，加入 20~25g 无水氯化钙，瓶口用软木塞塞紧，放置一天以上，并间断摇动，然后蒸馏，收集 33~37℃ 的馏分。用压钠机将 1g 金属钠直接压成钠丝放于盛乙醚的瓶中，用带有氯化钙干燥管的软木塞塞住。或在木塞中插一末端拉成毛细管的玻璃管，这样，既可防止潮气浸入，又可使产生的气体逸出。放置至无气泡发生即可使用；放置后，若钠丝表面已变黄变粗时，须再蒸一次，然后再压入钠丝。

九、乙醇

沸点 78.5℃，折光率 1.3616，相对密度 0.7893。制备无水乙醇的方法很多，根据对无水乙醇质量的要求不同而选择不同的方法。若要求 98%~99% 的乙醇，可采用下列方法：

（1）利用苯、水和乙醇形成低共沸混合物的性质，将苯加入乙醇中，进行分馏，在 64.9℃ 时蒸出苯、水、乙醇的三元恒沸混合物，多余的苯在 68.3℃ 与乙醇形成二元恒沸混合物被蒸出，最后蒸出乙醇。工业多采用此法。

（2）用生石灰脱水。于100mL 95%乙醇中加入新鲜的块状生石灰20g，回流3~5h，然后进行蒸馏。若要99%以上的乙醇，可采用下列方法：

1）在100mL 99%乙醇中，加入7g金属钠，待反应完毕，再加入27.5g邻苯二甲酸二乙酯或25g草酸二乙酯，回流2~3h，然后进行蒸馏。金属钠虽能与乙醇中的水作用，产生氢气和氢氧化钠，但所生成的氢氧化钠又与乙醇发生平衡反应，因此单独使用金属钠不能完全除去乙醇中的水，须加入过量的高沸点酯，如邻苯二甲酸二乙酯与生成的氢氧化钠作用，抑制上述反应，从而达到进一步脱水的目的。

2）在60mL 99%乙醇中，加入5g镁和0.5g碘，待镁溶解生成醇镁后，再加入900mL 99%乙醇，回流5h后，蒸馏，可得到99.9%乙醇。由于乙醇具有非常强的吸湿性，所以在操作时，动作要迅速，尽量减少转移次数以防止空气中的水分进入，同时所用仪器必须事前干燥好。

十、二甲基亚砜（DMSO）

沸点189℃，熔点18.5℃，折光率1.4783，相对密度1.100。二甲基亚砜能与水混合，可用分子筛长期放置加以干燥。然后减压蒸馏，收集76℃、1600Pa（12mmHg）馏分。蒸馏时，温度不可高于90℃，否则会发生歧化反应生成二甲砜和二甲硫醚。也可用氧化钙、氢化钙、氧化钡或无水硫酸钡来干燥，然后减压蒸馏。也可用部分结晶的方法纯化。二甲基亚砜与某些物质混合时可能发生爆炸，例如氢化钠、高碘酸或高氯酸镁等应予注意。

十一、N,N-二甲基甲酰胺（DMF）

N，N-二甲基甲酰胺沸点149~156℃，折光率1.4305，相对密度0.9487。无色液体，与多数有机溶剂和水可任意混合，对有机和无机化合物的溶解性能较好。N，N-二甲基甲酰胺含有少量水分。常压蒸馏时有些分解，产生二甲胺和一氧化碳。在有酸或碱存在时，分解加快。所以加入固体氢氧化钾（钠）在室温放置数小时后，即有部分分解。因此，最常用硫酸钙、硫酸镁、氧化钡、硅胶或分子筛干燥，然后减压蒸馏，收集76℃、4800Pa（36mmHg）的馏分。其中如含水较多时，可加入其1/10体积的苯，在常压及80℃以下蒸去水和苯，然后再用无水硫酸镁或氧化钡干燥，最后进行减压蒸馏。纯化后的N，N-二甲基甲酰胺要避光贮存。N，N-二甲基甲酰胺中如有游离胺存在，可用2,4-二硝基氟苯产生颜色来检查。

十二、二氯甲烷

沸点40℃，折光率1.4242，相对密度1.3266。

使用二氯甲烷比氯仿安全，因此常常用它来代替氯仿作为比水重的萃取剂。普通的二氯甲烷一般都能直接做萃取剂用。如需纯化，可用碳酸钠溶液（50g/L）洗涤，再用水洗涤，然后用无水氯化钙干燥，蒸馏收集40~41℃的馏分，保存在棕色瓶中。

十三、二硫化碳

沸点46.25℃，折光率1.6319，相对密度1.2632。二硫化碳为有毒化合物，能使血液神经组织中毒。具有高度的挥发性和易燃性，因此，使用时应避免与其蒸气接触。对二硫化碳纯度要求不高的实验，在二硫化碳中加入少量无水氯化钙干燥几小时，在水浴55℃~65℃下加热蒸馏、收集。如需要制备较纯的二硫化碳，在试剂级的二硫化碳中加入高锰酸钾水溶液（5g/L）洗涤三次。除去硫化氢再用汞不断振荡以除去硫。最后用硫酸汞溶液（25g/L）洗涤，除去所有的硫化氢（洗至没有恶臭为止），再经氯化钙干燥，蒸馏收集。

十四、氯仿

沸点 61.7℃，折光率 1.4459，相对密度 1.4832。氯仿在日光下易氧化成氯气、氯化氢和光气（剧毒），故氯仿应贮于棕色瓶中。市场上供应的氯仿多用 1% 酒精作稳定剂，以消除产生的光气。氯仿中乙醇的检验可用碘仿反应；游离氯化氢的检验可用硝酸银的醇溶液。除去乙醇有两种方法，一种是将氯仿用其二分之一体积的水振摇数次分离下层的氯仿，用氯化钙干燥 24h，然后蒸馏。另一种方法是将氯仿与少量浓硫酸一起振荡两三次。每 200mL 氯仿用 10mL 浓硫酸，分去酸层以后的氯仿用水洗涤，干燥，然后蒸馏。除去乙醇后的无水氯仿应保存在棕色瓶中并避光存放，以免光化作用产生光气。

十五、苯

沸点 80.1℃，折光率 1.5011，相对密度 0.87865。普通苯常含有少量水和噻吩，噻吩的沸点 84℃，与苯接近，不能用蒸馏的方法除去。

噻吩的检验：取 1mL 苯加入 2mL 溶有 2mg 吲哚醌的浓硫酸，振荡片刻，若酸层呈蓝绿色，即表示有噻吩存在。

噻吩和水的除去：将苯装入分液漏斗中，加入相当于苯体积七分之一的浓硫酸，振摇使噻吩磺化，弃去酸液，再加入新的浓硫酸，重复操作几次，直到酸层呈现无色或淡黄色并检验无噻吩为止。将上述无噻吩的苯依次用碳酸钠溶液（100g/L）和水洗至中性，再用氯化钙干燥，进行蒸馏，收集 80℃ 的馏分，最后用金属钠脱去微量的水得无水苯。

附录6　常见常用试剂的性质

一、品名：二氯甲烷

相对密度：1.326（20℃）。

主要用途：主要用于脱漆剂，洗涤剂，鞋业（港宝）海绵发泡，EVA、PU发泡，结晶，灭火剂，冷冻剂（雪种）生产，以及醋酸纤维、氯乙烯纤维的制造。

特点：溶解力强，可与醇、醚、氯仿、苯、二硫化碳等有机溶剂混溶，属不燃烧、低毒性、高密度、快挥发的化学品。

使用注意事项：本品属低毒性有机化学液体，在甲烷类中是含氯化物最低的产品，对金属无腐蚀性，可用铁、铜、钢、铅质容器储存。蒸气的麻醉高，过量吸入体内会引起慢性中毒，出现鼻腔疼痛、头痛、呕吐、眼花、疲倦、食欲不振，严重者会造血功能受损，红血球减少等。

二、品名：异佛尔酮（别名3,5,5-三甲基-2-环己烯酮）

相对密度：0.9205（20℃）。

主要用途：适用于硝基油漆、合成树脂、挥发性较慢的油墨及涂料生产。

特点：属高沸点的有机溶剂（挥发速度比较慢）。

三、品名：环己酮

相对密度：0.946~0.947（20℃）。

主要用途：适用于工业涂料生产、合成树脂溶解、脱漆剂配制，还可作DDT除虫菊酯、青霉素、四环素的生产溶剂使用。

特点：属中沸点溶剂，挥发速度为醋酸丁酯的1.6倍。

四、品名：丁酮（甲乙酮）

相对密度：0.8049（20℃）。

主要用途：常用于各种高分子化合物，如化学纤维素、乙烯树脂、丙烯酸树脂、醇酸树脂、酚醛树脂的溶解，工业涂料油墨生产的液体原料，以及染料、油性洗涤剂、脱蜡剂、硫化促进剂的加工等。

特点：可溶于水以及醇、醚、苯类的有机溶剂混溶。对各种纤维素生物合成树脂、油脂、脂肪酸的溶解力强。

注意事项：属易燃液体，避免与氧化剂接触（易产生自燃）。

五、品名：丙酮

相对密度：0.7905（20℃）。

主要用途：适用于工业涂料、清漆、硝基油漆等溶剂，以及纤维素、醋酸纤维素、脱漆剂等制造时使用的溶剂。

特点：属低沸点有机溶剂，挥发速度快，吸水性好，可溶于水。

注意事项：属极易燃液体，长时间储存在铁质包装物体内易变黄。如长时间从呼吸道吸入体内对中枢神经系统会引起麻醉作用。

六、品名：乙二醇单丁醚

相对密度：0.90075（20℃）。

主要用途：用于油墨、油漆，特别是硝基油漆，可以防雾、防皱、化水，提高涂膜的光泽性，可作金属的洗涤剂、脱漆剂、脱油剂、干洗剂的加工。对环氧树脂的溶解有较强的溶解力。

特点：属高沸点溶剂（沸点170.2℃），能混溶于酮、醇、醋类及四氯化碳等有机溶剂，如溶体在45℃以上的温度能完全溶混于水。

注意事项：容易被皮肤吸收，工作场所最高容许浓度 $50 \times 10^{-6}/m^2$。如从呼吸道进入体内，易麻醉大脑中枢神经，直至中毒。

七、品名：异丁醇

相对密度：0.801 ~ 0.802（20℃）。

主要用途：用于金属、木质、塑胶、油漆的配制，硝基纤维助剂，乙基纤维素、聚乙烯醇缩丁醛以及合成橡胶、合成树脂、天然树脂的溶解，有机溶剂、酯类的提炼，锶、钡、锂等盐类的提纯。

特点：能混溶于酮、酯、苯类有机溶剂。15℃时在水中的溶解性为10%，20℃时在水中的溶解性为8.5%。

注意事项：本品为一级易燃液体，可经皮肤吸入体内，嗅觉阈浓度 $380 \times 10^{-6}/m^2$，工作场所的最高容许浓度 $100 \times 10^{-6}/m^2$。

八、品名：异丙醇

相对密度：0.7865（20℃）。

主要用途：主要用于油墨、油漆的生产、溶剂配制，以及硝基纤维素、橡胶、油脂、树脂的助溶。还用于脱蜡清洗、防冻剂、防腐剂、防雾剂、医药、农药、食用香精、化妆品等方面的有机合成。

注意事项：本品为一级易燃液体，可用铁、钢、铜、铝质容器储存。生理作用：如从呼吸道大量进入体内，易刺激及麻醉产生毒性。嗅觉阈浓度 $150 \times 10^{-6}/m^2$，工作场所最高允许浓度为 $400 \times 10^{-6}/m^2$。异丙醇容易产生过氧化物，使用前必要时请作鉴定。

九、品名：乙酸乙氧基乙酯

相对密度：0.9730（20℃）。

主要用途：用于金属、木质、塑胶、油漆生产配制溶剂。

特点：能与多种有机溶剂混溶。对油脂、松香、氯化橡胶、氯丁橡胶、丙烯腈橡胶、硝化纤维素、乙基纤维素、醇酸树脂、聚氯乙烯、聚苯乙烯有较强的溶解力。

注意事项：本品为极易燃液体。对金属无腐蚀性。可用铁、钢、铝质的容器包装储存，绝不可用铜质的容器储存。

十、品名：醋酸丁酯（乙酸丁酯）

相对密度：0.8807（20℃）。

主要用途：用于硝基油漆、瓷器油漆的配制，皮料、人造革、人造珍珠加工处理、医药、香料、化妆品等。

特点：能与醇、醚类有机溶剂混溶，对油脂、聚乙酸乙烯酯、聚丙烯酸酯、聚甲基丙烯酸酯、聚苯乙烯、聚氯乙烯以及酚醛树脂、环己酮甲醛酯有较好的溶解力。

注意事项：本品为二级易燃液体。可用钢、铝质的容器储存。如着火可用二氧化碳、四氯化碳或粉末灭火器灭火。如从呼吸道过量吸入体内，对肺部有强烈的刺激性，而且刺激肺胞黏膜引起肺充血和支气管炎。

十一、品名：醋酸乙酯（乙酸乙酯）

相对密度：0.9006（20℃）。

主要用途：硝基油漆、清漆、涂料、人造革、人造纤维、乙基纤维素、硝基纤维素、医药、香精（香料）、化妆品以及人造珍珠的加工等。

特点：本品与醇、醚、氯仿、酮、苯大多数的有机溶剂混溶。对天然树脂、合成树脂、硝基纤维、氯乙烯树脂、聚苯乙烯树脂、酚醛树脂有较好的溶解力，但不能溶解橡胶以及硬质脂。

注意事项：本品为一级易燃液体。可用钢、铝质的容器储存。不可用铜质的容器储存。着火时用二氯化碳或粉末灭火器灭火，属低毒类，有麻醉作用，其蒸气刺眼。如从呼吸道大量吸入体内，有可能发生急性肺水肿。

十二、品名：二甲基胱胺（DMF）

相对密度：0.9439（20℃）。

主要用途：主要用于聚丙烯、腈纤维纺丝溶剂、人造革生产。在医药上可用于合成磺胺嘧啶、强力霉素、可的松等。

特点：在胱胺类中属溶解力较好的产品，能与水、醇、醚、酯、酮混溶，但不可与汽油、乙烷、环乙烷一类饱和烃混溶。

注意事项：在操作过程中应注意如高浓度大量吸入体内能引起中毒。其主要症状为全身痉挛疼痛、恶心、呕吐等。如慢性中毒会产生肝肿大和肝功能变化、尿胆素原和尿胆素亦增加。

附录 7 实验室常用溶剂物理性质简表

附表 4 实验室常用溶剂的物理性质

溶 剂	介电常数 （温度/℃）	密度 /g·cm^{-3}	溶解性	一般性质
CCl$_4$	2.238 (20)	1.595	微溶于水，与乙醇、乙醚可以任何比例混合	无色液体，有愉快的气味，有毒！
甲 苯	2.24 (20)	0.866	不溶于水，溶于乙醇、乙醚和丙酮	无色易挥发的液体，有芳香气味
邻二甲苯	2.265 (20)	0.8969	不溶于水，溶于乙醇和乙醚，与丙酮、苯、石油醚和四氯化碳混溶	无色透明液体，有芳香气味，有毒！
对二甲苯	2.270 (20)	0.861	不溶于水，溶于乙醇和乙醚	无色透明液体，有芳香气味，有毒！
苯	2.283 (20)	0.879	不溶于水，溶于乙醇、乙醚等许多有机溶剂	无色易挥发和易燃液体，有芳香气味，有毒
间二甲苯	2.374 (20)	相对密度 0.867(17/4℃)	不溶于水，溶于乙醇和乙醚	无色透明液体，有芳香气味，有毒！
CS$_2$	2.641 (20)	相对密度 1.26(22/20℃)	能溶解碘、溴、硫、脂肪、蜡、树脂、橡胶、樟脑、黄磷，能与无水乙醇、醚、苯、氯仿、四氯化碳、油脂以任何比例混合。溶于苛性碱和硫化物，几乎不溶于水	纯品是无色易燃液体，工业品因含有杂质，一般呈黄色和恶臭。有毒！
苯 酚	2.94 (20)	1.071	溶于乙醇、乙醚、氯仿、甘油、二硫化碳等	无色或白色晶体，有特殊气味
三氯乙烯	3.409 (20)	1.4649	不溶于水，溶于乙醇、乙醚等有机溶剂	有像氯仿气味的无色有毒液体
乙 醚	4.197 (26.9)	0.7135	难溶于水(20℃时6.9)，易溶于乙醇和氯仿。能溶解脂肪、脂肪酸、蜡和大多数树脂	有爽快特殊气味的易流动无色透明液体
CHCl$_3$	4.9 (20)	1.4916； 1.4840(20℃)	微溶于水，溶于乙醇、乙醚、苯、石油醚等	无色透明易挥发液体，稍有甜味
乙酸丁酯	5.01 (19)	0.8665(20℃)	难溶于水，能与乙醇、乙醚混溶	无色透明液体
N,N-二甲基苯胺	5.1 (20)	0.9563； 0.9557(20℃)	不溶于水，溶于乙醇、乙醚、氯仿、苯和酸溶液	淡黄色油状液体，有特殊气味
二甲胺	5.26 (2.5)	相对密度 0.680(0℃)	易溶于水，溶于乙醇和乙醚	有类似于氨的气味的气体
乙二醇二甲醚	5.50 (25)	0.8664	溶于水，溶于氯仿、乙醇和乙醚	略有乙醚气味的无色液体
氯 苯	5.649 (20)	1.1064	不溶于水，溶于乙醇、乙醚、氯仿、苯等	无色透明液体，有像苯的气味

溶　剂	介电常数 （温度/℃）	密度 /g·cm⁻³	溶　解　性	一　般　性　质
乙酸乙酯	6.02（20）	0.9005	微溶于水，溶于乙醇、氯仿、乙醚和苯等	有果子香气的无色可燃性液体
乙　酸	6.15（20）	1.049	溶于水、乙醇、乙醚等	无色澄清液体，有刺激气味
吗　啉	7.42（25）	1.0007	与水混溶，溶于乙醇和乙醚等	无色有吸湿性的液体，有典型胺类气味
1,1,1-三氯乙烷	7.53（20）	1.3390	水中溶解度800μL/L（25℃）	无色透明液体
四氢呋喃	7.58（25）	0.8892	溶于水和多数有机溶剂	无色透明液体，有乙醚气味
三氯乙酸	8.55（20）	1.62(25℃)； 1.6298(61℃)	极易溶于水、乙醇和乙醚	有刺激性气味的无色晶体
喹　啉	8.704（25）	1.09376	微溶于水，溶于乙醇、乙醚和氯仿	无色油状液体，遇光或在空气中变黄色，有特殊气味
CH_2Cl_2	9.1（20）	1.335	微溶于水，溶于乙醇、乙醚等	无色透明、有刺激芳香气味、易挥发的液体。吸入有毒！
对甲酚	9.91（58）	1.0341	稍溶于水，溶于乙醇、乙醚和碱溶液	无色晶体，有苯酚气味
1,2-二氯乙烷	10.45（20）	1.257	难溶于水，溶于乙醇和乙醚等许多有机溶剂，能溶解油和脂肪	无色或浅黄色的透明中性液体，易挥发，有氯仿的气味，有剧毒！
甲　胺	11.41 （-10）	相对密度 0.699（-11℃）	易溶于水，溶于乙醇、乙醚	无色气体，有氨的气味
邻甲酚	11.5（25）	1.0465	溶于水、乙醇、乙醚和碱溶液	无色晶体，有强烈的苯酚气味
间甲酚	11.8（25）	1.034	稍溶于水，溶于乙醇、乙醚和苛性碱溶液	无色或淡黄色液体，有苯酚气味
吡　啶	12.3（25）	0.978	溶于水、乙醇、乙醚、苯、石油醚和动植物油	无色或微黄色液体，有特殊的气味
乙二胺	12.9（20）	0.8994	溶于水和乙醇，不溶于乙醚和苯	有氨气味的无色透明黏稠液体
苄　醇	13.1（20）	1.04535	稍溶于水，能与乙醇、乙醚、苯等混溶	无色液体，稍有芳香气味
4-甲基-2-戊酮	13.11（20）	0.8010	溶于乙醇、苯、乙醚等	无色液体，有愉快气味
环己醇	15.0（25）	0.9624	稍溶于水，溶于乙醇、乙醚、苯、二硫化碳和松节油	无色晶体或液体，有樟脑和杂醇油的气味
正丁醇	17.1（25）	0.8098	溶于水，能与乙醇、乙醚混溶	有酒气味的无色液体

溶　剂	介电常数（温度/℃）	密度/g·cm⁻³	溶 解 性	一般性质
SO_2 (l)	17.4（-19）	液体的相对密度 1.434(0℃)	溶于水而部分变成亚硫酸。溶于乙醇和乙醚	无色有刺激性气味气体
环己酮	18.3（20）	0.9478	微溶于水，较易溶于乙醇和乙醚	有丙酮气味的无色油状液体
异丙醇	18.3（25）	0.7851	溶于水、乙醇和乙醚	有像乙醇气味的无色透明液体
丁　酮	18.51（20）	0.8061	溶于水、乙醇和乙醚，可与油类混溶	无色易燃液体，有丙酮气味
乙酸酐	20.7（19）	1.0820	溶于乙醇，并在溶液中分解成乙酸乙酯。溶于乙醚、苯、氯仿	有刺激性气味和催泪作用的无色液体
丙　酮	20.70（25）	0.7898	能与水、甲醇、乙醇、乙醚、氯仿、吡啶等混溶。能溶解油脂肪、树脂和橡胶	无色易挥发和易燃液体，有微香气味
NH_3 (l)	22（-34）	0.7710	溶于水、乙醇、乙醚	无色气体。有强烈的刺激气味
乙　醇	23.8（25）	0.7893	溶于水、甲醇、乙醚和氯仿	有酒的气味和刺激的辛辣滋味，无色透明易挥发和易燃液体
硝基乙烷	28.06（30）	1.0448(25℃)	稍溶于水，能与乙醇和乙醚混溶	无色液体
二甘醇	31.69（20）	相对密度 1.1184(20/20℃)	与酸酐作用时生成酯，与烷基硫酸酯或卤代烃作用生成醚。主要用作气体脱水剂和萃取剂。也用作纺织品的润滑剂	无色无臭黏稠液体，有吸湿性，无腐蚀性
1,2-丙二醇	32.0（20）	dl 体 1.0361(25℃)；d 体 1.04	是油脂、石蜡、树脂、染料和香料等的溶剂，也用作抗冻剂、润滑剂、脱水剂等	无色黏稠液体，有吸湿性，微有辣味
甲　醇	33.1（25）	0.7915	能与水和多数有机溶剂混溶	无色易挥发或易燃的液体
硝基苯	34.82（25）	1.2037(20℃)	几乎不溶于水，与乙醇、乙醚或苯混溶	无色至淡黄色油状液体。有像杏仁油的特殊气味
硝基甲烷	35.87（30）	1.137	用作火箭燃料和硝酸纤维素、乙酸纤维素等的溶剂。炸药及火箭燃料的成分；染料、农药合成原料；还用作钢系元素提取溶剂；缓血酸胺的医药中间体	溶于乙醇、水和碱溶液
N,N-二甲基甲酰胺	36.71（25）	0.9487	能与水和大多数有机溶剂，以及许多无机液体混溶	无色液体，有氨的气味
乙　腈	37.5（20）	0.7828	溶于水、乙醇、甲醇、乙醚、丙酮、苯、乙酸甲酯、乙酸乙酯、氯仿、氯乙烯、四氯化碳	有芳香气味的无色液体

溶 剂	介电常数 （温度/℃）	密度 /g·cm⁻³	溶 解 性	一般性质
N,N-二甲基 乙酰胺	37.78（25）	0.9434	能与水和一般有机溶剂混溶	高极性的无色或几乎无色 液体
糠 醛	38（25）	1.1598	溶于水，与乙醇和乙醚混溶	纯品是无色液体，有特殊 香味
乙二醇	38.66（20）	1.1132	能与水、乙醇、丙酮混溶。微溶 于乙醚	有甜味的无色黏稠液体。无 气味
甘 油	42.5（25）	1.2613	可与水以任何比例混溶，能降低 水的冰点。有极大的吸湿性。稍溶 于乙醇和乙醚，不溶于氯仿	无色无臭而有甜味的黏稠性 液体
环丁砜	43.3（30）	1.2606	与水、丙酮、甲苯混溶；与辛烷、 烯烃及萘部分混溶	无色液体
二甲亚砜	48.9（20）	1.100	溶于水、乙醇、丙酮、乙醚、苯 和三氯甲烷，是一种既溶于水又溶 于有机溶剂的极为重要的非质子极 性溶剂。对皮肤有极强的渗透性， 有助于药物向人体渗透	强吸湿性液体，实际无色 无臭
丁二腈	56.6（57.4）	相对密度 1.022（25/4℃）	溶于水，更易溶于乙醇和乙醚， 微溶于二硫化碳和正己烷	无色蜡状固体
乙酰胺	59（83）	1.159	溶于水（1g/0.5mL），乙醇（1g/ 2mL），吡啶（1g/6mL）。几乎不溶 于乙醚	无臭、无味、无色晶体
H₂O	80.103（20）	相对密度 0.99987（0℃）	无臭无味液体，浅层时几乎无色， 深层时呈蓝色	是一种最重要的溶剂，用途 广泛
乙二醇碳酸酯	89.6（40）	1.3218（39℃）	能与乙醇、乙酸乙酯、苯、氯仿 和热水（40℃）混溶。也溶于乙醚、 丁醇和四氯化碳	无色无臭固体
甲酰胺	111.0（20）	1.13340	溶于水、甲醇、乙醇和二元醇， 不溶于烃类和乙醚	无色油状液体

附录 8　一般化学试剂的特性

一、化学危险品及其分类

（一）什么是化学危险品

化学危险品是指具有燃烧、爆炸、毒害、腐蚀等性质和在生产、储存、装卸、运输等过程中易造成人身伤亡和财产损失的任何化学品。

（二）分类

共分为八大类：爆炸品，压缩气体和液化气体，易燃液体，易燃固体、自燃物质和遇湿易燃物质，氧化剂和有机过氧化物，有毒品，放射性物质，腐蚀物质。

分类依据：国家标准《危险货物分类和品名编号》GB 6944—1986 和《常用危险化学品的分类及标志》GB 13690—1992。

1. 爆炸物质

爆炸物质是指在外界作用下，能发生剧烈的化学反应，瞬时产生大量的气体和热量，使周围压力急剧上升，发生爆炸，对周围环境造成破坏的物质。

爆炸物质一般具有以下特性：

（1）化学反应速度快。可在万分之一秒或更短的时间内反应爆炸。

（2）能产生大量气体，在爆炸瞬间，固态爆炸物，迅速转变为气态，使原来的体积成百倍的增加。

（3）反应过程中能放出大量热。一般可以放出数百或数千兆焦耳的热量，温度可达数千度并产生高压。

许多物质在生产和使用过程中，会伴随有严重的爆炸危险。而这些物质在工业上的使用却十分广泛。当然，爆炸危险也存在于许多工业生产中。附表 5 所列是某些存在严重爆炸危险的主要工业部门。

附表 5　主要工业中的爆炸危险

工　业	爆炸危险	工　业	爆炸危险
木材加工	来自砂磨机的木尘等	塑　料	甲醛、熔剂、硝化纤维
油类、脂肪和蜡类加工	不饱和油类（碳水化合物）	金属喷漆	铝　粉
固体和液体燃料加工	煤粉、碳氢化合物和醇类		
蜡克和清漆	醇类、酯类、醚类、甘油以及石油醚、萘	造　纸	纤维素材料、挥发性溶剂
		印　刷	油墨溶剂
粘胶人造丝	二硫化碳	油　毡	软木和木屑、不饱和油和石脑油
橡　胶	苯和其他芳香烃类		
制　药	醇类、醚类、酯类、不稳定物质、粉末药物	纺　织	用油类防水用可燃橡胶和塑料溶液涂覆
碱和重化学品	氢	漂　染	去除油脂用的溶剂，如苯

化工生产中常见的爆炸物质：（1）重氮甲烷；（2）重氮二硝基苯酚；（3）三硝基间苯二酚铅；（4）高氯酸[浓度大于72％]；（5）硝酸重氮苯；（6）硝化丙三醇；（7）硝化丙三醇乙

醇溶液[含硝化甘油 1%～10%]；（8）三硝基甲苯与三硝基苯混合物；（9）三硝基甲苯与硝基萘混合物；（10）环四次甲基四硝胺。

2. 压缩气体和液化气体

压缩气体和液化气体是指压缩、液化或加压溶解的气体，并符合下述情况之一者：

（1）临界温度低于 50℃，或在 50℃时，蒸气压大于 294kPa 的压缩或液化气体。

（2）温度在 21.1℃时，气体的绝对压力大于 294kPa，或在 37.8℃时，雷德蒸气压大于 275kPa 的液化气体和加压溶解的气体。

为了便于储运和使用，常将气体用降温加压法压缩或液化后储存于钢瓶内。由于各种气体的性质不同，有的气体在室温下，无论对它加多大的压力也不会变为液体，而必须在加压的同时使温度降低至一定数值才能使它液化（该温度称临界温度）。有的气体较易液化，在室温下，单纯加压就能使它呈液态，例如氯气、氨气、二氧化碳。有的气体较难液化，如氦气、氢气、氮气、氧气。因此，有的气体容易加压成液态，有的仍为气态，在钢瓶中处于气体状态的称为压缩气体，处于液体状态的称为液化气体。此外，本类还包括加压溶解的气体，例如乙炔。

压缩气体和液化气体特性：

（1）储于钢瓶内的压缩气体、液化气体或加压溶解的气体受热膨胀，压力升高，能使钢瓶爆裂。特别是液化气体装得太满时尤其危险，应严禁超量灌装，并防止钢瓶受热。

（2）压缩气体和液化气体不允许泄漏。其原因除有些气体有毒、易燃外，还因有些气体相互接触后会发生化学反应引起燃烧爆炸。例如氢和氯、氢和氧、乙炔和氯、乙炔和氧均能发生爆炸。因此，凡内容物为禁忌物的钢瓶应分别存放。

（3）压缩气体和液化气体除具有爆炸性外，有的还具有易燃性（如氢气、甲烷、液化石油气等）、助燃性（如氧气、压缩空气等）、毒害性（如氰化氢、二氧化硫、氯气等）、窒息性（如二氧化碳、氮等，虽无毒，不燃，不助燃，但在高浓度时亦会导致人畜窒息死亡）等性质。

3. 易燃液体

易燃液体是指易燃的液体、液体混合物或含有固体物质的液体，但不包括由于其危险特性已列入其他类别的液体。

按照闪点大小可分为三类：

（1）低闪点液体，指闭杯试验闪点 < -18℃ 的液体；

（2）中闪点液体，指 -18℃ ≤ 闭杯试验闪点 < 23℃ 的液体；

（3）高闪点液体，指 23℃ ≤ 闭杯试验闪点 ≤ 61℃ 的液体。

如汽油、苯、乙醇、乙醚、戊醇、氯化苯。

4. 易燃固体、自燃物质和遇湿易燃物质

易燃固体是指燃点低，对热、撞击、摩擦敏感，易被外部火源点燃，燃烧迅速，并可能散发出有毒烟雾或有毒气体的固体，但不包括已列入爆炸物质范围的物质。

易燃固体的主要特性：

（1）易燃固体的主要特性是容易被氧化，受热易分解或升华，遇明火常会引起强烈、连续的燃烧；

（2）与氧化剂、酸类等接触，反应剧烈而发生燃烧爆炸；

（3）对摩擦、撞击、震动也很敏感；

（4）许多易燃固体有毒，或燃烧产物有毒或腐蚀。

对于易燃固体应特别注意粉尘爆炸！

自燃物质指自燃点低，在空气中易发生氧化反应，放出热量，可自行燃烧的物质。

根据自燃的难易程度及危险性大小，自燃物质可分为两类：

（1）一级自燃物质。此类物质与空气接触极易氧化、反应速度快，同时，它们的自燃点低，易于自燃，其火灾危险性大，例如黄磷、铝铁熔剂等。

（2）二级自燃物质。此类物质与空气接触的氧化速度缓慢，自燃点较低，如果通风不良，积热不散也能引起自燃，例如油污、油布等含有油脂的物品。

自燃物质的主要特征：

（1）化学性质活泼，自燃点低，易氧化而引起自燃着火（例：黄磷）；

（2）化学性质不稳定，容易发生分解而导致自燃（例：硝化纤维）；

（3）有些自燃性物质的分子具有高的键能，容易在空气中与氧化合发生氧化作用（如桐油酸甘油酯）。

遇湿易燃物质指遇水或受潮时，发生剧烈化学反应，放出大量易燃气体和热量的物质；有的不需明火，即能燃烧或爆炸。如金属锂、金属钠、镁粉、铝粉、氢化钠、碳化钙等。遇湿易燃物品可分为两个危险级别：一级遇湿易燃物品、二级遇湿易燃物品。

5. 氧化剂和有机过氧化物

氧化剂指处于高氧化态，具有强氧化性，易分解并放出氧和热量的物质。包括含有过氧基的无机物，其本身不一定可燃，但能导致可燃物的燃烧，与松软的粉末可燃物能组成爆炸性混合物，对热、振动或摩擦敏感。如碱金属（锂、钠、钾、铷、铯）和碱土金属（铍、镁、钙、锶、钡、镭）。

氧化剂的主要特性：

（1）强烈的氧化性；

（2）受热撞击分解性；

（3）可燃性；

（4）与可燃物质作用的自燃性；

（5）与酸作用的分解性；

（6）与水作用的分解性；

（7）强氧化剂与弱氧化剂作用的分解性；

（8）腐蚀毒害性。

有机过氧化物指分子组成中含有（—O—O—）的有机物，其本身易燃易爆，极易分解，对热、震动或摩擦较敏感。有机过氧化物的主要特性：

（1）分解爆炸性；

（2）易燃性；

（3）伤害性。

常见的有机过氧化物：

（1）过氧化苯甲酰，为白色粒状物质。运输是以干粉状和含水量小于 30% 的膏状形式。其自燃点为 80℃，如遇过量的热或高温可能发生爆炸；

（2）过醋酸，是唯一接受运输的过氧酸，其分子结构为：

该物质只有当溶于醋酸且浓度不超过 40% 时方可运输。110℃即发生爆炸。

（3）过氧化羟基茴香素，是一种液体，必须用乙醇或丙酮将其稀释至 70% 左右方可承运。

（4）过氧化甲乙酮，为无色液体，有数种异构体。对震动极为敏感，必须用适当的溶剂稀释至 60% 以下。

6. 有毒物质

有机毒物指进入机体后，累积达一定的量时，能与体液和器官组织发生生物化学作用或生物物理作用，扰乱或破坏机体的正常生理功能，引起某些器官和系统暂时性或永久性的病理改变，甚至危及生命的物质。

有毒物质包括毒气（如光气、氰化氢等）、毒物（如硝酸、苯胺等）、剧毒物（如氰化钠、三氧化二砷、氯化高汞、汞等）和其他有害物质。

有毒化学物质的毒性大小与该物质的化学组成和结构有关，如含有氰基、砷、汞、硒的化合物毒性较大。毒物的挥发性越大，易被呼吸道吸收，毒性越强。毒物的溶解度越大，毒性也越强。

7. 放射性物质

放射性比活度大于 $7.4 \times 10^4 Bq/kg$ 的物质。活度是单位时间内放射性元素衰变的次数，单位质量（固体）或体积（液体气体）的活度称为比活度。放射性物质的特征参数有：原子序数、质量数、半衰期、辐射种类、辐射能量和放射性强度。

放射性物质的特点：

（1）具有放射性，能自发、不断地放出人们感觉器官不能觉察到的射线。放射性物质放出的射线可分为四种：α 射线，也称甲种射线；β 射线，也称乙种射线；γ 射线，也称丙种射线；还有中子流。但是各种放射性物品放出的射线种类和强度不尽一致。

（2）许多放射性物品毒性很大。如钋-210、镭-226、镭-228、钍-230 等都是剧毒的放射性物品；钠-22、钴-60、锶-90、碘-131、铅-210 等为高毒的放射性物品。

（3）不能用化学方法中和或者其他方法使放射性物品不放出射线，而只能设法把放射性物质清除或者用适当的材料予以吸收屏蔽。

放射性物质的分类：

（1）物理形态分项：

1）固体放射性物品，如钴-60、独居石等；

2）粉末状放射性物品，如夜光粉、铈钠复盐等；

3）液体放射性物品，如发光剂、医用同位素制剂磷酸二氢钠-P32 等；

4）晶粒状放射性物品，如硝酸钍等；

5）气体放射性物品，如氪-85、氩-41 等。

（2）按放出的射线类型分项：

1）放出 α、β、γ 射线的放射性物品，如镭-226；

2）放出 α、β 射线的放射性物品，如天然铀；

3）放出 β、γ 射线的放射性物品，如钴-60；

4）放出中子流（同时也放出 α、β 或 γ 射线中的一种或两种）的放射性物品，如镭-铍中子流、钋-铍中子流等。

8. 腐蚀物质

腐蚀物质指能灼伤人体组织并对金属等物品造成损坏的固体或液体。与皮肤接触在 4h 内出现可见坏死现象，或温度在 55℃时，对 20 号钢的表面均匀年腐蚀率超过 6.25mm/a 的固体或液体。

腐蚀物质可分为酸性腐蚀品、碱性腐蚀品及其他腐蚀品三类。

常见的有硝酸、硫酸、盐酸、五氯化磷、二氯化硫、磷酸、甲酸、乙酰氯、冰醋酸、氯磺酸、氢氧化钠、硫化钾，甲醇钠、二乙醇胺，甲醛、苯酚等。

腐蚀品的特点：

（1）强烈的腐蚀性

1）对人体有腐蚀作用，造成化学灼伤。腐蚀品使人体细胞受到破坏所形成的化学灼伤，与火烧伤、烫伤不同。化学灼伤在开始时往往不太痛，待发觉时，部分组织已经灼伤坏死，所以较难治愈。

2）对金属有腐蚀作用。腐蚀品中的酸和碱甚至盐类都能引起金属不同程度的腐蚀。

3）对有机物质有腐蚀作用。能和布匹、木材、纸张、皮革等发生化学反应，使其遭受腐蚀损坏。

4）对建筑物有腐蚀作用。如酸性腐蚀品能腐蚀库房的水泥地面，而氢氟酸能腐蚀玻璃。

（2）毒性

多数腐蚀品有不同程度的毒性，有的还是剧毒品，如氢氟酸、溴素、五溴化磷等。

（3）易燃性

部分有机腐蚀品遇明火易燃烧，如冰醋酸、醋酸酐、苯酚等。

（4）氧化性

部分无机酸性腐蚀品，如浓硝酸、浓硫酸、高氯酸等具有氧化性能，遇有机化合物如食糖、稻草、木屑、松节油等易因氧化发热而引起燃烧。高氯酸浓度超过 72% 时遇热极易爆炸，属爆炸品；高氯酸浓度低于 72% 时属无机酸性腐蚀品，但遇还原剂、受热等也会发生爆炸。

二、化学危险物质造成化学事故的主要特性

（一）易燃易爆性

易燃易爆的化学品在常温常压下，经撞击、摩擦、热源、火花等火源的作用，能发生燃烧和爆炸。燃烧爆炸的能力大小取决于这类物质的化学组成。一般来说，气体比液体、固体易燃易爆。分子越小，相对分子质量越低其物质化学性质越活泼，越容易引起爆炸燃烧。

任何易燃的粉尘、蒸气或气体与空气或其他助燃剂混合，在适当条件下点火都会产生爆炸。能引起爆炸的可燃物质有：可燃固体，包括一些金属的粉尘；易燃液体的蒸气；易燃气体。可燃物质爆炸的三个要素是：可燃物质，空气或任何其他助燃剂，火源或高于着火点的温度。

（二）扩散性

化学事故中化学物质溢出，可以向周围扩散。比空气轻的可燃气体可在空气中迅速扩散，与空气形成混合物，随风飘荡。致使燃烧、爆炸与毒害蔓延扩大。比空气重的物质多漂流于地表、沟、角落等处，可长时间积聚不散，造成迟发性燃烧、爆炸和引起人员中毒。

这些气体的扩散性受气体本身密度的影响，相对分子质量越小的物质扩散越快。气体的扩散速度与其相对分子质量的平方根成反比。

（三）突发性

化学物质引发的事故，多是突然爆发，在很短的时间内或瞬间即产生危害。化学危险物品一旦起火，往往是轰然而起，迅速蔓延，燃烧、爆炸交替发生，加之有毒物质的弥散，迅速产生危害。许多化学事故是高压气体从容器、管道、塔、槽等设备泄漏，由于高压气体的性质，

短时间内喷出大量气体，使大片地区迅速变成污染区。

（四）毒害性

有毒的化学物质，无论是脂溶性的还是水溶性的，都有进入机体与损坏机体正常功能的能力。这些化学物质通过一种或多种途径进入机体达一定量时，便会引起机体结构的损伤，破坏正常的生理功能，引起中毒。

毒性危险可造成急性或慢性中毒甚至致死。应用试验动物的半致死剂量表征，毒性反应的大小很大程度上取决于物质与生物系统接受部位反应生成的化学键类型。对毒性反应起重要作用的化学键的基本类型是共价键、离子键和氢键，还有 van der Waals 力。

三、影响化学危险物质危险性的主要因素

（一）物理性质与危险性的关系

（1）沸点是指在 101.3kPa(760mmHg) 大气压下，物质有液态转变为气态的温度。沸点越低的物质，气化越快，易造成事故，出现空气的高浓度污染，且越易达到爆炸极限。

（2）熔点是指物质在标准大气压（101.3kPa）下的熔化温度或者温度范围。熔点反映物质的纯度，可以推断出该物质在各种环境介质中的分布。熔点的高低与污染现场的洗消、污染物处理有关。

（3）液体相对密度是指环境温度（20℃）下，物质的密度与 4℃ 时水的密度（水为 1）的比值。当相对密度小于 1 的液体发生火灾时，用水灭火将是无效的。因为水是沉在燃烧着的液面下面，消防水的流动性可使火势蔓延。

（4）蒸气压是饱和蒸气压的简称，是指化学物质在一定温度下与其液体或固体相互平衡时的饱和蒸气的压力。蒸气压是温度的函数，在一定温度下，每种物质的饱和蒸气压可认为是一个常数。发生事故时的气温越高，化学物质的蒸气压越高，其在空气中的浓度相应增高。

（5）闪点是指在大气压力（101.3kPa）下，一种液体表面上方释放出的可燃蒸气与空气完全混合后可以闪燃 5s 的最低温度。闪点是判断可燃液体蒸气有无外界明火而发生闪燃的依据。闪点越低的化学物质泄漏后，越易在空气中形成爆炸混合物，引起燃烧爆炸。

（6）自燃温度是指一种物质与空气接触发生起火或者引起自燃的最低温度，并在此温度下物质可继续燃烧。自燃温度不仅取决于物质的化学性质，而且与物料的大小、形状和性质等因素有关。自燃温度对在可能存在爆炸性蒸气/空气混合物的空间中选择使用电气设备以及生产工艺温度的选择至关重要。

（7）电导性。电导性小于 104Ps/m 的液体在流动、搅动时可产生静电，引起火灾与爆炸，如泵吸、搅拌、过滤等。如果该液体中含有其他液体、气体或者固体颗粒物（混合物、悬浮物）时，这种情况更加容易发生。

（8）爆炸极限是指一种可燃气体或者蒸气与空气的混合物能着火或者引燃爆炸的浓度范围。空气中含有可燃气体或蒸气时，在一定浓度范围内，遇到火花就会使火焰蔓延而发生爆炸。其最低浓度称为下限，最高浓度称为上限。一般用可燃气体或者蒸气在混合物中的体积分数表示。

（9）蒸气相对密度是指在给定条件下化学物质的蒸气密度与参比物质（空气）密度（空气为 1）的比值。当蒸气相对密度值小于 1 时，表示该蒸气比空气轻，能在相对稳定的大气中趋于上升。其值大于 1 时，表示重于空气。泄漏后趋向于集中至接近地面，能在较低处扩散到相当远的距离。

（10）蒸气/空气混合物的相对密度是指敞口空气相接触的液体或固体上方存在的蒸气与

空气混合物相对于周围纯空气的密度。当相对密度值大于1.1时,该混合物可能沿地面流动,并可能在低洼处积累。当其值为0.9~1.1时,能与周围空气快速混合。

(11)临界温度与临界压力。气体在加温加压下可变为液体,压入高压钢瓶或者贮罐中,能使气体液化的最高温度称为临界温度,在临界温度下使其液化所需的最低压力称为临界压力。

(二)化学危险性

(1)有些化学可燃物质呈粉末或微细颗粒物状时,与空气充分混合,经引燃可能发生燃爆,在封闭空间中,爆炸可能很猛烈。

(2)有些化学物质在贮存时生成过氧化物,蒸发或加热后的残渣可能自燃爆炸,如醚类化合物。

(3)聚合是一种物质的分子结合成大分子的化学反应。聚合反应通常放出较大的热量,使温度急剧升高,反应速度加快,有着火或爆炸的危险。

(4)有些化学物加热可能引起猛烈燃烧或爆炸,如自身受热或局部受热时发生反应会导致燃烧,在封闭空间内可能导致猛烈爆炸。

(5)有些化学物质在与其他物质混合或燃烧时产生有毒气体释放到空间。几乎所有有机物的燃烧都会产生CO有毒气体;还有一些气体本身无毒,但大量充满在封闭空间,造成空气中氧含量减少而导致人员窒息。

(6)强酸、强碱在与其他物质接触时常发生剧烈反应,产生侵蚀作用。

(三)中毒危险性

在突发的化学事故中,有毒化学物质能引起人员中毒,其危险性大大增加。中毒如果按化学物质的毒性作用可分为:

(1)刺激性毒物中毒,如:氨、氯、光气、二氧化硫、硫酸二甲酯、氟化氢、甲醛、氯丁二烯等;

(2)窒息性毒物中毒,如:一氧化碳、硫化氢、氰化物、丙烯腈等;

(3)麻醉性毒作用,主要指一些脂溶性物质,如:醇类、酯类、氯烃、芳香烃等。对神经细胞产生麻醉作用;

(4)高铁血红蛋白症,引起高铁血红蛋白增多,使细胞缺氧,如:苯胺、硝基化合物等;

(5)神经毒性,能作用于神经系统引起中毒,如:有机磷、氨基甲酸酯类等农药,溴甲烷,三氯氧磷,磷化氢等。

附录 9　化学药品、试剂毒性分类和易燃、易爆物品参考举例

一、致癌物质

黄曲霉素 B_1、亚硝胺、3,4 苯并芘等（以上为强致癌物质）；2-乙酰氨基芴、4-氨基联苯、联苯胺及其盐类、3,3-二氯联苯胺、4-二甲基氨基偶氮苯、1-萘胺、2-萘胺、4-硝基联苯、N-亚硝基二甲胺、β-丙内酯、4,4-甲叉（双）-2-氯苯胺、乙撑亚胺、氯甲醚、二硝基萘、羰基镍、氯乙烯、间苯二酚、二氯甲醚等。

二、剧毒

六氯苯、羰基铁、氰化钠、氢氟酸、氢氰酸、氯化氰、氯化汞、砷酸汞、汞蒸气、砷化氢、光气、氟光气、磷化氢、三氧化二砷、有机砷化物、有机磷化物、有机氟化物、有机硼化物、铍及其化合物、丙烯腈、乙腈等。

三、高毒

氟化钠、对二氯苯、甲基丙烯腈、丙酮氰醇、二氯乙烷、三氯乙烷、偶氮二异丁腈、黄磷、三氯氧磷、五氯化磷、三氯化磷、五氧化二磷、三氯甲烷、溴甲烷、二乙烯酮、氧化亚氮、铊化合物、四乙基铅、四乙基锡、三氯化锑、溴水、氯气、五氧化二钒、二氧化锰、二氯硅烷、三氯甲硅烷、苯胺、硫化氢、硼烷、氯化氢、氟乙酸、丙烯醛、乙烯酮、氟乙酰胺、碘、乙酸乙酯、溴乙酸、乙酯、氯乙酸乙酯、有机氰化物、芳香胺、迭氮黄砷化钠等。

四、中毒

苯、四氯化碳、三氯硝基甲烷、乙烯吡啶、三硝基甲苯、五氯酚钠、硫酸、砷化镓、丙烯酰胺、环氧乙烷、环氧氯丙烷、烯丙醇、二氯丙醇、糠醛、三氟化硼、四氯化硅、硫酸镉、氯化镉、硝酸、甲醛、甲醇、肼（联氨）、二硫化碳、甲苯、二甲苯、一氧化碳、一氧化氮等。

五、低毒

三氯化铝、钼酸铵、间苯二胺、正丁醇、叔丁醇、乙二醇、丙烯酸、甲基丙烯酸、顺丁烯二酸酐、二甲基甲酰胺、己内酰胺、亚铁氰化钾、铁氰化钾、氨及氢化胺、四氯化锡、氯化锗、对氯苯氨、硝基苯、三硝基甲苯、对硝基氯苯、二苯甲烷、苯乙烯、二乙烯苯、邻苯二甲酸、四氢呋喃、吡啶、三苯基磷、烷基铝、苯酚、三硝基酚、对苯二酚、丁二烯、异戊二烯、氢氧化钾、盐酸、氯磺酸、乙醚、丙酮等。

六、爆炸物品

迭氮化钠、硝酸铵、过氧酸、过氧化氢（双氧水）等。

七、自燃物品

黄磷、硝化纤维、胶片等。

八、易燃物品

红磷、镁粉、醚、醇、汽油等。

附录 10　一些溶剂与水形成的二元共沸物

附表 6　一些溶剂与水形成的二元共沸物

溶　剂	沸点/℃	共沸点/℃	含水量/%
氯　仿	61.2	56.1	2.5
四氯化碳	77.0	66.0	4.0
苯	80.4	69.2	8.8
丙烯腈	78.0	70.0	13.0
二氯乙烷	83.7	72.0	19.5
乙　腈	82.0	76.0	16.0
乙　醇	78.3	78.1	4.4
乙酸乙酯	77.1	70.4	8.0
异丙醇	82.4	80.4	12.1
乙　醚	35	34	1.0
甲　酸	101	107	26
甲　苯	110.5	85.0	20
正丙醇	97.2	87.7	28.8
异丁醇	108.4	89.9	88.2
二甲苯	137~140.5	92.0	37.5
正丁醇	117.7	92.2	37.5
吡　啶	115.5	94.0	42
异戊醇	131.0	95.1	49.6
正戊醇	138.3	95.4	44.7
氯乙醇	129.0	97.8	59.0
二硫化碳	46	44	2.0

附录11　有机化学实验常用工具书和相关网址

一、常用工具书

（1）王箴主编．化工辞典（第2版）．北京：化学工业出版社，1979.

这是一部综合性化学化工辞书，收集词目1万余条。列有化合物分子式、结构式、物理常数和化学性质，对化合物制备和用途均有介绍。全书按汉字笔画排列，并附汉语拼音检字索引。

（2）Cadogan JIG，Ley S V. Pattenden，Dictionary of Organic Compounds. 6th ed. London：Chapmann & Hall. 1996.

这套辞典列出了有机化合物的化学结构、物理常数、化学性质及其衍生物等，并附有制备的文献资料和美国化学文摘社登记号。全套书共9卷，收录常见有机化合物近3万余条，加衍生物达6万余条。其中1~6卷为正文，按化合物名称的英文字母顺序排列，7~9卷分别为化合物名称索引（Name Index）、分子式索引（Molecular Formula Index）及化学文摘登录号索引（Chemicsl Abstracts Service Registry Number Index），本书第6版已有光盘版问世。该辞典第3版有中译本，即《汉译海氏有机化合物辞典》，由科学出版社出版。

（3）Budavari S. The Merck Index. 12nd ed. Whitehouse Station N J：Merck & CO. Inc.，1996.

这是美国Merck公司出版的一部有机化合物、药物大辞典，共收集了1万多种化合物的性质、结构式、组成元素百分比、毒性数据、标题化合物的衍生物、制备方法及参考文献等。卷末附有分子式和名称索引。该书第12版已有光盘问世。

（4）David R Lide. CRC Handbook of Chemistry and Physics. 73rd ed. Florida：The Chemical Rubber Co.，1992~1993.

这是美国化学橡胶公司出版的一本化学与物理手册。自1913年出版以来，几乎每年再版一次。内容包括数学用表、元素和无机化合物、有机化合物、普通化学、普通物理常数及其他等六个方面。其中共列有1.5万余条有机化合物的物理常数，按有机化合物名称的英文字母顺序排列，书中还附有分子式索引。

（5）Furniss B S et al. Vogel's Texbook of practical Origanic Chemistry. 9th ed. England：Longman Scientific & Technical，1989.

这是一部经典的有机实验教科书，初版于1948年，1989年已出至第9版。内容包括实验操作技术、有机反应基本原理、实验步骤及有机分析。其中所列实验步骤详尽。

（6）韩广甸等．有机制备化学手册．北京：石油化学工业出版社，1977.

本套书是常用的有机合成参考书，共分3卷，包括实验操作技术、溶剂的精制、辅助试剂的制备、典型有机反应的基本理论以及制备方法，其中列有451种有机化合物的详尽制备步骤。

（7）Roger Adams. Organic Syntheses. New York：John Wiley & Sons，Inc.，1932.

本书自1932年开始出版，到1990年已出至69卷，其中每10卷合订成一册（例如，40~49卷合订本为：Organic Syntheses Collective Volume 5），每卷约提供30个化合物的合成方法，步骤详尽，而且每个编入的实验都经专人复核，十分可靠。许多合成方法都具一定的通用性，可用于类似化合物的合成。

（8）樊能廷．有机合成事典．北京：北京理工大学出版社，1992.

本书收入常用有机化合物 1700 余种，按反应类型编录，对每种有机化合物的品名、化学文摘登录号、英文名、别名、分子式、相对分子量、物理性质、合成反应、操作步骤及参考文献均有介绍，并附有分子式索引。

（9） Beilstein F K. Beilsteins Handbuch der Organischen Chemie. Berlin：Springer—Verlag，1918.

《Beilstein 有机化学大全》是一本十分完备的有机化学工具书，该书从 1918 年开始出版，该版又称正编（Hauptwerk），收集了 1918 年以前所有的有机化合物数据，后来又出版续编（Erganzungswerke）。该手册内容非常丰富，不仅介绍了化合物的来源、性质、用途及分析方法，而且还附有原始文献，极具参考价值。该手册虽然是以德文编写，但对于懂英文的人来说，通过分子式索引（Formelregister），也可以获得不少信息。另外，本书第五续编已用英文编写，检索起来就更方便了。

（10） Simons W W. Standard Spectra Collection. Philadelphia：Sadtler Research Laboraries，1978.

《萨德勒标准光谱图集》是由美国费城萨德勒研究实验室连续出版的活页光谱谱图集。该图集收集有标准红外光谱、标准紫外光谱、核磁共振谱、标准碳-13 核磁共振谱、标准荧光光谱、标准拉曼光谱等。其中包括 48000 幅标准红外光栅光谱，59000 幅标准红外棱镜光谱及 32000 幅核磁共振谱。

二、有机化学常用期刊网址

（一） ScienceDirect（SD）

网址：http：//www. sciencedirect. com/

（1） Catalysis Communications （催化通讯）

（2） Journal of Molecular Catalysis A：Chemical （分子催化 A：化学）

（3） Tetrahedron（T） （四面体）

（4） Tetrahedron：Asymmetry（TA） （四面体：不对称）

（5） Tetrahedron Letters（TL） （四面体快报）

（6） Applied Catalysis A：General （应用催化 A）

（二） EBSCOhost 数据库

网址：http：//search. china. epnet. com/

（1） Synthetic Communcations （合成通讯）

（2） Letters in Organic Chemistry（LOC）

（3） Current Organic Synthesis

（4） Current Organic Chemistry

（三） Springer 数据库

网址：http：//springe. lib. tsinghua. edu. cn/

（1） Molecules （分子）

（2） Monatshefte für Chemie / Chemical Monthly （化学月报）

（3） Science in China Series B：Chemistry （中国科学 B）

（4） Catalysis Letts （催化快报）

（四） ACS Publications （美国化学会）

网址：http：//pubs. acs. org/

（1） Journal of the American Chemical Society（JACS） （美国化学会志）

（2）Organic Letters（OL）（有机快报）

（3）The Journal of Organic Chemistry（JOC）（美国有机化学）

（4）Journal of Medicinal Chemistry（JMC）（美国药物化学）

（5）Chemical Reiew（化学评论）

（五）Royal Society of Chemistry（RSC）（英国皇家化学会）

网址：http：//www. rsc. org/Publishing/Journals/Index. asp

（1）Green Chemistry（绿色化学）

（2）Chemical Communications（CC）（化学通讯）

（3）Chemical Society Reviews（化学会评论）

（4）Journal of the Chemical Society（化学会志）

Journal of the Chemical Society，Perkin Transactions 1 （1972-2002）

Journal of the Chemical Society，Perkin Transactions 2 （1972-2002）

Journal of the Chemical Society B：Physical Organic （1966-1971）

Journal of the Chemical Society C：Organic （1966-1971）

（5）Organic & Biomolecular Chemistry（OBC）（有机生物化学）

网址：http：//www. rsc. org/publishing/jo

（六）Wiley

网址：http：//www3. interscience. wiley. com/

（1）Advanced Synthesis & Catalysis（ASC）（先进合成催化）

（2）Angewandte Chemie International Edition （德国应用化学）

（3）Chemistry-A European Journal （欧洲化学）

（4）Chinese Journal of Chemistry （中国化学）

（5）European Journal of Organic Chemistry （欧洲有机化学）

（6）Helvetica Chimica Acta （瑞士化学）

（7）Heteroatom Chemistry （杂原子化学）

（七）Ingent

网址：http：//www. ingentaconnect. com/

（1）Journal of Chemical Research（JCR）（化学研究杂志）

（2）Canadian Journal of Chemistry （加拿大化学）

（3）Current Organic Chemistry

（4）Mini-Reviews in Organic Chemistry

（5）Phosphorus，Sulfur，and Silicon and the Related Elements （磷、硫、硅和相关元素）

（6）Letters in Organic Chemistry

（八）Taylor & Francis 数据库

网址：http：//www. journalsonline. tandf.

（1）Synthetic Communications

（2）Journal of Sulfur Chemistry （硫化学杂志）

（3）Phosphorus，Sulfur，and Silicon and the Related Elements

（九）Thieme 数据库

网址：http：//www. thieme-connect. com/

（1）Synlett （合成快报）

（2）Synthesis（合成）

（十）日本化学会

网址：http：//www. chemistry. or. jp/index-e. html

（1）Chem. Lett.（CL）（化学快报）

http：//www. chemistry. or. jp/gakujutu/chem-lett/

（2）Bull. Chem. Soc. Jpn.

http：//www. chemistry. or. jp/gakujutu/chem-lett/

（十一）澳大利亚化学会（Australian Journal of Chemistry）

网址：http：//www. publish. csiro. au/nid/52. htm

（十二）巴西化学会

网址：http：//jbcs. sbq. org. br/

（十三）Molecules

网址：http：//www. mdpi. com/journal/molecules

（十四）韩国化学会

网址：http：//journal. kcsnet. or. kr/

（十五）印度化学会

网址：http：//www. niscair. res. in/Scienc

（十六）国际有机制备和程序（Organic Preparations and Procedures International，OPPI）

网址：http：//www. oppint. com/

（十七）有机化学

网址：http：//sioc-journal. cn/index. htm

参 考 文 献

[1] 张炜. 绿色化学简介[J]. 贵阳学院学报（自然科学版），2006，1(4)：31～35.

[2] 胡常伟，李贤均. 绿色化学原理和应用[M]. 北京：中国石油出版社，2002.

[3] 刘峥，肖顺华，丁国华，等. 构建大学绿色化学实验教学新体系的研究与实践[J]. 桂林工学院（高教研究专辑），2008，28：180～183.

[4] 张力，张应年，白林. 化学实验的绿色化研究——萃取[J]. 甘肃高师学报，2003，8(5)：8～9.

[5] 傅春玲主编. 有机化学实验[M]. 杭州：浙江大学出版社，2000.

[6] 奚关根，赵长宏，高建宝. 有机化学实验[M]. 上海：华东理工大学出版社，1999.

[7] 唐玉海，刘芸主编. 有机化学实验[M]. 西安：西安交通大学出版社，2002.

[8] 林宝凤. 基础化学实验技术绿色化教程[M]. 北京：科学出版社，2003.

[9] 柏冬. 水蒸气蒸馏实验装置的改进[J]. 化学教育，2002(7～8)：72.

[10] 柳闽生，曹小华，谢宝华，等. 绿色化合成环己烯实验的探索[J]. 实验技术与管理，2006，23(3)：29～31.

[11] 王建华，田欣哲. 溴乙烷制备实验的改进[J]. 洛阳师范学院学报，2002(5)：55～56.

[12] 冉晓燕. 正溴丁烷合成实验改进[J]. 贵州教育学院学报（自然科学），2005，16(4)：27～28.

[13] 金春雪，曹书勤，马淑慧. 一种合成环己酮的绿色方法[J]. 信阳师范学院学报（自然科学版），2005，18(2)：198～199.

[14] 刁开盛，李雁，覃志刘. 环己酮制备实验的改进[J]. 广西民族学院学报（自然科学版），2005，11(1)：98～100.

[15] 宫红，杨中华，姜恒. 己二酸合成实验的改进——有机化学实验教学中绿色化学思想的渗透[J]. 大学化学，2003，18(2)：53～56.

[16] 强根荣，金红卫，范铮，等. 苯甲醇和苯甲酸制备实验的改进[J]. 实验室研究与探索，2003，22(4)：100～101.

[17] 文瑞明，罗新湘，汤青云，等. 无机固体酸催化合成乙酸乙酯[J]. 化学教育，2002(9)：40～41.

[18] 孟祥福，臧玉红. 硫酸氢钠催化合成乙酸乙酯[J]. 精细与专用化品，2005(2)：18～19，27.

[19] 周日庆. 乙酸异戊酯微型实验制备研究[J]. 湖北农学院学报，2001，21(4)：358～359.

[20] 谢建刚，毛海荣. 乙酸异戊酯实验制备研究[J]. 洛阳师范学院学报，2001(5)：63～64.

[21] 王彦美. 肉桂酸乙酯的制备——绿色化学在基础有机化学实验中的应用[J]. 实验室科学，2007(1)：59～60.

[22] 孙洁，徐田芹. 制备乙酰水杨酸实验方法的改进[J]. 临沂医学专科学校学报，2004(3)：51.

[23] 陈勇，周国平，杨建男. 甲基橙合成实验的改进[J]. 实验室研究与探索，2002，21(3)：96.

[24] 陈建村，张海军，施磊. 绿色化学应当从化学实验开始——谈半微量有机制备仪的设计思想[J]. 南通工学院学报（自然科学版），2003(3)：28～29.

[25] 张荣国，杨静，郭丽萍，等. 大学绿色化学实验体系设想[J]. 高等工程教育研究，2002(6)：81～82.

[26] 方小牛，黄赣生，陈红梅，等. 室温固相研磨法合成邻氨基苯甲酸类芳醛席夫碱的研究[J]. 应用化工，2005，34(3)：144～146.

[27] 孔祥文，张静. 一锅法合成苯甲醛缩氨基脲[J]. 精细化工，2002，19(3)：112～113，117.

[28] 林文爽，李清彪，孙道华，等. 二甲酸钾的绿色合成[J]. 精细化工，2008，25(7)：672～675.

[29] 蔡丽玲. 合成新技术在有机化学实验教学中的应用[J]. 嘉兴学院学报，2003，15(3)：47～48，52.

[30] 李春丽，陈新志. 有膜法电化学合成丁二酸的研究[J]. 青海大学学报，2006，24(1)：17～21.

[31] 万新军，陈声培，黄桃，等. 单室无隔膜电解槽中恒电流电解合成丁二酸的研究[J]. 厦门大学学报，2005，44(1)：63～66.

[32] 马淳安. 有机电化学合成导论[M]. 北京：科学出版社，2002.

[33] 刘欣，王金霞，顾登平，路敏. 电化学法制备对氨基苯甲酸[J]. 精细化工，2006，23(9)：921～923.

[34] 张积树，刘新鹏，徐松龄，等. 节能型电合成对氨基苯甲酸的研究-电解还原对硝基苯甲酸[J]. 精细化工，1991，8：28～29.

[35] 范平，崔瑾，葛春华，等. 微波常压法合成正丁醚[J]. 辽宁大学学报（自然科学版），2002，29(1)：62～63.

[36] 寇佳慧，孙林兵，郁桂云，等. 二苯甲酮的绿色合成方法[J]. 中国矿业大学学报，2005，34(4)：533～535.

[37] 陈锚. 二苯甲酮的合成研究[J]. 精细化工，1993，10：34～36.

[38] 任健，郑喜群，杨勇，等. 超临界 CO_2 流体萃取技术提取南瓜籽油的研究[J]. 食品与机械，2006，22(6)：34～36.

[39] 周继亮，钟宏. 超临界流体 CO_2 萃取南瓜籽油的初步研究[J]. 安徽化工，2002(4)：21～22.

[40] 王振华，李记太，杨文智，等. 超声辐射技术合成苯亚甲基苯乙酮[J]. 实验室研究与探索，2003，22(1)：50～51.

[41] 朱惠琴. 聚乙二醇相转移催化合成2，4－二硝基苯酚[J]. 化学试剂，2007，29(3)：177～178.

[42] 李金志. 相转移催化水解法制备苯甲醇的研究[J]. 化工矿物与加工，2000，12：8～9.

[43] 贾宇恒，李贺，张卫国，等. 纳米二氧化钛薄膜光催化氧化降解苯胺的研究[J]. 工业催化，2005，13(5)：36～39.

[44] 丁长江主编. 有机化学实验[M]. 北京：科学出版社，2006.

[45] 黄宪，王彦广，陈振初. 新编有机合成化学[M]. 北京：化学工业出版社，2007.

[46] 杨挺. 相转移催化合成苯甲酸[J]. 贵州教育学院学报，2004，15(4)：39～40.

[47] 张健，梁柏宏. 乙酰苯胺合成工艺的改进[J]. 应用化工，2007，36(3)：298～301.

[48] 侯敏，余波，李志良. 微波辐射下肉桂酸的合成研究[J]. 合成化学，2002(10)：211～215.

[49] 郑根稳，李艳军. α－呋喃甲酸的设计合成[J]. 孝感学院学报，2001，21(6)：31～33.

[50] 陈小原，方红云，方学理，等. α－呋喃甲酸制备方法的改进[J]. 化学世界，2000(1)：21～23.

[51] Kenneth M. Doxsee, James E. Hutchison 著. 任玉杰译. 绿色有机化学——理念和实验[M]. 上海：华东理工大学出版社，2005.

[52] 罗一帆主编. 中级化学实验[M]. 北京：化学工业出版社，2008.

[53] 武汉大学化学与分子科学学院实验中心. 综合化学实验[M]. 武汉：武汉大学出版社，2003.

[54] 王巧纯主编. 精细化工专业实验[M]. 北京：化学工业出版社，2008.

[55] 蔡干，曾汉维，钟振声. 有机精细化学品实验[M]. 北京：化学工业出版社，1997.

[56] 李明，李国强，杨丰科，等主编. 基础有机化学实验[M]. 北京：化学工业出版社，2001.

[57] 霍冀川主编. 化学综合设计实验[M]. 北京：化学工业出版社，2007.

[58] 周建峰主编. 有机化学实验[M]. 上海：华东理工大学出版社，2002.

[59] 方渡主编. 有机化学实验[M]. 北京：学苑出版社，2003.

冶金工业出版社部分图书推荐

书　　名	定价(元)
有色冶金分析手册	149.00
水处理工程实验技术(高等学校实验实训规划教材)	39.00
高等分析化学(高等学校教学用书)	22.00
冶金原理习题解	40.00
化验师技术问答	79.00
现代金银分析	118.00
现代色谱分析法的应用	28.00
大学化学实验(高等学校实验实训规划教材)	12.00
大学化学实验教程(高等学校实验实训规划教材)	22.00
大学化学(高等学校教学用书)	20.00
冶金化学分析	49.00
冶金仪器分析	42.00
分析化学实验教程	20.00
化学工程与工艺综合设计实验教程	12.00
水分析化学	14.80
水分析化学(第2版)	17.00
有机化学	20.00
现代实验室管理	19.00
轻金属冶金分析	22.00
重金属冶金分析	39.80
贵金属分析	19.00
钢材质量检验	35.00
铁矿石与钢材的质量检验	68.00
铁矿石取制样及物理检验	59.00
物理化学(第2版)	35.00
冶金物理化学	39.00
环境生化检验	14.80
分析化学简明教程	12.00
燃料电池(第2版)	29.00
燃料电池及其应用	28.00
煤焦油化工学(第2版)	38.00
处理光谱分析数据用统计学规则(YB/T 4142—2006)	40.00
建立和控制光谱化学分析工作曲线规则(YB/T 4144—2006)	25.00
碳硫分析专用坩埚(YB/T 4145—2006)	15.00